"十四五"职业教育国家规划教材

"十三五"职业教育国家规划教材

"十二五"职业教育国家规划教材

园林

草坪建植与养护 第6版

CAOPING JIANZHI YU YANGHU

主　编　鲁朝辉　张少艾

副主编　陶晓宁　何会流

王　齐　马金贵

陈星星　陈　宇

主　审　江世宏　李　进

重庆大学出版社

内容提要

本书是“十四五”职业教育国家规划教材，由长期从事草坪建植与养护管理教学和实践的专家和学者共同完成。本书共5个单元，分别介绍草坪概况、草坪植物基本知识、草坪建植技术、草坪养护技术和草坪病虫草害防治技术。每个单元由6个环节组成，分别为问题导入、学习目标、基本理论知识、基本技能训练、复习与思考以及单元测试。本书力求做到目标明确、针对性强、内容精简、条理清晰、图文并茂、可读性强，操作步骤清楚细致、符合行业标准规范、突出生产实践应用，中英文术语对照，便于知识拓展。操作规范和质量标准为本书最大特色之一。随书配有数字教学资源(扫描前言下方二维码查看，并从电脑上进入重庆大学出版社官网下载)，内含草坪机械操作教学录像、大量草坪彩色图片、教学课件以及课后阅读材料等。书中附有28个二维码，可供学生扫码学习。

本书可作为高职院校园林、园林工程、园艺专业教材，以及园林企业技术人员和管理人员的技术手册，还可作为环境保护、水土保持工作者的参考资料。

图书在版编目(CIP)数据

草坪建植与养护 / 鲁朝辉，张少艾主编. -- 6版. -- 重庆：重庆大学出版社，2024.3
高等职业教育园林类专业系列教材
ISBN 978-7-5689-1334-8

Ⅰ. ①草… Ⅱ. ①鲁… ②张… Ⅲ. ①草坪—观赏园艺—高等职业教育—教材 Ⅳ. ①S688.4

中国国家版本馆CIP数据核字(2024)第015555号

高等职业教育园林类专业系列教材
草坪建植与养护
(第6版)
主　编　鲁朝辉　张少艾
副主编　陶晓宁　何会流　王　齐
马金贵　陈星星　陈　宇
责任编辑：范春青　版式设计：莫　西　范春青
责任校对：关德强　责任印制：赵　晟
*
重庆大学出版社出版发行
出版人：陈晓阳
社址：重庆市沙坪坝区大学城西路21号
邮编：401331
电话：(023)88617190　88617185(中小学)
传真：(023)88617186　88617166
网址：http://www.cqup.com.cn
邮箱：fxk@cqup.com.cn(营销中心)
全国新华书店经销
重庆长虹印务有限公司印刷
*
开本：787mm×1092mm　1/16　印张：13.75　字数：345千
2006年8月第1版　2024年3月第6版　2024年3月第12次印刷
印数：23 055—27 000
ISBN 978-7-5689-1334-8　定价：49.00元

编委会名单

编写人员名单

主　编　鲁朝辉　深圳职业技术学院

张少艾　深圳职业技术学院

副主编　陶晓宁　长沙环境保护职业技术学院

何会流　重庆城市管理职业学院

王　齐　云南林业职业技术学院

马金贵　唐山职业技术学院

陈星星　河南农业职业学院

陈　宇　南京农业大学

参　编　王金贵　黑龙江农垦林业职业技术学院

李国庆　黑龙江生物科技职业学院

裴宝红　甘肃林业职业技术学院

李　进　深圳锦绣中华发展有限公司

张士才　深圳麒麟山庄

主　审　江世宏　深圳职业技术学院

李　进　深圳绵绣中华发展有限公司

第6版前言

编写本书，源自作者对足下小草天生的热爱与敬意。

小草是平凡的。平凡得被人遗忘，甚至被人蔑视。在改革开放前的历次爱国卫生运动中，小草都首当其冲地被人斩草除根。许多地方盲目地开垦、滥采乱伐、过度放牧，导致洪水泛滥、水土流失、土地荒漠化现象日趋严重。频繁的沙尘暴向人们敲响了警钟，人们终于意识到足下的野草不可忽视，正是这一棵棵不起眼的小草筑起了地球的一道道生态防线。无数的研究与实践证明，生态环境问题的解决仅有大树是远远不够的。

现代园林离不开草坪，生物多样性保护离不开草坪，人民生活同样离不开草坪。草坪是城市园林景观生态系统的重要组成部分，早已成为现代文明的象征。如今，许多大专院校的园林园艺专业都把草坪列入专业必修课，草坪的建植与养护技术成为学生必须掌握的专业知识与技能。我们真诚地希望能将作者多年从事草坪建植与养护管理的生产实践经验和教学科研成果奉献给广大读者，让此书成为高职院校园林园艺技术专业的好教材、园林企业的技术人员和管理人员的实用技术手册，环境保护、水土保持工作者的参考资料。

本书的编写遵循两个基本原则：

（1）理论以够用为度，理论联系实际，突出理论知识的应用性。

（2）强化技能培训，操作步骤清晰，技术标准明确。

每个单元编排并回答好3个问题：做什么（目标问题）？如何做（操作规范、标准问题）？为什么（理论问题）？

本书力图体现4个特色：

（1）内容精简、条理清晰、针对性强。

（2）目标明确、图文并茂、可读性强。

（3）操作步骤清楚细致、符合行业标准规范、突出生产实践应用。

（4）中英文术语对照，便于知识拓展。

为此，每个单元都设计了6个环节：问题导入、学习目标、基本理论知识、基本技能训练、复习与思考以及单元测验，以期重点培养学生的实际操作能力和动手能力，同时提高他们发现问题、提出问题、分析问题和解决问题的综合能力。

本书共分为5个单元。单元1:走近草坪:介绍草坪的概念、分类、功能和历史。单元2:草坪植物,介绍草坪草基本知识,主要包括常见草坪植物的识别方法、生态特性及其在园林绿化中的应用。单元3:草坪建植,详细介绍了目前国内外常用的草坪建植技术,主要内容有如何进行建坪场地的调查,其程序、方法和内容有哪些,如何正确选择草种(选择依据和方法),如何购买草种、草皮、草毯、草茎等建坪材料(质量标准及购买技巧),如何进行场地准备工作(场地清理、土壤改良等),如何用铺植法、撒茎法等常规方法以及植生带、喷播法等特殊方法建植草坪(步骤、规范),如何养护新草坪等。单元4:草坪养护,介绍草坪管理常用的日常养护技术(草坪修剪、施肥、浇水)和辅助养护技术(草坪表施土壤、打孔、疏草、垂直切割等),以及剪草机、割灌剪草机、打孔机、疏草机等常用养护机械的操作步骤与标准。单元5:草坪保护,介绍了草坪病虫草害防治技术,主要是识别技巧及常规防治措施。附录归纳了本书出现的草坪基本术语中英文对照表、常见草坪植物名称、草坪养护月历等。

本次再版,为了让草坪实训教学部分与园林工程施工规范更加接轨,我们更新了部分国家标准和地方标准的新版内容。为了响应国家数字化教材的号召,进一步充实本书内容又不增加篇幅,更加方便学生学习,我们新增了22个二维码,内容主要包括剪草机、打孔机、梳草机、割灌剪草机的操作教学视频,更新后的彩色课件、彩色照片,课后阅读资料:草坪在园林中的应用,以及草坪建植与养护实例,更新后的北京深圳绿地养护管理质量标准等。

本书由鲁朝辉、张少艾担任主编并负责组织编写、总撰、定稿和修改工作,由江世宏教授、李进高级工程师担任主审。具体编写分工为:前言和附录由鲁朝辉编写,单元1由鲁朝辉、李国庆编写,单元2由鲁朝辉、张少艾、陶晓宁编写,单元3由鲁朝辉、裴宝红、何会流、王齐编写,单元4由鲁朝辉、李进、张士才、陈宇编写,单元5由王金贵、马金贵、张少艾、陈星星编写。

草坪机械操作教学视频由深圳职业技术学院教育技术与信息中心录制。编导:叶永沛;摄像:叶永沛、苏东科;编辑:叶永沛;解说:张援朝;操作示范:杨胜泉。

书中未署名的照片均由鲁朝辉拍摄,长沙理工大学的严钧老师、深圳职业技术学院的汪治、宋玲、翟迪生、宁天舒、胡斌、刘忠宝、谢利娟、张华、李永红老师提供了部分照片。喻福元、周德林、杨胜泉、杨坤泉师傅帮助完成了草坪建植与养护的照片拍摄,李论老师、王晓青同学为照片拍摄提供了许多帮助。深圳职业技术学院的黄晖老师和黄友成、包文均、冯子云等同学帮助处理了本书大部分扫描图片,在此一并表示衷心感谢!

在本书编写过程中,作者参考和引用了大量文献资料,在此向有关作者表示诚挚的谢意!由于作者水平有限,不足之处在所难免,敬请各位同行专家和广大读者批评指正。

鲁朝辉

2023年12月

目 录

单元 1 走近草坪（Introduction to Turf）

【单元导读】(Guided Reading)

你喜欢欣赏醉人的草坪景观吗？你喜欢散步在软软的草毯上吗？你想拥有翠绿的草坪吗？没有人能拒绝绿草青翠欲滴的诱惑。那么，请跟我们来吧，走近草坪，你会和我们一样，深深地爱上你脚下的小草。

本单元将带你走近草坪，你会了解到草坪的由来、草坪的功能，以及草坪的分类。同时，在本书配套资源(可扫描二维码查看)里面，你能欣赏到许多迷人的草坪风光。

【学习目标】(Study Aim)

认识草坪。

理论目标：了解草坪的功能。

技能目标：能赏析草坪在园林绿地中的应用。

英国剑桥，严钧摄影

草坪的概念

1.1 基本理论知识(Basic Theories)

1.1.1 草坪的概念(Concept of Turf)

草坪(Turf,Lawn)在《辞海》中的定义是:草坪是园林中用人工铺植草皮或播种草籽培养形成的整片绿色地面。这个注释没有揭示现代草坪多种多样的建植方法,同时现代草坪的应用也并不仅仅局限于园林。

本书认为:草坪是指低矮的多年生草本植物在天然形成或人工建植后经养护管理而形成的平整光滑的毯状草地(图1.1)。从这个定义中可以看出:第一,草坪一定是人工植被,由人工建植或人工养护,天然草地不能叫作草坪。第二,建成草坪的植物一定是低矮的多年生草本植物,但不一定就是禾草。第三,草坪的毯状特征使它和地被植物区分开来,草坪必须具有平整光滑的外观。

图1.1 草坪(英国)

草坪的分类

1.1.2 草坪的分类(Classification of Turf)

根据不同的分类依据,草坪可以有多种分类方法。根据植物组成,可以分为单一草坪、混合草坪、缀花草坪和疏林草坪。根据用途,草坪可以分为游憩草坪、观赏草坪、运动场草坪、防护草坪、环保草坪、放牧地草坪等。根据规划形式,可以分为自然式草坪和规则式草坪,草坪的分类详见表1.1。

表1.1　常见草坪类型

分类依据	草坪类别	一般说明
植物组成	单一草坪	指由一种草坪草中某一品种建植的草坪。其特点是具有高度的均一性,观赏效果良好
	混合草坪	指由多种草坪草种或品种建植的草坪。其特点是均一性比较高,对环境的适应性和抗性比单一草坪强,可较为粗放管理
	缀花草坪	指草坪中布置有少量草本花卉,花卉种植面积不能超过草坪总面积的1/3。花卉一般选用石蒜、鸢尾、葱兰、水仙、萱草、朱顶红、西洋甘菊等多年生草本植物,自然分布、疏密有致
	疏林草坪	指草坪中散生着部分林木。夏季林下可以遮阴,是人类户外活动的良好场所。凤凰木、椰子树、法国梧桐、蓝花楹、银杏、柏杨等树木都是不错的选择
用　途	游憩草坪	指供人们散步、休息、游戏及户外活动用的草坪。多用在公园、风景区、住宅小区、学校、疗养院、庭院及休闲广场等地。建植时要求选用耐践踏性强的草种,能粗放管理
	观赏草坪	指不允许人们进入活动或踩踏而专供观赏的草坪。多用于雕塑、喷泉、园林小品周围作陪衬。草种的选择要求注重观赏性,茎叶细密、植株低矮、平整光滑、色泽浓绿、绿期长久
	运动场草坪	指专供体育运动的草坪。如足球场草坪、网球场草坪、高尔夫球场草坪、橄榄球场草坪、垒球场草坪,等等。草种要求具有极强的耐践踏性和恢复能力,同时兼顾弹性、硬度、摩擦性等性能
	防护草坪	指在坡地、水岸、堤坝、公路、铁路边坡等位置建植,主要起固土护坡、防止水土流失的草坪。草种选择特别注重抗旱性和耐瘠薄性,能非常粗放地管理
	环保草坪	指建在污染较为严重的地方,用以转化有害物质,降低粉尘,减弱噪声,保护生态环境的草坪。建植时优先考虑草种对污染物的忍耐和吸收能力
	放牧地草坪	以放牧食草动物为主,结合游憩、休闲、野营等户外活动的草坪。一般面积较大,以放牧型牧草为主,养护管理非常粗放
规划形式	自然式草坪	指地形自然起伏,植物自然配置,周围的景物、道路、水体和草坪轮廓线均为自然式的草坪。游憩草坪、缀花草坪和疏林草坪等大多采用自然式草坪形式
	规则式草坪	指地形平整,植物规则式配置,周围的道路、水体、树木等均为规则式布置的草坪。足球场草坪、网球场草坪、飞机场草坪等都是典型的规则式草坪形式

草坪的功能

1.1.3　草坪的功能(Function of Turf)

草坪之所以能广泛应用,与它对人类的巨大贡献是密不可分的。普遍认同草坪具有3大功能:生态功能、美学功能和娱乐功能。

1)生态功能

草坪的生态功能是强大的,表现在多个方面。

(1)固定表土,减少粉尘,防止水土流失　广种草坪能大大减少空气中粉尘的含量。据测定,草坪近地面大气粉尘的含量比裸露地面少30%～40%。种草成为简单、经济、有效地降低大气粉尘含量的方法。

草坪发达的根系和致密的地表覆盖,使它对表土具有极强的固定能力,这是其他类型的植物无法比拟的。有人做过这样的试验:在30°的坡上,进行200 mm/h强度的人工降雨,当地表草坪盖度分别为100%,91%,60%和31%时,土壤的侵蚀度分别为0%,11%,49%和100%。土壤的侵蚀度依草坪密度的增加而锐减,由此可见草坪巨大的水土保持功能。

(2)净化环境　和其他绿色植物一样,草坪是天然的环境净化器。据测定,一个人呼出的二氧化碳(CO_2)只要25 m^2的草坪就可以被全部吸收并转化成氧气(O_2)。此外,草坪草还能吸附、吸收、分解或转化氨(NH_3)、氟化氢(HF)、硫化氢(H_2S)、二氧化硫(SO_2)等有害气体,以及铅(Pb)、镉(Cd)、铜(Cu)、锌(Zn)等重金属污染物,减轻大气、水体和土壤污染,净化环境。

(3)改善小气候　草坪能调节大气温度和湿度,降低风速,从而改善小气候。据测定,炎热的夏天,当水泥地表温度达38 ℃时,草坪表面温度可保持在24 ℃,而草坪表面风速可以比裸露地面低10%。在无风情况下,草坪近地面空气湿度比裸露地面高5%～18%。

图1.2　道路草坪(深圳深南大道)
(引自百度空间 mikisama 的博客)

(4)减弱噪声污染和光污染　草坪的表面特性使其具有减弱噪声的功能。研究表明,草坪对噪声的吸收能力比水泥、柏油路面和裸露地面要强很多,一般能多吸收20%～30%。城市中大量的玻璃幕墙、水泥及沥青路面在强光的映射下,反射出刺眼的光芒,造成严重的光污染。绿色草坪能舒缓眼部的疲劳,减轻强光对眼睛的伤害,从而保护眼睛,减弱光污染。高速公路两边种草:一来可以防止水土流失,保护路面安全;二来可以有效缓解司机视觉疲劳,保证行车安全(图1.2)。

(5)减灾和防灾　机场草坪对于飞机的起降安全是非常重要的,若有紧急情况发生时,草坪成为最佳的缓冲带,以避免恶性事故的发生。城市中规划一定面积的草坪是非常必要的,当火灾或地震等灾害发生时,草坪成为最安全的地方,可以疏散受灾人群(图1.3)。

图1.3　城市中心绿地草坪(深圳)
(引自百度空间 mikisama 的博客)

(6)改良土壤,加速地力恢复 草坪作为一个有机生态系统,为大量微生物和地面小动物提供了良好的生存环境。这些微生物能加速草坪植物根、茎、叶的分解,提高土壤有机质含量,改善土壤理化性质,培肥土壤。垃圾填埋场、采石场、矿场等地,通过大规模种草,能逐渐恢复地力,重新成为环境优美的绿地。

(7)为某些野生动物提供栖息地 世界人口膨胀,导致土地危机。随着城市用地面积的不断扩大,许多野生动物的生存受到前所未有的威胁。草坪能成为一些小动物尤其是鸟类和昆虫的避难所和栖息地(图1.4),对野生动物资源的保护具有重大意义。

图1.4 动物栖息地(英国威尔士,汪治摄影)

大量研究证明,乔、灌、草结合的立体绿化,其生态效果最佳。

2)*美学功能*

绿草如茵的草坪是现代园林景观中不可缺少的要素,它与地形、水体、建筑、道路、广场、园林小品及其他植物材料配合,共同组成一幅幅动人美景。草坪的独特之处在于:

(1)提供开阔的视野和宜人的空间配置 低矮平整光滑的草坪,给人一种视野开阔的舒畅感。水平方向的绿色草坪与垂直方向的树木花卉形成对比,共同组成宜人的空间配置(图1.5)。

(a)英国威尔士的草坪(汪治摄影)

(b)英国英格兰的草坪

图1.5 怡人的草坪景观

(2)使各环境要素得以和谐统一 环境中的各要素都可以通过草坪绿毯得以连接,形成一个和谐、完美、统一的整体(图1.6)。绿色是环境最好的调和色,无论是建筑小品,还是树木花卉,无论是冷色调,还是暖色调,都能在草坪绿色的衬托下得以调和、统一。

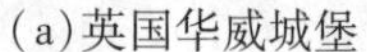

(a)英国华威城堡　　(b)英国剑桥景观(严钧摄影)

图1.6　景观过渡

3)娱乐功能

(1)为人类提供优美舒适的休憩和运动场所　工作之余,走进草坪,或坐或躺,或走或站,或跑或跳,放风筝、做游戏,松软的草坪总带给人舒适和享受(图1.7)。无论是清晨的太极、傍晚的散步,还是春天的野餐、夏日的舞会,公园、住宅区、学校、机关单位、风景区、郊野的草坪总是为人们提供最优美舒适的活动场所,让人们感受到置身于大自然的乐趣。

(a)开敞空间(英国爱丁堡)　　(b)覆盖空间(英国伦敦,严钧摄影)

图1.7　游憩草坪

优质的运动场草坪是当今许多高水准体育竞赛的必备条件。运动场草坪有助于提高竞技水平、减少运动员伤害、推动体育运动的发展。除了高尔夫球、足球、橄榄球、棒球、门球等球类运动以外,跑马、滑草、铁饼、标枪等运动项目也在草坪上进行(图1.8)。观众除了欣赏运动健儿的飒爽英姿,还能享受到高质量运动场草坪带来的舒适和美感。

(2)促进人民身心健康　对于久居城市、被钢筋水泥森林包围的现代人来说,草坪是他们亲近自然、放松心情、忘却烦忧、舒缓压力、陶冶志趣的绝佳之处。因为绿茵茵的草坪总是带给人宁静、

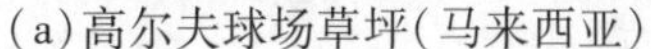

(a)高尔夫球场草坪(马来西亚)

(b)足球场草坪(兰引Ⅲ,广州天河)

图1.8 **运动场草坪**

和谐、安详的感觉,置身草坪,拥抱自然,一切都是那么美好。尤其是芳香草坪(图1.9)能杀菌消毒,释放芬芳,使人神清气爽,心情愉悦,还能调节免疫系统,更加有益于人们的身心健康。

图1.9 **芳香草坪**
(唇萼薄荷,深圳职业技术学院芳香草坪试验基地)

1.1.4 草坪的历史(History of Turf)

草坪的利用有着悠久的历史。一般认为,草坪可能源自天然草地。据历史学家记载,公元前631—前579年草坪就出现在波斯的庭院中,其后,希腊和罗马的花园里也应用到草坪。

英国人对草坪的偏爱是众所周知的,英伦三岛温和的气候为草坪的生长提供了得天独厚的条件。中世纪的英国草坪是鲜花烂漫的草地,点缀了石竹(Pinks)、长春花(Periwinkles)、樱草(Primroses)等许多低矮植物。人们首先清理掉场地中所有的杂草和根系,并用开水消毒。之后从生长良好的草地上切取草皮(Sod),铺植到平整后的地上,并用木槌(Wooden Tamper)镇压。因为战乱的缘故,早期的英国草坪还仅仅是对意大利和法国优雅草坪的生硬模仿。

英国草坪始于城堡墙内。贵族们在空气清新的草坪上散步和闲坐,或在长方形的"绿毯"(Green)上进行滚木球等运动,由此看来一开始就有观赏草坪(Ornamental Turf)和运动草坪(Sports Turf)之分。城堡外的修道院花园则是英国草坪的另一鼻祖。

在都铎王朝和伊丽莎白时代,花园成为环境装饰和令人赞美的地方。庄园的花坛之间布满了草坪小道,大块的草坪则用于滚木球等运动。草坪的组成不仅仅是禾草,西洋甘菊(Chamomile)草坪(图1.10)大受欢迎,孚斯塔夫描述它"越践踏,长得越快"。据说,西班牙的无敌舰队开到家门口了,德雷克(英国的提督)还在西洋甘菊草坪上玩滚木球呢。此时,花园草坪诞生,但水平仍不及海峡对岸的法国。

大约1610年,詹姆斯一世时代,英国迎来了园艺时代,精细修剪的英式草坪让各地园艺家们羡慕和忌妒。弗朗西斯·培根盛赞"草坪有两大悦人之处,一是没有任何东西比得上精细修

图1.10 西洋甘菊(张少艾提供图片)

剪的草坪带给双眼的舒适，此外，草坪是公平的象征”。这个时期，还出现了大量草坪建植指南的书籍。早期的草坪指南中建议草坪一年修剪两次，而17世纪的英式草坪却是每月修剪两次。詹姆斯一世时代后期，英式草坪风靡全英。法国最伟大的园艺作家之一 d' Argenville，1709年写道“英式草坪太精美了，多希望在法国也能觅到啊”。

18世纪初期，人们对园林风格的欣赏观念改变了。威廉·肯特(William Kent)提出了“花园要越过围栏，把周围的自然景色都尽收眼底”，天才布朗(Capability Brown)继承了肯特的遗志，英国自然风景园林时代全面到来。草坪、树木和水体充满英国园林(图1.11)，全英境内随处可见大面积的定期镰刀(Scythe)剪草和草坪滚压(Roll)的情景。

图1.11 英国自然风景园林

19世纪早期，工业革命时代，不计其数的小别墅花园迅速蔓延，改变了英国园林的面貌。花坛、台地、雕像充斥花园，草坪面积迅速减少。要不是一家纺织厂的无名工头爱德华·布丁(Edwin Budding)的发明专利，这一切还将继续。

1830年，爱德华·布丁发明滚刀式剪草机(Cylinder Mower，图1.12)，灵感来自他工作的衣服茸毛修剪装置。1832年开始批量生产，顿时让剪草工作变得无须技巧而又方便快捷。7畿尼的小型剪草机是为“要亲自操作的绅士们”设计的，而10畿尼的大型机更适合工人们操作。

图1.12 早期的滚刀式剪草机
(引自《The Lawn Expert》，Dr. D. G. Hessayon，1996)

在布丁的剪草机发明之前，人们控制草坪的方法五花八门。中世纪，是用频繁踩压和木槌敲打的办法来抑制草坪草生长，18世纪的自然风景园林中，则放牧奶牛和绵羊等动物食草以保持草坪的平整,但大镰刀才是标准工具(图 1.13)。通常是男丁用镰刀剪草后,妇女们再将草屑扫成堆运出草坪之外。

美国是现代草坪业的先驱。随着英国向美洲移民,草坪也带入美国。早期的草坪以村镇绿地的形式存在,多分布在城镇的广场或公园内,是公众聚会和娱乐的场所。19 世纪,高尔夫球运动在美国逐渐普及,对草坪科学和技术的发展起了积极的推动作用。高尔夫球场草坪代表了草坪培育的最高水平(图 1.14)。

图 1.13 大镰刀修剪草坪
(引自《The Lawn Expert》,
Dr. D. G. Hessayon,1996)

Royal & Ancient (St. Andrews 1798)

图 1.14 早期的美国高尔夫球场
(谢利娟提供图片)

19 世纪后期,美国最早开始了草坪草及草坪培育的研究,这标志着草坪科学研究的开端。1880 年,美国密歇根农业实验站开始对不同种类草坪草及混播草坪进行评价研究。1905 年,罗德岛农业试验站不但进行草种混合、草坪的品种比较研究,还进行了不同肥料对绿地草坪、高尔夫球场的应用效果评价和研究。1908 年,人们在长岛高尔夫球场的沙地上建植和养护草坪时遇到严重问题,美国农业部的科学家 C. V. Piper 和 R. A. Oakley 被请来帮助解决困难。结果,在这一地区进行了大量关于高尔夫球场草坪的试验,总结出了大量有价值的经验。在 Piper 和 Oakley 的倡导下,1921—1929 年,美国农业部在许多州都开展了草坪试验研究。

美国草坪业的真正形成与发展还是在第二次世界大战以后。据报道,1965 年,美国草坪业消费额达 43 亿美元,1982 年增长到 250 亿美元,直接从事草坪管理的从业人员达到 38 万人。几十年来,美国的草坪是美国种植业中发展最快的行业,到 1995 年前后,从业人员已达 100 万人。目前,草坪业已成为美国主要的农业产业之一。

中国被誉为"园林之母",草坪的应用历史非常悠久,但仅局限在历代帝王的宫廷园林中,甚至在高官贵族的庭院花园以及宗教寺庙园林中都很少使用。早在春秋时期(公元前 770—前 476 年),诗经中就有对草地的描述。据《史记》介绍,秦朝的阿房宫已有我国最早的上林苑形式出现。上林苑是皇家贵族游荡渔猎取乐的园圃,占地广大,其布局以自然式草地和疏林为主体。汉朝司马相如的《上林赋》中"布结缕,攒戾莎"的描写,则表明在汉武帝的林苑中已开始布置结缕草。这可能是我国最早的明确表明草坪用于庭园美化的记载。

6 世纪南北朝梁元帝时,咏细草的诗表明当时已有如绿毯一样的草坪,而且还是观赏主体。13 世纪,元朝忽必烈不忘蒙古的草地,在其宫殿的内院种植了草坪。18 世纪,草坪在清朝皇家

图 1.15　承德避暑山庄
（张华摄影）

园林中的应用已有相当的水平和规模。比如承德避暑山庄的万树园（图 1.15）就是由羊胡子草形成的大片绿毡草坪，面积达 30 多公顷。

1840 年鸦片战争后，中国门户被打开，世界列强纷纷涌入中国，同时也带入欧式草坪。1868 年在上海建造的黄浦公园，具有浓厚的殖民主义色彩，专供外国侨民散步休息之用。后来，在广州、南京、天津、青岛等地也建有面积有限的欧式花园草坪、公园草坪、运动场草坪和游憩草坪等。

1949 年新中国成立后，上海等城市把以前的欧式公园草坪改造为供居民休息、运动和儿童活动的场所，并在新建的一些公园和庭园中铺设一定面积的草坪用于观赏、装饰或游憩，取得了一定成绩，如杭州花港观鱼、上海长风公园、北京紫竹院公园等都有大面积的草坪应用。

1978 年改革开放以后，我国草坪发展出现了历史性的转折。随着对外开放的深入，特别是 20 世纪 90 年代以后，中国草坪业迅猛发展。据不完全估计，我国 1990 年冷季型草坪种子进口量约为40 t，到 1995 年增加到 400 t，1996 年超过 1 000 t，1997 年超过 2 000 t，1999 年5 000 t，2000 年接近 10 000 t。全国专业草坪公司达到了 1 000 余家，与草坪建植管理相关的专业绿化公司超过 3 000 余家。

草坪业的快速发展，为与草坪有关的行业提供了许多就业机会。由于我国草坪教育滞后于草坪业发展，造成本行业人才缺乏。随着我国社会经济的飞速发展及对生态环境的高度重视，草坪业必将会有更加广阔的发展空间，对草坪专业人才的需求也会更多、更迫切。

1.2　基本技能训练（Basic Skills）

实训　草坪景观欣赏（Enjoy Turf Landscape）

1. 实训目的（Training Objectives）

（1）通过实地参观，感受草坪景观的生态功能、美学功能和娱乐功能。

（2）对草坪和草坪草有一个感性认识。

（3）学习草坪在园林中的应用方法。

2. 材料器材（Materials and Instruments）

（1）当地各类草坪，如公园、道路、住宅区、学校、运动场等。

（2）相机、记录本、速写本、钢笔、铅笔等。

3. 实训内容（Training Contents）

（1）学习草坪在园林中的应用。

（2）学习草坪的功能。

(3)走进草坪,感受草坪,关注脚下的青草。

4. **实训步骤**(Training Steps)

(1)课前准备　阅读资料、准备工具。

(2)现场教学　现场参观、现场讲解、现场记录。

(3)课后作业　整理资料、完成报告。

(4)课堂交流　草坪景观赏析(制作课件)。

5. **实训要求**(Training Requirements)

(1)认真听老师讲解,细心观察。

(2)认真记录各地草坪的景观效果,包括植物名称、配置方式等。

(3)拍照或速写。

(4)参观前仔细阅读本书数字资源中的补充阅读资料,用心体会。

(5)注意行车安全,最好租用校车,同去同回,中途不得离开集体单独活动,一切行动听指挥。

6. **实训作业**(Homework)

完成一份实训报告(观后感),题目自拟,内容包括实训目的、实训时间及地点、草坪的功能或草坪的景观赏析等。

要求:1 000 字以上,图文并茂,图片不少于 10 幅。

评分:总分(100 分) = 实训报告(50 分) + 参观表现(30 分) + 语言表达(20 分)

7. **教学组织**(Teaching Organizing)

(1)指导老师 2 名,其中主导老师 1 人,辅导老师 1 人。

(2)主导老师要求:

①全面组织现场教学及考评;

②讲解参观学习的目的及要求;

③草坪景观赏析;

④草坪草的形态特征、生长习性、应用范围;

⑤强调参观安全及学习注意事项;

⑥现场随时回答学生的各种问题。

(3)辅导老师要求:

①联系外出用车及参观单位,准备麦克风等外出实训用具;

②协助主导老师进行教学及管理;

③强调学生外出纪律和安全;

④现场随时回答学生的各种问题。

(4)学生分组

4 人 1 组,以组为单位进行各项活动,每人独立完成参观学习及实训报告,以组为单位进行交流。

(5)实训过程

师生实训前各项准备工作→教师现场讲解答疑、学生现场提问记录拍照→资料整理、实训报告→全班课堂交流、教师点评总结。

8. 说明

这是草坪建植与养护课程的第一个实训，安排在课程开始讲授之前，目的在于给学生建立起一个直观的印象：草坪很美、很重要，我们的工作、生活都离不开草坪，从而激发学生对课程的兴趣和热爱。

在外参观实训中，教师可以设计很多的问题给学生思考。如：用自己的话描述草坪，为什么现代园林离不开草坪，为什么草坪在中国发展如此迅猛，为什么有的草坪青翠欲滴、有的草坪杂草丛生，为什么草坪如此光滑平整，天生如此吗，你喜欢在草坪上活动吗，为什么有的草坪会挂上“小草正在睡觉，请勿打扰！”的牌子，草坪土壤如何透气，草坪生病了怎么办，等等。通过问题，建立课程框架。面对学生的提问，有时不要急于回答，让他们自己去探索，或者师生在课程的学习中共同探索。

本书数字资源中有国内外很多的草坪景观照片，供同学们课后欣赏。

复习与思考(Review)

1. 请思考：出色的草坪管理者应具备哪些基本素养？
2. 建设森林型城市应封杀草坪吗？谈谈你的理由。
3. 你如何看待草坪草地化的观点？

作业提示：

学会利用网上资源，用“百度”等搜索引擎，输入关键词，如“草坪”“森林型城市”“草坪网站”等，搜索背景资料，了解行业近况，回答有关问题。

教学提示：

作业汇报可采用课堂答辩方式进行。将学生分组，正方与反方，通过陈述、提问、答问、反驳、总结等环节，提高学生的参与性，培育学生的思辨能力与科学精神。

单元测验(Test)

1. **名词解释**(12 分，每题 3 分)

(1)草坪

(2)单一草坪

(3)环保草坪

(4)观赏草坪

2. **填空题**(10 分，每空 1 分)

(1)草坪的__________特征使它和地被植物区分开来。

(2)供人们散步、休息、游戏及户外活动用的草坪称为__________草坪。

(3)在坡地、水岸、堤坝、公路、铁路边坡等位置建植，主要起固土护坡、防止水土流失的草坪称为__________草坪。

(4)根据植物组成，草坪可以分为单一草坪、__________、缀花草坪和__________。

(5)据历史学家记载，公元前 631—前 579 年草坪就出现在__________的庭院中。

(6)一般认为,草坪可能源自____________。

(7)英国自然风景园林时代,____________、树木和水体充满英国园林。

(8)18 世纪,剪草机发明之前,英国草坪修剪的标准工具是____________。

(9)中国草坪的应用历史非常悠久,但仅局限在历代帝王的____________园林中。

3. **判断题**(12 分,每题 2 分)

(1)草坪不一定是人工植被,比如草地。 ( )

(2)建成草坪的植物一定是低矮的多年生禾本科植物。 ( )

(3)早期的英国草坪一开始是没有观赏草坪和运动草坪之分的,到了都铎王朝和伊丽莎白时代才有此分类。 ( )

(4)早期的美国草坪以村镇绿地的形式存在,多分布在城镇的广场或公园内,是公众聚会和娱乐的场所。 ( )

(5)草坪能增加湿度是因为草坪的蒸发和草坪草的蒸腾作用。 ( )

(6)草坪没有吸音作用,故不能防止噪声。 ( )

4. **单项选择题**(30 分,每题 2 分)

(1)草坪可以分为自然式草坪和规则式草坪,其分类依据是:______。

A. 植物组成 B. 用途 C. 规划形式 D. 类别

(2)草坪中散生着部分林木的草坪称为__________。

A. 单一草坪 B. 混合草坪 C. 缀花草坪 D. 疏林草坪

(3)早期的英国草坪,草皮铺植后用____________镇压。

A. 滚筒 B. 木板 C. 木槌 D. 铁锤

(4)在都铎王朝和伊丽莎白时代,英国草坪的组成不仅仅是禾草,______草坪大受欢迎。

A. 石竹 B. 西洋甘菊 C. 长春花 D. 樱草

(5)詹姆斯一世时代后期,英式草坪风靡全英。其最主要的特点是____________。

A. 精细种植 B. 强调浇水 C. 强调施肥 D. 精细修剪

(6)1830 年,____________发明滚刀式剪草机。

A. 爱德华·布丁 B. 弗朗西斯·培根 C. 威廉·肯特 D. 天才布朗

(7)19 世纪,__________场草坪代表了美国草坪培育的最高水平。

A. 马球 B. 高尔夫球 C. 橄榄球 D. 棒球

(8)美国草坪业的真正形成与发展还是在第________次世界大战以后。

A. 一 B. 二 C. 三 D. 四

(9)早在春秋时期(公元前 770—前 476 年),__________中就有对草地的描述。

A. 诗经 B. 史记 C. 上林赋 D. 园冶

(10)汉朝司马相如的《 _________》中"布结缕,攒戾莎"的描写,则表明在汉武帝的林苑中已开始布置结缕草。

A. 诗经 B. 史记 C. 上林赋 D. 园冶

(11)草坪能固定表土,减少粉尘,防止水土流失,这是草坪的___________。

A. 生态功能 B. 美学功能 C. 娱乐功能 D. 运动功能

(12)草坪能为某些野生动物提供栖息地,这是草坪的___________。

A. 生态功能 B. 美学功能 C. 娱乐功能 D. 运动功能

(13)草坪能提供开阔的视野和宜人的空间配置,这是草坪的____________。

A. 生态功能　B. 美学功能　C. 娱乐功能　D. 运动功能

(14)草坪能促进人民身心健康,这是草坪的____________。

A. 生态功能　B. 美学功能　C. 娱乐功能　D. 运动功能

(15)由多种草坪草种或品种建植的草坪是____________。

A. 单一草坪　B. 混合草坪　C. 缀花草坪　D. 疏林草坪

5. **多项选择题**(10 分,每题 2 分)

(1)普遍认同草坪具有_________三大功能。

A. 生态功能　B. 美学功能　C. 娱乐功能　D. 运动功能

(2)根据植物组成,草坪可以分为___________等类别。

A. 疏林草坪　B. 缀花草坪　C. 观赏草坪　D. 放牧地草坪

(3)根据用途,草坪可以分为___________等类别。

A. 疏林草坪　B. 缀花草坪　C. 观赏草坪　D. 放牧地草坪

(4)可以用来建植芳香草坪的芳香植物有_________等。

A. 结缕草　B. 高羊茅　C. 西洋甘菊　D. 铺地百里香

(5)草坪的生态功能包括_____________等。

A. 净化环境　B. 减灾和防灾　C. 改善小气候　D. 水土保持

6. **思考题**(26 分)

(1)根据你的观察和了解,草坪在你们当地应用广泛吗?从事草坪行业有前途吗?(16 分)

(2)作为园林或园艺专业的学生,学习草坪课程有必要吗?如何才能学好本课程?(10 分)

参考答案

课后阅读

草坪在园林上的应用(引自《草坪建植与养护》,孙晓刚,2002)

草坪在园林上的应用

单元 2 草坪植物(Turfgrass)

【单元导读】(Guided Reading)

你认识脚下的小草吗？你知道不同的绿地草坪该如何选择草种吗？草坪设计、草种选配至关重要。

本单元将带你走进草坪植物大家族,你会认识不同的草坪植物,了解到它们的个性和特征。同时,在本书配套数字资源里面,有草坪植物的彩色图片便于同学们识别。

【学习目标】(Study Aim)

认识草坪草。

理论目标:了解不同草坪草的形态特征、生态习性和用途。

技能目标:能识别常见草坪草。

2.1 基本理论知识(Basic Theories)

2.1.1 草坪草概述(Introduction to Turfgrass)

1)草坪草的概念

草坪草(Turfgrass,Lawn Grass)是建植草坪的基本植物材料,是构成草坪的主体。一般认为,草坪草是指经受一定修剪而能够形成草坪的草本植物。

草坪和草坪草是两个不同的概念。草坪草仅指草坪植物本身,而草坪包括草坪植物及其着生的土壤表层,代表一个较高水平的生态有机体。

2)草坪草的分类

草坪草种类繁多,形态各异。为了应用的方便,可以根据不同的分类标准,将草坪草划分为不同类型,详见表2.1。

草坪草的分类

表2.1 草坪草分类简表

分类依据	草坪草类别	一般说明
气候与地域	冷季(地)型草坪草	冷季型草坪草主要分布在亚热带和温带地区,即我国长江流域以北地区。最适生长温度15~25 ℃,生长的主要限制因子是干旱、高温以及高温持续的时间,春秋季或冷凉地区生长最为旺盛
	暖季(地)型草坪草	暖季型草坪草主要分布在热带和亚热带地区,即我国长江流域以南地区。最适生长温度26~32 ℃,生长的主要限制因子是低温强度和低温持续的时间,10 ℃以下进入休眠状态,年生长期240 d左右,夏季或温暖地区生长最为旺盛
植物分类	禾本科草坪草	禾本科草坪草是草坪草的主体,分属早熟禾亚科、羊茅亚科、黍亚科、画眉草亚科。大多耐修剪、耐践踏,能形成致密的覆盖层。如羊茅、早熟禾、狗牙根、结缕草、地毯草等
	非禾本科草坪草	非禾本科草坪草是指禾本科草类以外的具有发达匍匐茎、耐践踏,易形成草坪的植物,如豆科的三叶草、旋花科的马蹄金、百合科的沿阶草、莎草科的苔草等
叶片宽度	宽叶草坪草	宽叶草坪草通常叶宽茎粗,生长健壮,适应性强,管理粗放。如地毯草、假俭草、沟叶结缕草等
	细叶草坪草	细叶草坪草通常茎叶纤细,长势较弱,要求光照充足、土质良好,管理较精细。如细叶结缕草、早熟禾、野牛草等

3)草坪草的一般特征

草坪草大部分是禾本科草本植物,也有少数豆科或其他科植物。用作草坪的禾本科植物一般都具有以下共同特征,正是这些特征将草坪草同其他类型的植物区分开来。

(1)植株低矮、覆盖能力极强　用作草坪的禾本科植物大都为低矮的丛生型或匍匐型,再生能力极强,营养生长旺盛,营养体主要由叶构成,易形成一个以叶为主体的草坪状覆盖层。

(2)地上部分生长点低、并有叶鞘保护　禾本科草类地上部分生长点位于茎基部,并有坚韧的叶鞘保护，埋于表土或土中，因此在修剪、滚压、践踏时所受的机械损伤较小，并有利于生长。

(3)繁殖力强　禾本科草通常结种量大，发芽率高，或具有匍匐茎等强大的营养繁殖器官，或两者兼而有之，易于成坪，受损后，自我恢复能力强。因此，草坪草养护管理粗放简单。

(4)适应性强　禾本科植物分布广泛，适应在各类环境生长。特别是在贫瘠地、干燥地、盐分含量较高的土地上生长繁殖的种类繁多，因而易从中选育出适应多类土壤条件的品种。

4)草坪草的形态特征

本书以禾本科草坪植物为例讲述草坪草的形态特征(图2.1)。

(1)草坪草的根　草坪草的根(Roots)有两种类型：初生根(Primary Roots)和不定根(Adventitious Roots)。初生根也叫种子根(Seminal Roots)，在种子萌发时发育而成，存活期相对较短。不定根又叫次生根(Secondary Roots)或节根(Nodal Roots)，产生于茎的节上。由不定根及其产生的侧根组成成熟草坪的整个根系。

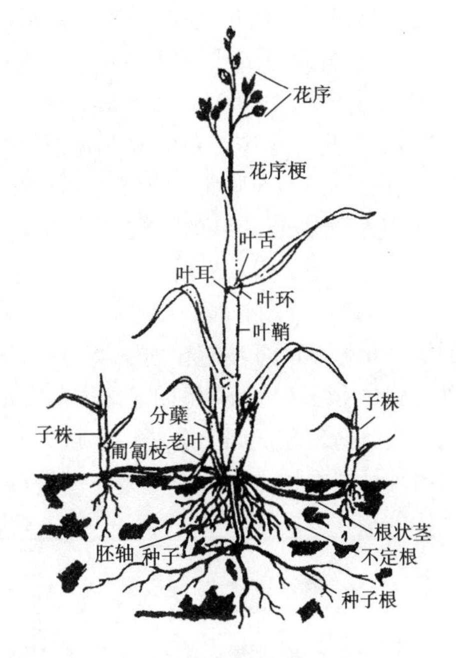

图2.1　禾草植株示意图
(引自《草坪科学与管理》，胡林等，2020)

(2)草坪草的茎　草坪草的茎(Stem)通常有两种类型：一种是与地面垂直生长的直立茎，另一种是水平方向生长的匍匐茎(Creeping Stem)。匍匐茎又分两类：一类是位于土壤表面的匍匐枝(Stolon)，另一类是位于土壤表面之下的根状茎(Rhizome)。

草坪草茎的基部靠近地面的部分称为根颈(Crown)，根颈往往部分或全部被叶鞘所包围。在营养生长发育阶段，根颈是极度缩短的茎，节间很短，被压缩在一起，节几乎连续。当开花的时候，这些节间伸长，标志着营养生长向生殖生长过渡。花茎(Flowering Culm)从闭合的叶鞘中伸出，其顶端发育成花序。

(3)草坪草的叶　草坪草的叶(Leaf)由叶片(Leaf Blade)和叶鞘(Leaf Sheath)两部分组成，呈两列交互着生于茎的节上。叶鞘或开裂或闭合，通常紧密抱茎。刚刚形成的新叶一般被相邻的老叶的叶鞘包裹，不易看到。

有些草坪草在叶鞘和叶片连接处的内侧，有膜质片状或毛状的结构，叫叶舌(Ligule)。与叶舌相对，在叶的外侧，是淡绿色或微白色的叶环(Collar)。有些在叶片与叶鞘相连处的两侧边缘，叶片的基部延伸呈爪状附属物，称为叶耳(Auricles)。叶舌、叶环和叶耳是鉴别禾本科植物种类的重要识别特征。

(4)草坪草的花序　草坪草花序基本的组成单位是小穗，由小穗再组成各式各样的花序。其中最为常见的是总状花序、穗状花序和圆锥花序(图2.2)。狗牙根、地毯草、黑麦草、野牛草、冰草的花序为穗状花序，结缕草、假俭草、钝叶草、美洲雀稗的花序属总状花序，早熟禾、高羊茅、翦股颖等属的草坪草具有圆锥花序。

(5)草坪草的果实　草坪草的果实含一粒种子，果皮和种皮紧密愈合在一起，不易分开，在植物学上叫颖果，但生产实践中这种颖果可以直接作播种用，所以这种果实也叫“种子”。

5)草坪草的生长发育

草坪草的生长发育从种子萌发、幼苗形成，到发育长大，直至开花结实，要经历营养生长和生殖生长两个过程。

(1)草种的萌发　在适宜的条件下（充足的水分、足够的氧气、适宜的温度），有生活力的草坪草种子能发芽并长出地面形成幼苗（Seedling）。种子吸水膨胀后，含水量增加，酶活性及呼吸加强，将种子中贮藏的营养物质，如淀粉、脂肪、蛋白质等转化为简单的碳水化合物，并运输到胚的各个部分，为胚的发育提供营养。于是，胚根首先突破种皮向下生长形成初生根，接着胚芽向上伸出地面形成幼叶，标志着光合作用的开始，幼苗能独立地生活。

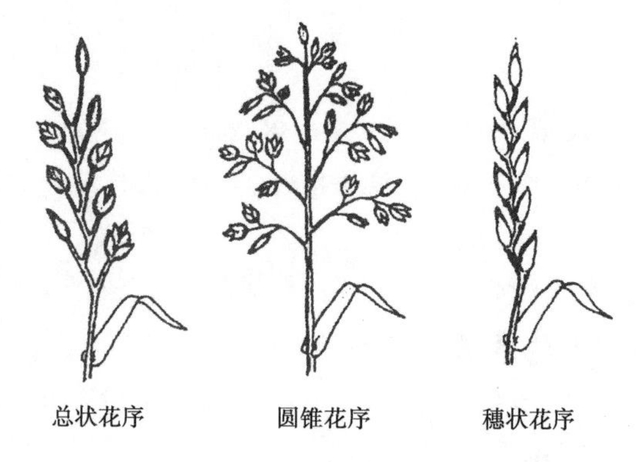

图 2.2　禾草的主要花序类型示意图
（引自《草坪科学与管理》，胡林等，2020）

(2)草坪草的分枝　幼苗形成后，要经过不断地分枝（Branching）才能发育成密集的草坪草群落。草坪草的分枝有鞘内分枝（Intravaginal Branching）和鞘外分枝（Extravaginal Branching）两种形式（图 2.3）。分蘖（Tillering）是禾草特殊的分枝方式，是指禾草的腋芽从叶鞘内长出新的地上枝条的现象。因为分蘖枝是从叶鞘内向上生长出来的，所以也叫鞘内分枝。分蘖的结果大大增加了亲本枝条附近新生枝条的数量。

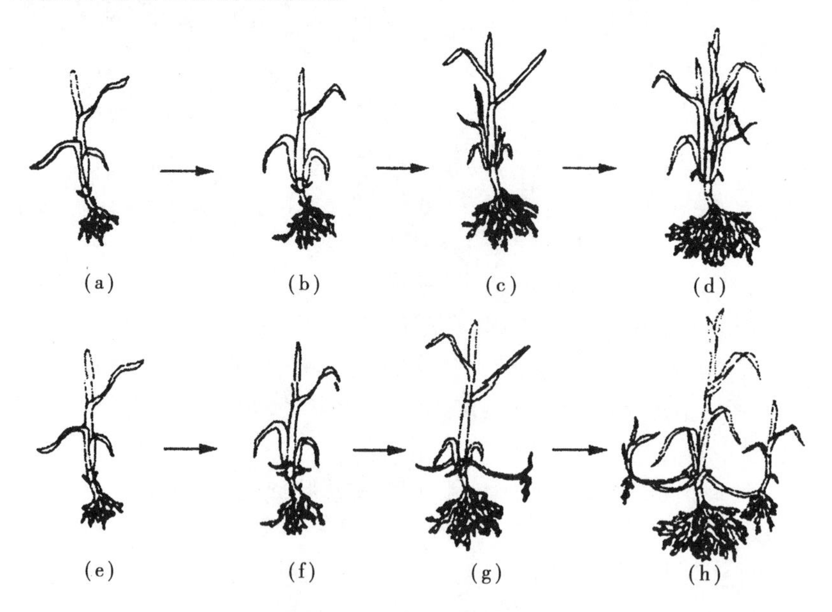

图 2.3　禾草分枝示意图
（引自《草坪科学与管理》，胡林等，2020）

在草坪中有实际坪用价值的茎是匍匐茎（分为匍匐枝和根状茎）。匍匐茎由根颈的腋芽生长发育而成。根颈节间高度缩短的特性使草坪草具有强的耐修剪性。腋芽穿破密闭的叶鞘而长出，并进一步横向延伸的过程就称为鞘外分枝。鞘外分枝的结果是产生大量的匍匐茎。匍匐茎的节上又可以长出新的枝条和根系。所以,从总体上看,分蘖和水平分枝使单一的幼苗群体最后发育成完整的草坪草群落。

6)草坪草的生态区划

气候是影响地球表面植被分布的主要因素。了解我国气候分布和草坪类型的环境适应性,可以帮助我们确定某一地区适宜种植的草坪草种类。一般,冷季型草适应于温带和寒带气候,暖季型草适应于热带和亚热带气候。

韩烈保根据年平均气温、1月份和7月份平均气温、年平均降水量、1月份和7月份平均相对湿度6项气候指标,将中国草坪气候分为9个气候带(表2.2)。

表2.2 中国草坪气候生态区划指标及分区标准

(引自《草坪建植与管理手册》,韩烈保,1999)

编码	气候带	年平均温度/℃	年平均降水量/mm	月平均温度/℃		月平均相对湿度/%	
				1月	7月	1月	7月
Ⅰ	青藏高原带	-14.0~9.0	100~1 170	-23.0~-8.0	-3.0~19.0	27~50	33~87
Ⅱ	寒冷半干旱带	-3.0~10.0	270~720	-20.0~3.0	2.0~20.0	40~75	61~83
Ⅲ	寒冷潮湿带	-8.0~10.0	265~1 070	-20.0~-6.0	9.0~21.0	42~77	72~80
Ⅳ	寒冷干旱带	-8.0~11.0	100~510	-26.0~-6.0	2.0~22.0	35~65	30~73
Ⅴ	北过渡带	-1.0~15.0	480~1 090	-9.0~2.0	9.0~25.0	44~72	70~90
Ⅵ	云贵高原带	3.0~20.0	610~1 770	-8.0~11.0	10.0~22.0	50~80	74~90
Ⅶ	南过渡带	6.5~18.0	735~1 680	-3.0~7.0	14.0~29.0	57~84	75~90
Ⅷ	温暖潮湿带	13.0~18.0	940~2 050	1.0~9.0	23.0~34.0	69~80	74~94
Ⅸ	热带亚热带	13.0~25.0	900~2 370	5.0~21.0	26.0~35.0	68~85	74~96

(1)青藏高原带(Ⅰ) 包括西藏全部、青海大部分、甘肃南部、新疆南部、云南西北部、四川西北部。该区自然环境复杂,气候寒冷,生长期短,雨量较少,日照充足。适于种植的草坪草种主要是耐寒抗旱的冷季型草坪草,如草地早熟禾、羊茅、高羊茅、紫羊茅、匍匐翦股颖、多年生黑麦草、白三叶等。

(2)寒冷半干旱带(Ⅱ) 包括大兴安岭东西两侧的山麓、科尔沁草原大部分、太行山以西至黄土高原,面积广阔,涉及我国黑龙江、吉林、辽宁、内蒙古、河北、河南、山西、陕西、甘肃、青海、宁夏等十一个省市区的部分县区。该区是温带季风半湿润半干旱气候的过渡区,其生态特点是所有草坪必须保证有水灌溉,不灌水则难以建植草坪;土壤多呈碱性,地下水矿化度高;光照充足,昼夜温差大;空气湿度小,冬季十分干燥。这一地区可以种植的草坪草有草地早熟禾、粗茎早熟禾、加拿大早熟禾、紫羊茅、羊茅、高羊茅、多年生黑麦草、匍匐翦股颖、野牛草、白三叶和小冠花等,表现最好的是草地早熟禾和紫羊茅。

(3)寒冷潮湿带(Ⅲ) 包括东北松辽平原、辽东山地和辽东半岛,涉及黑龙江、吉林、辽宁以及内蒙古等省区。本区生长季节雨热同季,对冷季型草坪草生长十分有利。适于种植的草坪草种类有草地早熟禾、粗茎早熟禾、加拿大早熟禾、高羊茅、紫羊茅、羊茅、匍匐翦股颖、多年生黑麦草、白三叶等。表现最好的是草地早熟禾、紫羊茅、匍匐翦股颖和白三叶。

(4)寒冷干旱带(Ⅳ) 本区是我国西北部的荒漠、半荒漠及部分温带草原地区,包括新疆大部分地区,青海少部分地区,甘肃的夏河县、碌曲县和玛曲县,陕西榆林地区大部分地区,内蒙古自治区绝大部分地区,黑龙江嫩江县和黑河市一线以北的地区。本区干旱少雨,土壤瘠薄。在水分条件有保证的情况下,这一带适宜种植的草坪草基本上与寒冷半干旱带的一致。

(5)北过渡带(Ⅴ) 包括华北平原、黄淮平原、山东半岛、关中平原及秦岭、汉中盆地,具体包括甘肃部分地区,陕西中部,山西部分地区,河南,河北大部分,山东,安徽部分地区,湖北省的丹江口市、老河口市和枣阳市的北部。该区夏季高温潮湿,冬季寒冷干燥。该区冷季型草和暖季型草均能种植,前者越夏困难,后者枯黄早,绿期短,因此,必须有高水平管理才能建植良好草坪。适合这一地区的草坪草种有草地早熟禾、粗茎早熟禾、加拿大早熟禾、高羊茅、多年生黑麦草、匍匐翦股颖、绒毛翦股颖、细弱翦股颖、小冠花、苔草、羊胡子草、野牛草、日本结缕草、中华结缕草、细叶结缕草等。

(6)云贵高原带(Ⅵ) 该区域是除四川盆地以外的广大西南高原地区,包括云南和贵州大部分地区、广西北部少数地区、湖南西部、湖北西北部、陕西南部、甘肃南部、四川和重庆部分地区。本区冬暖夏凉,气候温和,雨热同期,草坪草全年生长绿期300天以上。适宜本区的草坪草有:冷季型草坪草中的草地早熟禾、粗茎早熟禾、加拿大早熟禾、高羊茅、紫羊茅、羊茅、细羊茅、多年生黑麦草、一年生黑麦草、匍匐翦股颖、绒毛翦股颖、细弱翦股颖、白三叶、苔草等,暖季型草坪草中的野牛草、狗牙根、中华结缕草、日本结缕草、马尼拉草、假俭草、马蹄金、沿阶草等。

(7)南过渡带(Ⅶ) 包括长江中下游地区和四川盆地,具体包括四川和重庆市大部分地区、贵州的少数地区、湖北大部分地区、河南南部、安徽和江苏中部。本带长江中下游地区气候特点是夏季高温,秋季有伏旱,冬季有寒流侵袭;四川盆地冬季比较温和,夏秋雨量充足。适于本区的草坪草种类较多,目前常用的有:草地早熟禾、粗茎早熟禾、一年生早熟禾、高羊茅、多年生黑麦草、匍匐翦股颖、白三叶、日本结缕草、细叶结缕草、中华结缕草、马尼拉草、狗牙根、马蹄金、沿阶草、酢浆草等。

(8)温暖潮湿带(Ⅷ) 本区包括长江以南至南岭的广大地区,大致相当于北亚热带范围,具体包括湖北少部分地区、湖南大部分地区、江西绝大部分地区、广西极少部分地区、福建北部、浙江、上海、江苏少部分地区及安徽南部。该区一年四季雨水充足,气候温和,四季分明。这一地区草坪草种的选择与南过渡带基本相似,只是暖季型草坪草更为合适。

(9)热带亚热带(Ⅸ) 包括海南、台湾及广东、广西壮族自治区、云南部分地区。本区雨水充足,空气湿度大,四季不很分明,水热资源十分丰富,气候条件非常适合草坪草的生长发育。适合本区种植的草坪草大多是暖季型草坪草,如狗牙根、结缕草、假俭草、地毯草、钝叶草、两耳草和马蹄金等。

2.1.2 暖季型草坪草(Warm-season Turfgrass)

暖季型草坪草(Warm-season Turfgrass)的最适生长温度为26~32 ℃,广泛分布于气候温暖的湿润和半湿润半干旱地区。有些暖季型草也可用在过渡地带。冬季的低温是影响暖季型草坪草分布和应用的关键因素。在我国,暖季型草坪草主要分布于长江流域以南的广大地区。

和冷季型草坪草相比,暖季型草坪草生长低矮、耐低修剪、耐旱、耐热、耐践踏,但不耐寒,低温下容易枯黄。由于仅有少数种可以获得种子,暖季型草坪草多用营养繁殖方式建坪。又由于暖季型草坪草具有相当强的竞争力和侵占力,草坪群落一旦形成,其他草种就很难侵入,所以暖季型草坪以单一草坪为主。

本节将从形态特征、生态习性和应用范围几个方面介绍常见的暖季型草坪草，以便广大读者更好地识别、了解和应用各种暖季型草坪草。

1）结缕草属

禾本科结缕草属（*Zoysia* willd.）在草坪中常用的有日本结缕草、细叶结缕草、沟叶结缕草和中华结缕草等。

（1）日本结缕草　日本结缕草（*Z. japonica* Steud.），英文名 Japanese Lawngrass，又名结缕草、老虎皮草（上海）、地铺拉草（辽宁）、崂山草（青岛）、锥子草（辽东）和延地青等。原产亚洲东部地区，主要分布于日本、朝鲜以及我国辽宁、河北、山东、山西、陕西、甘肃、江苏、浙江等地区。

①形态特征。日本结缕草为多年生禾草（禾本科草坪草的简称，以下同），具发达的匍匐茎（图2.4）。茎叶密集，植株低矮。叶片扁平或稍内卷，长3～5 cm，宽2～4 mm，呈狭披针形，先端锐尖。叶片光滑，表面疏生白色柔毛，背面近无毛。总状花序呈穗状，长2～4 cm，宽3～5 mm。小穗卵圆形，由绿转变为紫褐色。种子成熟后易脱落，外层附有蜡质保护物，不易发芽，播种前需对种子进行处理以提高发芽率。

②生态习性。日本结缕草适应性强，喜光、抗旱、耐寒、抗热、耐瘠薄。喜深厚肥沃、排水良好的沙质土壤。

③应用范围。日本结缕草与杂草竞争的能力极强，容易形成单一连片、平整美观的草坪，还具有坚韧耐磨、耐践踏、病害较少等优点，因而在园林和体育运动场地广为使用。

（2）细叶结缕草　细叶结缕草（*Z. Tenuifolia* Willd. ex Trin.），英文名 Mascarenegrass，又名台湾草、天鹅绒草、朝鲜茎草、高丽芝草。原产日本和朝鲜南部，在我国长江流域以南广泛种植。

①形态特征。细叶结缕草为多年生禾草（图2.5）。茎叶呈丛状密集生长，茎秆直立纤细，匍匐茎节间短。叶片丝状内卷，宽0.5～1 mm，长2～6 cm，叶面疏生柔毛。线形或针状叶，纤细、柔软、密集、翠绿，能形成天鹅绒似的草毯，因而美称天鹅绒草。总状花序顶生，小穗狭窄，黄绿色，有时略带紫色。

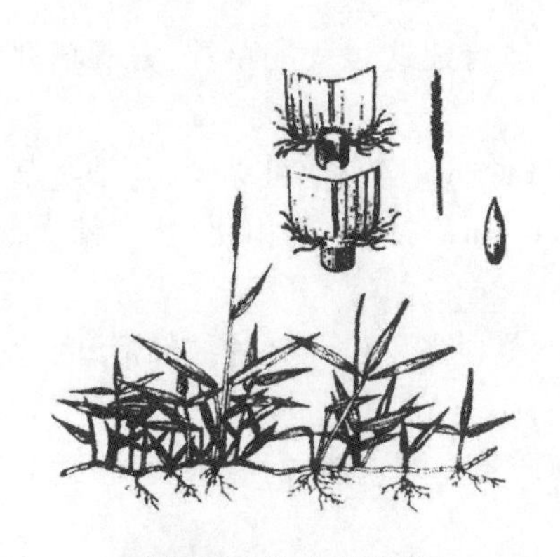

图2.4　日本结缕草

（引自《草坪科学与管理》，胡林等，2020）

图2.5　细叶结缕草

（引自《草坪科学与管理》，胡林等，2020）

②生态习性。细叶结缕草喜光，不耐阴。耐湿，耐寒能力比日本结缕草差。与杂草竞争能

力极强，一旦成坪，杂草很难入侵。喜雨量充沛、空气湿润的环境，对土壤要求不严，适生长于微酸至微碱性土壤中。

③应用范围。细叶结缕草茎叶柔细，外观平整光滑，常用作观赏草坪；耐修剪、耐践踏，也常用作游憩草坪；此外，还常植于堤坡、水池边、假山石缝，用作绿化，固土护坡，保持水土。

(3)沟叶结缕草　沟叶结缕草(*Z. matrella* (L.) Merr.)，英文名 Manilagrass，又名马尼拉草，广布于亚洲和大洋洲的热带和亚热带地区，我国广东、广西、福建等地应用较多。

图2.6　沟叶结缕草
(引自《草坪科学与管理》，胡林等，2020)

①形态特征。沟叶结缕草是多年生禾草，具粗壮坚韧的匍匐茎(图2.6)。叶质硬，叶片长3～4 cm，宽1～2 mm，扁平或内卷。总状花序细柱形，小穗卵状披针形，黄褐色或紫色。

②生态习性。喜光，不耐阴。耐热，不耐寒。耐寒性介于日本结缕草和细叶结缕草之间。土壤潮湿和空气湿润对沟叶结缕草生长十分有利。

③应用范围。沟叶结缕草色泽翠绿、草姿优美、抗性强、适应性广，是建设高质量草坪的优良草种。广泛用于高尔夫球、足球、门球等运动场草坪，各种观赏草坪，园林游憩草坪，以及水土保持草坪等。

(4)中华结缕草　中华结缕草(*Z. sinica* Hance.)产于辽宁、河北、山东、江苏、安徽、浙江、福建、广东、台湾等省，生于海边沙滩、河岸、路旁的草丛中。野生状态下，常与日本结缕草共生。

①形态特征。中华结缕草是多年生禾草，具匍匐茎(图2.7)。叶片淡绿色或灰绿色，背面颜色较淡，叶片可长达10 cm，宽1～3 mm，无毛，质地坚硬，扁平或边缘内卷。总状花序穗形，小穗黄褐色或略带紫色。

②生态习性。与日本结缕草基本相同，更耐热，分布较靠南。

③应用范围。中华结缕草密度更大、叶片较窄、耐践踏，适合建造运动场草坪、庭园草坪和园林游憩草坪。

(5)大穗结缕草　大穗结缕草(*Z. macrostoehys* Franch. Et Savat.)又名江茅草，与结缕草在形态上很相似。植株抽穗开花时，其茎穗高度一般为10～20 cm，与结缕草相比，茎高穗大，故名大穗结缕草。

①形态特征。大穗结缕草是多年生禾草，具发达的地下茎(图2.8)。叶片披针形，叶片长2～4 cm，宽1～3 mm，无毛，质地较硬，通常内卷。总状花序，小穗紫色。

②生态习性。大穗结缕草喜阳，植株强健，耐盐碱，在沙质土海滩上能顽强地生长。适应性强，既能耐旱，又能耐瘠薄、耐低温。

③应用范围。作为耐盐碱的草坪植物，能广泛用于盐碱地区，作为含盐碱堤岸、湖泊、水库边沿等地的湖泊固土植物。

图2.7 中华结缕草
（引自《草坪建植技术》，
陈志明，2010）

图2.8 大穗结缕草
（引自《草坪建植技术》，
陈志明，2010）

2）狗牙根属

狗牙根属（*Cynodon* Richard）用作草坪的一般指狗牙根，此外，还有杂交狗牙根。

（1）狗牙根　狗牙根［*C. dactylon*（L.）Pers.］，英文名 Bermudagrass，又名百慕大（香港）、绊根草（上海）、爬根草（南京）、钱丝草、地板根等。广布于欧、亚大陆的暖温带、亚热带和热带地区。我国黄河以南各地均有野生种自然分布。

①形态特征。狗牙根为多年生禾草，具强大的匍匐茎（图2.9）。叶片线条形，先端渐尖，宽1～3 mm，长1～12 cm，通常两面无毛，叶舌纤毛状。穗状花序，小穗灰绿色或带紫色。

②生态习性。狗牙根喜光，一般不耐阴。极耐热，不抗寒。喜生于深厚肥沃排水良好的湿润土壤，亦能在含盐碱稍高的海边及瘠薄石灰土壤中生长。

③应用范围。狗牙根耐践踏，再生能力极强，很适合建植运动场草坪。此外，由于其覆盖力极强，保持水土能力极佳，所以还适合在河滩、沙地、公园、道路两侧、机场等地种植。

图2.9 狗牙根
（引自《草坪科学与管理》，
胡林等，2020）

（2）天堂草　天堂草（*Cynodon dactylon XC. Transvadlensis*），英文名 Tifgreen，是美国草坪育种家把非洲狗牙根（*Cynodon transvadlensis*）和狗牙根（*Cynodon dactylon*）杂交后，在 F1 代杂交种中分离筛选出来的新草种，又称为杂交狗牙根或杂交百慕大。

①形态特征。天堂草保持了狗牙根原有的一些性状，具有叶丛更加密集，植株更加低矮，叶色嫩绿，叶片纤细柔弱等优点。

②生态习性。天堂草具有一定的耐寒性和抗旱性，长江流域以南绿色期为280天，病虫害

少,十分适合在华中地区生长。

③应用范围。天堂草耐频繁的修剪,践踏后易于修复,是理想的运动场和休息活动场地的建坪材料,观赏性极佳,广泛用于高尔夫球场果领地带。

3)地毯草属

地毯草属(*Axonopus* Beauv.)用作草坪的一般只有地毯草,原产南美热带地区,我国主要分布在台湾、香港、广东、福州、厦门、南宁等热带和亚热带沿海地区。

地毯草[*A. compressus* (Swartz) Beauv.],英文名 Carpetgrass,又名大叶油草。

(1)形态特征 地毯草为多年生禾草,具匍匐茎(图 2.10)。茎秆扁平,节上密生灰白色柔毛。叶片短而钝,长 4~10 cm,宽 6~12 mm,两面无毛或上面具柔毛。穗状花序。

(2)生态习性 地毯草适生于热带和亚热带温暖地区。喜光,较耐阴。光照越足,生长越旺,在椰林下可正常生长。耐高温,不耐寒。对土壤要求不严,喜肥沃湿润的砂壤土。根系发达,生长蔓延速度快,易形成耐践踏的地毯状草坪,养护管理极为粗放。

(3)应用范围 地毯草生长快,耐修剪,耐践踏,广泛用于运动场草坪、园林游憩草坪、飞机场草坪、水土保持草坪、高速公路草坪等。

4)蜈蚣草属

蜈蚣草属(*Eremochloa* Buese.)只有假俭草用于草坪,主要分布于热带和亚热带。

假俭草[*E. ophiuroides* (Munro) Hack.],英文名 Centipedegrass,又名苏州草(上海)、蜈蚣草,原产中国南部。

(1)形态特征 假俭草具爬地生长的匍匐茎(图 2.11)。叶片线形,扁平光滑,宽 3~5 mm,叶尖稍钝,近基部边缘具绒毛。总状花序。

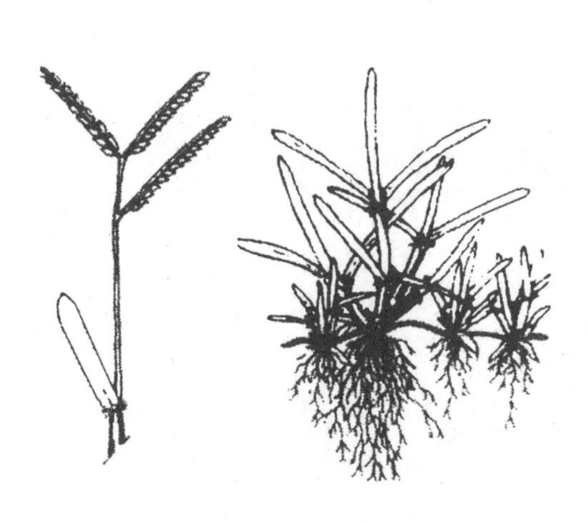

图 2.10 地毯草

(引自《草坪科学与管理》,胡林等,2020)

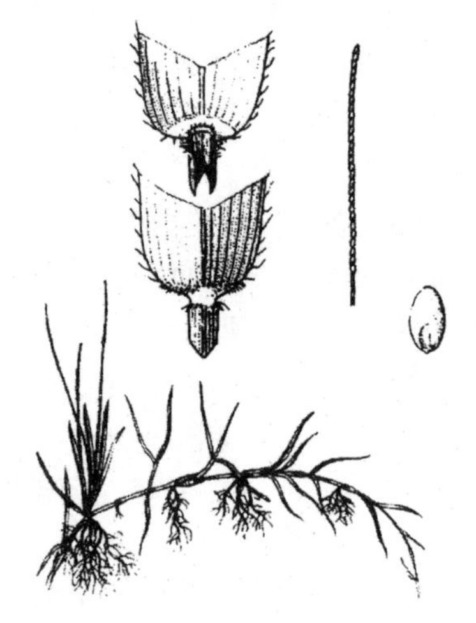

图 2.11 假俭草

(引自《草坪科学与管理》,胡林等,2020)

(2)生态习性 喜光,较耐阴。喜温暖,耐热,较耐寒。喜湿润,耐干旱。耐瘠薄,对土壤要求不严,喜肥沃沙壤土,是一种养护管理较粗放的草坪草种。

(3)应用范围 假俭草是优良的堤坝护坡植物,质地坚韧,生长迅速,再生能力强,耐践踏,耐修剪,广泛用于水土保持草坪、运动场草坪、园林游憩草坪、飞机场草坪等。

5）野牛草属

野牛草属（*Buchloe* Engelm）仅有一种，即野牛草。生长于北美大平原半干旱半潮湿地区，以前用作牧草，是草原上的优势种之一。

野牛草［*B. dactyloides*（Nutt.）Engelm.］，英文名 Buffalograss，又名牛毛草、水牛草等。原产北美中西部和墨西哥干旱草原，最初引入我国甘肃天水地区，后逐渐传入北京、沈阳、哈尔滨，目前已在我国北方地区广泛种植。

（1）形态特征　野牛草为多年生禾草，具匍匐茎，茎秆细弱（图2.12）。幼叶呈卷筒形，成熟的叶片呈线形，长10～20 cm，宽1～2 mm。叶片粗糙，两面疏生白色柔毛。穗状花序。

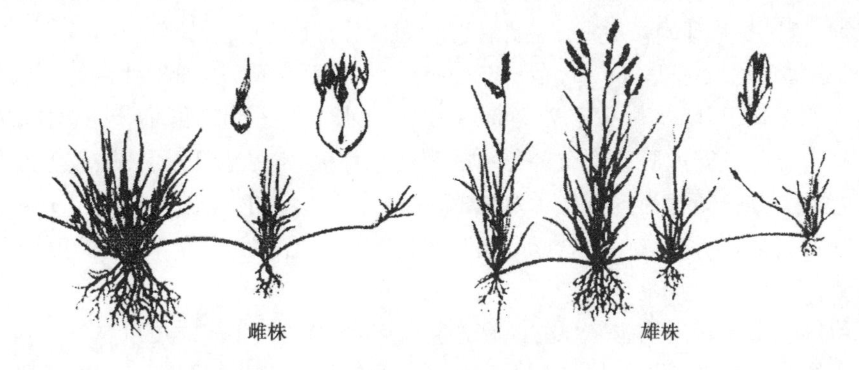

图2.12　野牛草

（引自《草坪科学与管理》，胡林等，2020）

（2）生态习性　野牛草在北半球温带地区均能正常生长，是目前最抗旱的草坪草种，久旱时叶片卷缩，休眠避旱，一旦水分充足即可转入旺盛生长，但在多雨的南方生长不良。喜光，不耐阴。耐热，耐寒。耐频繁修剪，不耐频繁践踏。对土壤要求不严，养护管理粗放。

（3）应用范围　野牛草适应性强，管理简便，适于建造各类开放性园林游憩草坪和水土保持草坪。

6）钝叶草属

钝叶草属（*Stenotaphrum* Trin.）约8个种，原产热带美洲，分布于巴西、阿根廷及中美洲、南美洲等地区。我国有2种，产于南部海岸沙滩、草地或林下。最常用作草坪的种类是钝叶草。

钝叶草［*Stenotaphrum secundatum*（Walt.）Kuntze］，英文名 St. Augustine Grass，所以别名奥古斯丁草，又叫金丝草。原产印度，我国南方有引种栽培，但面积不大。

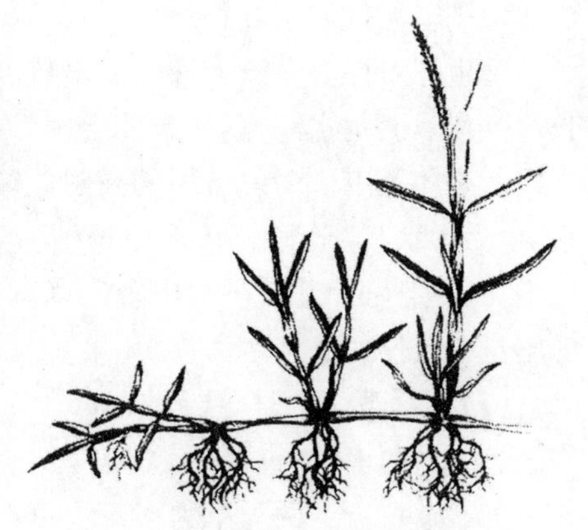

图2.13　钝叶草

（引自《草坪科学与管理》，胡林等，2020）

（1）形态特征　钝叶草为多年生禾草（图2.13）。植株低矮，质地粗糙，侵占性强，具匍匐茎。幼叶对折，叶舌极短，顶端有白色短纤毛。无叶耳，叶片和叶鞘相交处有一个明显的缢痕且有一个扭转角度。叶片扁平，长7～15 cm，宽0.6～1.0 cm，两表面光滑，具圆钝的顶端。花序主轴扁平，呈叶状，长10～15 cm，宽3～5 mm，穗状花序嵌于主轴的凹穴内。

(2)生态习性　生长势和适应性强,喜阳,耐高温、湿润气候,耐盐碱和耐阴能力强,耐寒性极差,所以应用限制在热带和亚热带地区。再生力强,耐践踏,最适宜在湿润、肥力低的酸性砂土或沙壤土上生长。

(3)应用范围　钝叶草种子发芽迅速,建植快,以其很强的适应性,成为南方建植各类草坪和用于水土保持的理想草种,尤其适合疏林中草坪的建植和用于陡坡固土护坡。钝叶草在昆明、广州一带,若能被精细养护,可四季常青,终年不枯。

7)雀稗属

雀稗属(*Paspalum* L.)约有300个种,分布于全球的热带与亚热带,我国有7个种,以前多用作牧草,近几年开始用于草坪建植,主要有巴哈雀稗、海滨雀稗、两耳草、双穗雀稗等。

(1)巴哈雀稗　巴哈雀稗(*P. notatum* Flugge.),又名百喜草,美洲雀稗,英文名Bahiagrass,适宜在热带和亚热带,年降水量高于750 mm的地区生长。广东、广西、海南、福建、四川、贵州、云南、江西、湖南、湖北、安徽等南方大部分地区都适宜种植,常见于江、河、湖、坡等处。

①形态特征。巴哈雀稗为多年生禾草(图2.14)。叶片卷曲,叶舌膜状,长1 mm平截,无叶耳,根茎宽,叶片扁平到折叠,宽4~8 mm,朝基部边缘丛生毛减少。具2~3个单侧穗状分枝的总状花序。

②生态习性。喜温暖气候,25 ℃左右最适生长,较耐寒,-10 ℃时可以越冬。叶片粗糙、坚韧。凭借短的根状茎和匍匐枝扩展,根系深,可形成坚固的草皮。耐践踏,但草坪稀疏,密度低。耐水浸、耐盐和耐干旱。耐瘠薄,对土壤要求不严,适宜在pH值5.5~6.5的沙质土壤中生长。

③应用范围。养护管理粗放,几乎不需管理,且抗病虫害能力强,故较广泛地应用在路旁、护坡和其他粗放管理的地方。

(2)海滨雀稗　海滨雀稗(*Paspalum vaginatum* Swartz.),英文名Seashore Paspalum,最早在澳大利亚作为草坪草应用,适于热带和亚热带气候,非洲和美洲均有野生。

①形态特征。海滨雀稗具有发达的匍匐茎,叶色深绿色。留茬高度4.5 cm或更低时,能形成非常稠密的优质草坪。

②生态习性。海滨雀稗的突出特点是非常耐盐碱,能够在盐分很高的环境中生存并茁壮成长。既耐旱又耐水淹,耐瘠薄的土壤。不耐阴,抗寒性较差。

③应用范围。海滨雀稗的高耐盐碱性,使得它成为许多近海高尔夫球场的新宠,再循环用水、生活污水,甚至海水都可以作为海滨雀稗的灌溉用水。同时,由于其他植物在盐碱度高的环境中无法生存,因此就不会出现杂草丛生的现象,水中的盐分同时会杀死杂草,而不会对海滨雀稗本身造成任何伤害。

(3)两耳草　两耳草(*Paspalum conjugatum* Berg.),又称水竹节草、叉仔草等。分布于我国华南、华东、西南、华中等地。

①形态特征。两耳草为多年生草本(图2.15),具发达的匍匐茎,可长达2 m左右,根系非常发达。秆高8~30 cm,上部直立或倾斜。叶片扁平,披针形,色泽淡绿,长2~8 cm,宽5~15 mm,属阔叶草类。总状花序孪生,叉状着生于秆顶。小穗淡绿,扁平,呈覆瓦状排列于穗轴一侧,长1.2~1.5 mm。长二颖边缘有丝状长毛。夏秋季抽穗开花。

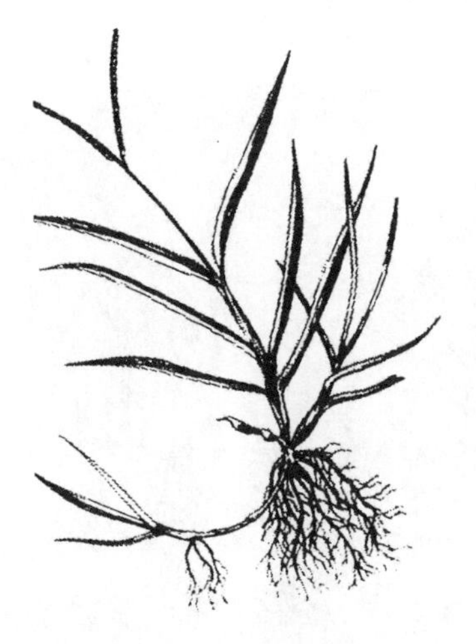

图2.14 巴哈雀稗
（引自《草坪科学与管理》，
胡林等，2010）

图2.15 两耳草
（引自《草坪建植技术》，
陈志明，2010）

②生态习性。极耐湿，匍匐茎有很强的趋水性，耐水淹、水渍，不耐旱。喜热，喜肥，耐阴，再生能力强，耐践踏，耐修剪，抗病虫害能力强。

③应用范围。两耳草为优良的湿地建坪草种，生活力强，生长快，极易形成单一的自然群落。在地势低洼、排水欠佳处，可用它建立单一草坪。

(4)双穗雀稗　双穗雀稗（*Paspalum distichum* L.）又名水扒根，中国华南、云南、长江中下游有分布。

①形态特征。双穗雀稗为多年生禾草（图2.16）。株高20～60 cm，茎秆粗壮，直立可斜生，有根茎。下部茎节铺地易生根，节上常有毛。叶片线形，扁平，长3～15 cm，宽2～6 mm，叶鞘边缘常有纤毛。总状花序生于秆顶。花果期5—8月。

②生态习性。喜温热湿润气候，常生于沟边、池旁或其他低湿的地方。在较干地区也能生长，分布很广。

③应用范围。双穗雀稗是优良的水土保持植物。

8）马蹄金属

马蹄金属（*Dichondra* Forst.）属于旋花科（*Convolvulaceae*），主要产于美洲。我国只产马蹄金（*Dichondra repens* Forst.）一个种，英文名Creeping Dichondra。

马蹄金俗称马蹄草、黄胆草、小金钱草、九连环等。生于海拔180～1 850 m的田边、路边和山坡阴湿处，我国长江以南各省区均有分布。

(1)形态特征　马蹄金为多年生匍匐型草本植物（图2.17）。单叶互生，叶片马蹄状圆肾形，长4～11 mm，宽4～25 mm，顶端宽圆形，微具缺刻，基部宽心形，全缘。叶柄细长，1～5 cm，被白毛。茎纤细，匍匐地面，被白色柔毛，节上着生不定根。花期5—8月，果期9月。

(2)生态习性　马蹄金为喜光植物，充足的光线可促进匍匐茎的产生。能耐一定庇荫，在半阴下叶色淡绿，但仍能正常生长。对土壤适应性强，喜温暖湿润气候。抗旱性和抗热性较强，能耐轻度践踏，轻度践踏后叶细而密，更具观赏效果。

图2.16 双穗雀稗
（引自《草坪建植技术》，陈志明,2010）

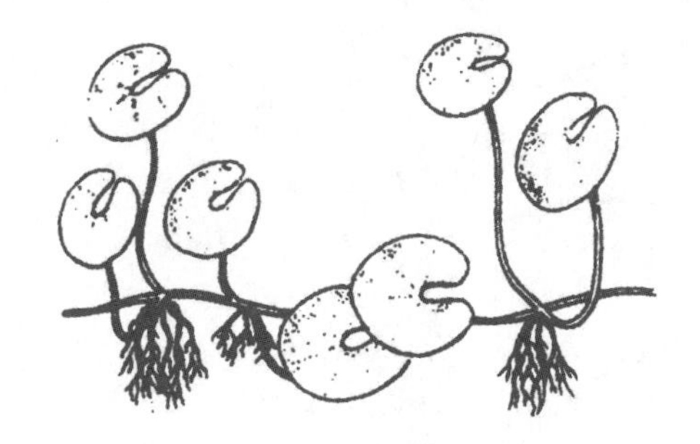

图2.17 马蹄金
（引自《草坪科学与管理》，胡林等,2020）

图2.18 沿阶草
（引自《草坪学》,孙吉雄等,2015）

（3）应用范围　马蹄金叶形奇特,草色嫩绿,四季常青,叶小而整体覆盖密度大,喜光又耐半阴,对环境适应性强,是南方优良的观赏草坪草种。

9）麦冬

麦冬[*Japonicus Ophiopogon*（L. f.）ker-Gawl.],英文名 Dwarf Lilyturf,又叫沿阶草,属百合科沿阶草属。分布于印度、越南、日本和我国云南、贵州、四川、江西、广西、湖南、浙江、福建等省,常生于海拔2 000 m以下山坡林下或溪沟旁。

（1）形态特征　麦冬为多年生常绿草本植物（图2.18）。须根较粗壮,先端或中部常膨大成纺锤状肉质小块根,块根长1～1.5 cm,宽5～10 mm。茎短。叶丛生于基部,狭线形,叶缘粗糙,长10～40 cm,宽1.5～3.5 mm,具3～7条脉,叶色暗绿。花茎常低于叶丛,稍弯垂。总状花序短小,小花淡紫色或蓝色,花期6—7月,果期7—8月,果蓝色。

（2）生态习性　麦冬抗性强,在阳光充足和遮阴处均能良好生长。耐热,较耐寒。耐灰尘能力强,不耐践踏。喜土质疏松、肥沃、排水良好的壤土和沙壤土。

（3）应用范围　麦冬四季常绿、草姿优美,在全光和遮阴条件下均能良好生长,耐热、抗尘,管理粗放,取材方便,是优良的观赏草坪和疏林草坪草种。

10）蔓花生

蔓花生（*Arachis duranensis*）,又名花生藤,遍地黄金,蝶形花科蔓花生属,原产于亚洲热带及南美洲。

（1）形态特征　蔓花生为多年生宿根草本植物（图2.19）。茎蔓生,匍匐生长,有明显主根,长达30 cm,须根多,均有根瘤,复叶互生,小叶两对,长1.5～3 cm,宽1～2 cm,倒卵形,全缘,黄色蝶形花,花色鲜艳,花量多,自花授粉,单花花期约1 d,开花后结荚果,荚果长桃形,果壳薄,结果时间长，果实易分散，收获率低。

(2)生态习性　蔓花生在全日照及半日照下均能生长良好，有较强的耐阴性。对土壤要求不严，但以沙质壤土为佳。生长适宜温度为 18 ~32 ℃。蔓花生有一定的耐旱及耐热性，对有害气体的抗性较强。

(3)应用范围　蔓花生观赏性强，四季常青，且不易滋生杂草与病虫害，一般不用修剪，可有效节省人力及物力，是极有前途的优良地被植物。可用于园林绿地、公路的隔离带做观赏草坪。由于蔓花生的根系发达，也可植于公路、边坡等地防止水土流失。

11)酢浆草

酢浆草为酢浆草科多年生匍匐草本，用于园林地被的主要是红花酢浆草(*Oxalis rubra* St. Hill)，原产巴西，热带亚热带地区多有种植，为良好的观花地被，在华南已逸为野生。

(1)形态特征　酢浆草为多年生匍匐草本(图 2.20)，有纺锤形根状茎。叶丛生，具长柄，掌状复叶三小叶；小叶无柄，长 2 ~3 cm，顶端凹，两面均被毛，有酸味。花葶自基部生出，伞形花序有 12 ~14 朵花；花瓣 5 枚，淡红色或桃红色。夏至秋冬开花不断。

图 2.19　蔓花生

图 2.20　酢浆草

(2)生态习性　喜温暖湿润气候，稍耐寒，长江三角洲地区可室外越冬。不耐旱。喜半阴，忌阳光直射。不择土质，但以富含有机质、排水好的壤土为佳。

(3)应用范围　植株整齐，叶色青翠，花色艳丽，花期长，覆盖地面迅速，又能抑制杂草生长，为良好的观花地被植物，尤其适合庭园的疏林之下，也可用于装饰岩石缝隙。在温暖地区，繁殖力极强(种子或地下根茎都能迅速繁殖)，要注意控制，防止成为恶性杂草。

12)蟛蜞菊

蟛蜞菊[*Wedelia trilobata*(L.)Hitchc.]，又名穿地龙，菊科多年生草本，原产南美洲，热带地区广为栽培，是华南地区常见的草坪植物。

(1)形态特征　蟛蜞菊为多年生匍匐草本(图 2.21)，茎可长达 60 cm。叶对生，卵状披针形，长 6 ~8 cm，宽 2 ~2.5 cm，上面粗糙，有光泽，边缘三浅裂或有疏齿。头状花序单生于枝端或叶腋，直径 1.5 ~3.0 cm，黄色，全年均可开花，夏至秋季为盛花期。

(2)生态习性　喜光，喜温暖、湿润气候，适应性强，耐干旱，耐瘠薄，耐盐碱。在较阴的条件下也能较好生长，但开花较少，且茎易徒长直立。

(3)应用范围　在温暖地区生长迅速,栽植数月即可完全覆盖地面,使杂草难以侵入,是城市园林及荒坡等地的良好地被植物,但在园林中应用,要适当人工控制,以免生长过旺绞杀其他园林植物。

13)唇萼薄荷

唇萼薄荷(*Mentha pulegium*),又名普列薄荷,英文名pennyroyal mint,唇形科薄荷属,原产于欧洲。近年引入中国,是一种带芳香的新型草坪植物。

(1)形态特征　唇萼薄荷为多年生宿根草本植物(图2.22)。茎开展匍匐生长,茎节易产生不定根,叶对生,长1~2 cm,宽0.8~1.2 cm,叶卵形,有小锯齿,香味浓郁,淡粉色小花夏季轮生于短花穗上。

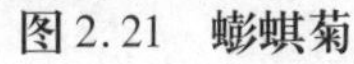

图2.21　蟛蜞菊　　图2.22　唇萼薄荷

(2)生态习性　喜阳、耐热、耐寒,偏好潮湿的酸性砂质土壤。该草生长表现良好,匍匐性极强,外观平整光滑,四季常绿,景观效果好。有时,冬季茎叶略有变红现象。

(3)应用范围　主要用在公园、住宅区、庭园等绿地作观赏芳香草坪。

2.1.3　冷季型草坪草(Cool-season Turfgrass)

冷季型草坪草(Cool-season Turfgrass)的最适生长温度为15~25 ℃,广泛分布于气候冷凉的湿润、半湿润半干旱地区。有些种类的分布可以延伸到冷暖过渡地带。生长的主要限制因子是干旱、高温以及高温持续的时间。在我国,冷季型草坪草适宜生长于黄河以北的地区,在南方越夏较困难。

草地早熟禾、细羊茅、多年生黑麦草、小糠草和高羊茅都是我国北方地区较适宜的冷季型草坪草种。冷季型草坪草耐高温能力差,某些种类,如高羊茅、匍匐翦股颖、草地早熟禾可以在过渡地带或南方的高海拔地区生长。

本节将从形态特征、生态习性和应用范围几个方面介绍常见的冷季型草坪草,以便广大读者更好地识别、了解和应用各种冷季型草坪草。

1)早熟禾属

禾本科早熟禾属(*Poa* L.)在草坪中常用的有草地早熟禾、加拿大早熟禾、粗茎早熟禾、一年生早熟禾和林地早熟禾。从营养体上鉴别早熟禾属植物的最大特征是船形的叶尖和位于叶片中心主脉两侧的浅绿色平行细脉。

(1)草地早熟禾　草地早熟禾(*P. pratensis* L.),英文名 Kentucky Bluegrass,又名蓝草、肯塔基早熟禾、草原早熟禾、六月禾等。原产欧洲、亚洲北部和非洲北部,现遍布全球温带地区。我国华北、西北、东北地区及长江中下游冷湿地带有野生种分布,常见于河谷、草地、林边等处。

①形态特征。草地早熟禾为多年生禾草(图2.23)。具细长根状茎,多分枝。秆丛生,光滑,高50~80 cm。叶片条形,宽2~4 mm,两侧平行,顶部为船形,中脉两侧各脉透明,边缘较粗糙,柔软,多光滑。叶舌膜状,无叶耳。圆锥花序开展,长13~20 cm,分枝下部裸露。

②生态习性。草地早熟禾性喜温暖湿润,适于北方种植,广泛适应于寒冷潮湿带和过渡带,在灌溉条件下,也可在寒冷半干旱区和干旱区生长。喜光耐阴,适于树下生长。耐寒性强,不耐高温,抗旱力较差。炎热的夏季进入休眠,秋凉后生长繁茂,直至晚秋。在排水良好,土质肥沃的湿地中生长良好。

③应用范围。草地早熟禾常与紫羊茅或多年生黑麦草或高羊茅等草种混播,在公园、庭园、机场、高尔夫球场等处建植中等质量要求的各种用途的草坪。

(2)加拿大早熟禾　加拿大早熟禾(*P. compressa* L.),英文名 Canada Bluegrass,又名扁茎早熟禾。原产北美洲,广泛应用于寒冷潮湿气候带,我国长江流域以北各地有引种栽培。

①形态特征。加拿大早熟禾为多年生禾草(图2.24),具根茎。茎秆扁圆,呈半匍匐状,有时斜生。须根发达,茎节很短,基部叶片密集短小,叶色蓝绿。幼叶边缘内卷,成熟叶片扁平,长3~12 cm,宽1~4 mm,顶部船形。圆锥花序窄小,5月下旬抽穗开花,7月下旬种子成熟,结实较多。

②生态习性。加拿大早熟禾能很好地适应所有温带气候,是长寿命的多年生草坪草。抗旱性和耐阴性比大部分草地早熟禾品种好,耐践踏性也很好,能在相当瘠薄、干旱的土壤上良好生长。在江南地区能基本保持四季常绿。

图2.23　草地早熟禾
(引自《草坪科学与管理》,胡林等,2010)

图2.24　加拿大早熟禾
(引自《草坪建植技术》,陈志明,2010)

③应用范围。加拿大早熟禾常用于建造低质量、低养护水平的草坪，如开阔地草坪和赛马场草坪，修剪高度7.5～10 cm时生长良好。

(3)粗茎早熟禾　粗茎早熟禾(*P. trivialis* L.)，英文名 Roughstalk Bluegrass，又叫普通早熟禾。由于触摸其秆基部的叶鞘有粗糙感觉，故称之为粗茎早熟禾。为北半球广泛分布的一个草种，我国北方地区有栽培。

①形态特征。粗茎早熟禾为多年生禾草，具有匍匐枝和根状茎或不具根状茎(图2.25)。地上茎秆光滑，丛生，具2～3节，自然生长可高达30～60 cm。叶片为V形或扁平，宽2～4 mm，叶尖呈明显的船形，在中脉的两旁有两条明显的细脉。叶片的两面都很光滑，黄绿色，柔软，密生于基部。叶鞘疏松包茎，具纵条纹。叶舌膜质，无叶耳。具有开展的圆锥花序。

②生态习性。粗茎早熟禾适应于寒冷潮湿带和过渡带，在灌溉条件下，也可以在寒冷半干旱区和干旱区生长。喜温暖湿润的环境，具有很强的耐寒能力，耐阴性非常好，在遮阴潮湿的地方可以良好生长。抗旱性差，不耐瘠薄，不耐酸碱，喜肥沃土壤，故应用范围不是很广。

③应用范围。粗茎早熟禾不适于用作高档草坪，可用于一般要求的公园等绿地草坪。

(4)一年生早熟禾　一年生早熟禾(*P. annua* L.)，英文名 Annual Bluegrass，又名小鸡草。原产欧洲，为北半球广泛分布的一个草种，我国大多数省区有分布，多见于草地、路边和阴湿处。

①形态特征。一年生早熟禾为一年生或越年生草坪草，具纤细横走的根状茎(图2.26)。秆细弱，丛生，高8～30 cm。叶片扁平或V形，宽2～3 mm，叶边平行或沿船形叶间逐渐变细，两面光滑，柔软，浅绿色，许多浅色细脉平行于主叶脉。叶鞘自中部以下闭合，叶舌钝圆，长1～2 mm。圆锥花序小而疏松。

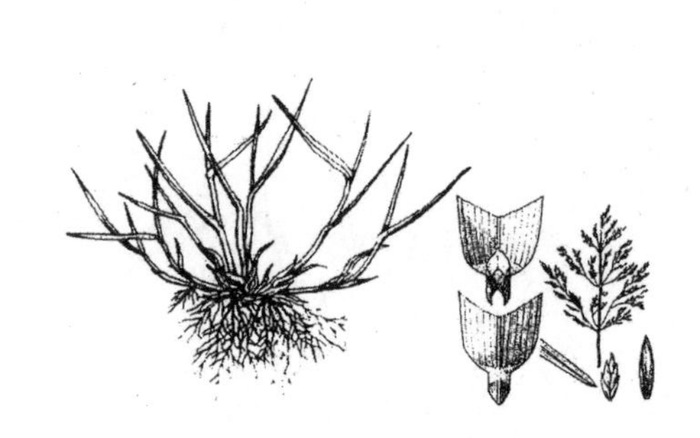

图2.25　粗茎早熟禾
(引自《草坪科学与管理》，胡林等，2020)

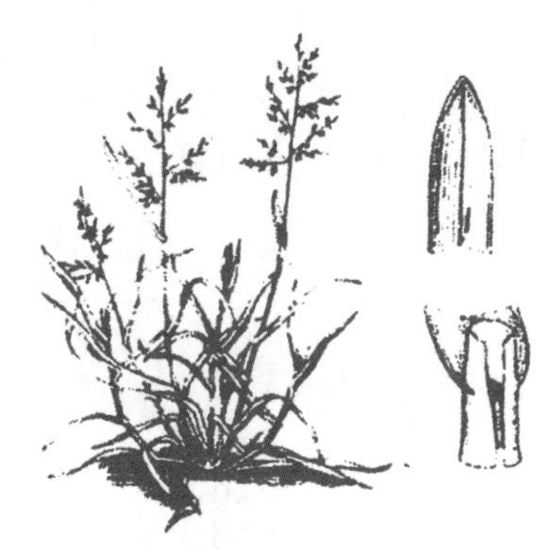

图2.26　一年生早熟禾
(引自《草坪科学与管理》，胡林等，2020)

②生态习性。一年生早熟禾喜冷凉湿润气候，不耐热，不耐旱，适应低矮修剪，喜细质、肥沃、潮湿的土壤。

③应用范围。一年生早熟禾一般不单独使用，常与其他草种混播，在冷凉季节成为优势草种。

(5)林地早熟禾　林地早熟禾(*P. nemoralis* L.)，英文名 Wood Bluegrass，俗称林地禾草。广泛分布于世界温带山地，我国东北、华北、西北均有分布。

①形态特征。林地早熟禾为多年生弱匍匐茎型禾草。叶片扁平，对折式，长10～20 cm，宽2 mm左右，黄绿色。叶鞘短于其节间，叶舌短，无叶耳。圆锥花序较开展。

②生态习性。林地早熟禾喜寒冷湿润气候，耐阴性极强，喜中性砂壤土或壤土。侵占力弱。

③应用范围。林地早熟禾可与其他草种混播，用作公园、庭园草坪，是遮阴环境下的优选草种。

2)羊茅属

禾本科羊茅属(*Festusa* L.)植物约100个种，广泛分布于世界温带和寒带地区。我国用作草坪的一般只有高羊茅、草地羊茅、紫羊茅、匍匐紫羊茅、羊茅、硬羊茅6个种(或变种)。高羊茅和草地羊茅属粗叶型的，也称粗羊茅，其他则属细叶型的，或称细羊茅。

(1)高羊茅　高羊茅(*F. arundinacea* Schreb.)，英文名Tall Fescue，又称苇状羊茅、苇状狐茅。原产欧洲，在我国主要分布于华北、华中、中南和西南。

图2.27　高羊茅
(引自《草坪科学与管理》，胡林等，2020)

①形态特征。高羊茅为多年生丛生型禾草，须根发达(图2.27)。茎圆形，直立，粗壮，丛生，高可达40～70 cm，基部红色或紫色。幼叶呈卷包形，成熟的叶片扁平，可长达12 cm，宽5～10 mm，坚硬，中脉明显，顶端渐尖，边缘粗糙透明。叶鞘圆形，光滑或有时粗糙，开裂，边缘透明，基部红色。叶舌膜质，叶环显著，叶耳短、钝，有柔绒毛。圆锥花序，狭窄，稍下垂。

②生态习性。高羊茅适合在寒冷潮湿和温暖潮湿过渡带生长，是最耐旱和最耐践踏的冷季型草坪草之一。抗寒性较差，适宜于冬季不出现极端低温的北方地区种植。适应的土壤范围很广，喜肥沃、潮湿、富含有机质的壤土。

③应用范围。高羊茅草坪性状非常优秀，可适应多种土壤和气候条件，是应用非常广泛的草坪草，常用于机场、运动场、庭园、公园等地。

(2)草地羊茅　草地羊茅(*F. elatior* L.)，英文名Meadow Fescue，别称牛尾草，原产欧亚大陆温带地区。

①形态特征。草地羊茅外部形态与高羊茅相似，为多年生丛生型禾草，具短而粗的根茎。叶片扁平，宽3～8 mm，上部光滑，下部粗糙，上部叶脉明显，顶端渐尖，边缘粗糙。叶鞘圆形，光滑，透明，边缘开裂，基部红色。叶舌膜质，白绿色。叶环边缘宽大、光滑，浅黄色到黄绿色。叶耳小、钝圆。圆锥花序，直立或下垂，有时收缩。

②生态习性。草地羊茅适生于世界寒冷潮湿地区，也可延伸到温暖潮湿地区的较冷地带。比高羊茅的活力弱，耐热性、抗旱性比不上高羊茅。耐阴、耐践踏，喜肥沃、湿润的土壤。

③应用范围。草地羊茅常与其他草种混播建植一般用途的草坪，尤其在肥沃、湿润、遮阴地区，比高羊茅更容易与草地早熟禾和黑麦草共存。

(3)紫羊茅　紫羊茅(*F. rubra* L.)，英文名Red Fescue，又名红狐茅。广泛分布于北半球温带地区，我国东北、华北、西北、西南、华中地区均有野生，常见于山坡、草地及湿地。

①形态特征。紫羊茅为多年生禾草，具横走根茎(图2.28)。秆基部斜生或膝曲，丛生，分枝较紧，高40～70 cm，基部红色或紫色。叶鞘基部红棕色并破碎呈纤维状，分蘖的叶鞘闭合。幼叶呈折叠形，成熟的叶片线形，宽1.5～3 mm，光滑柔软，对折内卷。叶舌膜质，无叶耳。圆锥

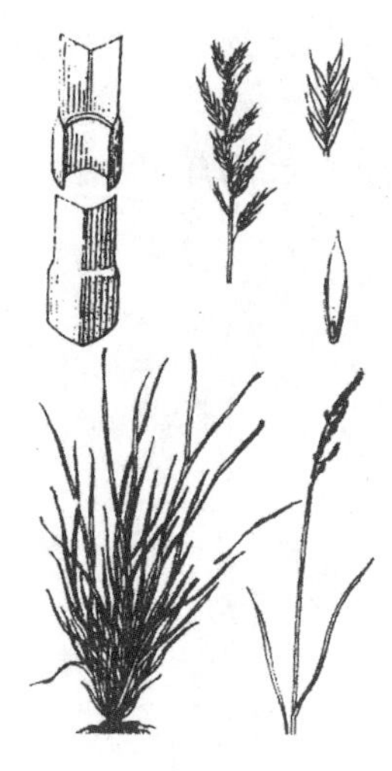

图 2.28 紫羊茅
（引自《草坪科学与管理》，胡林等，2020）

花序，狭窄，稍下垂，成熟时紫红色。

②生态习性。紫羊茅广泛分布于寒冷潮湿地区，抗寒能力强，抗热性差。抗旱、耐阴，能在半荫环境下正常生长。对土壤要求不严，喜肥沃砂壤土。

③应用范围。紫羊茅是用途最广的冷季型草坪草之一。广泛用于机场、运动场、公园、庭园、花坛、林下草坪等处。在欧洲，紫羊茅与翦股颖混播用于高尔夫球场果领和滚木球场。

(4)匍匐紫羊茅　匍匐紫羊茅（*F. rubra* L.），英文名 Creeping Red Fescue。匍匐紫羊茅有弱匍匐紫羊茅和强匍匐紫羊茅之分，匍匐性比草地早熟禾要弱很多。在我国主要分布于冷凉潮湿的东北地区。

①形态特征。匍匐紫羊茅有较弱的短小根茎，叶片细，幼叶呈管状，成熟叶片裂开，扩展缓慢，能形成稠密的草坪。

②生态习性。匍匐紫羊茅最适于冷凉湿润的环境，不耐热，耐低温性能强。耐阴，不耐过度干旱。耐酸、耐瘠薄，喜沙性壤土。

③应用范围。常与其他冷季型草种混合，用作运动场草坪和观赏草坪。

(5)羊茅　羊茅（*F. ovina* L.），英文名 Sheep Fescue，别名羊狐茅、细羊茅、酥油草，生于山地林缘草甸，广泛分布于亚欧大陆温带和寒带地区。我国主要分布在东北、西北和西南。

①形态特征。羊茅为多年生密集型禾草。秆具条棱，高 30 ~ 60 cm。叶鞘光滑。叶片内卷成针状，宽约 3 mm，常具稀疏的短刺毛。叶舌膜质。圆锥花序较紧密，小穗淡绿色，有时淡紫色。

②生态习性。羊茅与紫羊茅一样，适生于寒冷潮湿气候带。不耐热，相当抗旱，对土壤要求不严，喜沙土。

③应用范围。羊茅种子较少，在草坪上应用不是很广。一般用作管理粗放的草坪，特别是在不修剪的高尔夫球场边缘和不能修剪的坡地。

(6)硬羊茅　硬羊茅（*F. ovina var. durivscula* L.），英文名 Hard Fescue，又名粗羊茅，是羊茅的变种。原产欧洲，广泛分布于北半球温带，我国主要分布在北方干旱地区，常见于干旱草原及坡地。

①形态特征。硬羊茅为多年生丛生型禾草，叶片较硬，外观与其他细羊茅相同，只是颜色上呈灰蓝色。圆锥花序紧缩。

②生态习性。硬羊茅耐阴性很强，抗旱能力不如羊茅，但比紫羊茅强。适宜各种土壤。

③应用范围。硬羊茅主要用于路旁、沟渠等管理水平低、质量要求不高的草坪处。

3）黑麦草属

禾本科黑麦草属（*Lolium* L.），约 10 个种，分布于世界温暖湿润地区。可用作草坪草的有多年生黑麦草和一年生黑麦草。

(1)多年生黑麦草　多年生黑麦草（*L. perenne* L.），英文名 Perennial Ryegrass，又名黑麦草，宿根黑麦草。原产北非、亚洲西南部，广泛分布于世界各地的温带地区，我国南北各地都有引种栽培。

①形态特征。多年生黑麦草为多年生丛生型禾草,具短根状茎(图2.29)。茎直立,丛生,高70~100 cm。叶片窄长,扁平,长9~20 cm,宽3~6 mm,上部被微毛,下部平滑,边缘粗糙,深绿色,具光泽。叶舌小而钝,叶耳小。扁穗状花序,稍弯曲,最长可达30 cm。小穗无芒。

②生态习性。多年生黑麦草生长周期一般为4~6年。喜温暖湿润气候,抗寒性不及草地早熟禾。喜光,耐部分遮阴。较耐践踏和修剪,再生能力强。适应土壤范围广,喜中性偏酸的肥沃土壤。

③应用范围。多年生黑麦草多与其他草坪草种混播建造高尔夫球场及公园、庭园、机场等处的草坪。

(2)一年生黑麦草 一年生黑麦草(*L. multiflorum* Lam.),英文名Annual Ryegrass,又名意大利黑麦草,多花黑麦草。生长于欧洲南部,非洲北部及亚洲部分地区。我国引种作牧草和草坪。由于生命期短,用作草坪的范围很有限。

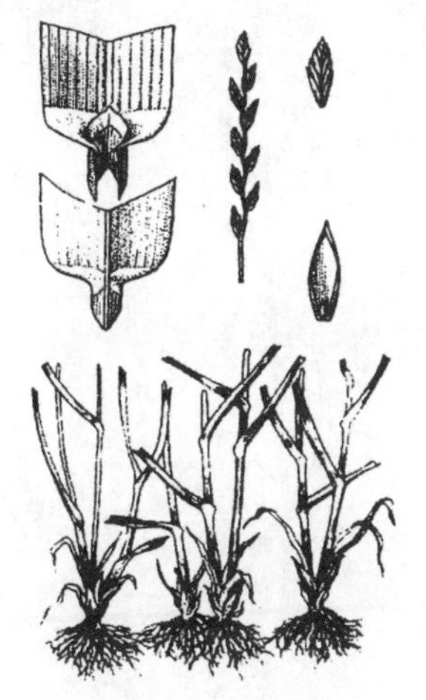

图2.29 多年生黑麦草
(引自《草坪科学与管理》,
胡林等,2020)

图2.30 一年生黑麦草
(引自《草坪建植与养护》,
孙晓刚,2002)

①形态特征。一年生黑麦草为一年生丛生型禾草(图2.30)。秆高50~70 cm,叶片扁平,宽3~5 mm,叶色浓绿。叶舌膜状,圆形。叶耳似爪状。扁平穗状花序,小穗有芒。

②生态习性。一年生黑麦草适应性与多年生黑麦草相似,在所有冷季型草坪草中最不耐低温。抗潮湿性和抗热性比多年生黑麦草还差。在肥沃湿润深厚的土壤中生长最好。

③应用范围。一年生黑麦草主要用于一般用途的草坪,能快速生长形成临时植被。可用于暖季型草坪冬季覆播。

4)翦股颖属

禾本科翦股颖属(*Agrostis* L.)约200个种,广布于全球寒温带。我国有26种,分布甚广。常用于草坪的有匍匐翦股颖、细弱翦股颖、绒毛翦股颖和小糠草等。

(1)匍匐翦股颖 匍匐翦股颖(*A. stolonifera* L.),英文名Creeping Bent,又叫匍茎翦股颖,本特草。原产欧亚大陆,我国东北、华北、西北及浙江、江西等地有分布,多生于潮湿草地。

①形态特征。匍匐翦股颖为多年生禾草,具长的匍匐枝(图2.31)。直立茎基部膝曲或平卧,茎高15~40 cm。叶片扁平线形,先端渐尖并具小刺毛,长7~9 cm,宽3~5 mm。叶舌膜质,长圆形。圆锥花序卵状,开展。小穗暗紫色。

②生态习性。匍匐翦股颖适生于寒冷潮湿地带,也被引种到过渡气候带和温暖潮湿地区,是最抗寒的冷季型草坪草之一。喜光,不耐阴,光线充足时生长最好。对土壤要求不严,喜中性土壤。耐低修剪,侵占能力强。

③应用范围。匍匐翦股颖应用广泛,可用于建植各类观赏草坪,高尔夫球道、发球区、果领等高质量、高强度管理的草坪。

(2)细弱翦股颖　细弱翦股颖(*A. tenuis* Sibth.),英文名 Colonial Bent。最初生长于欧洲,后来作为草坪草被引种于世界各地的寒冷潮湿地区。在我国,生长于北方湿润带和西南部分地区。

图 2.31　匍匐翦股颖
(引自《草坪科学与管理》,
胡林等,2020)

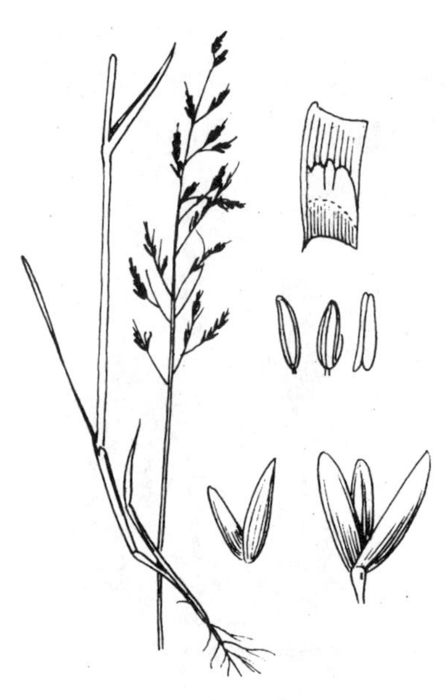

图 2.32　细弱翦股颖
(引自《草坪建植技术》,
陈志明,2010)

①形态特征。细弱翦股颖为多年生禾草(图 2.32),具短的根状茎。直立部分 20 ~ 50 cm,叶鞘平滑无毛,稍带紫色。叶片扁平线形,质厚,先端渐尖,具小刺毛,长 5.5 ~ 8.5 cm,宽 2 ~ 3 mm。叶舌干膜质,先端平。圆锥花序近椭圆形,开展,绿紫色,后呈紫铜色。

②生态习性。细弱翦股颖喜冷凉湿润气候,耐寒,不耐热。耐阴性好,耐旱性较差。耐低修剪,耐瘠薄,在排水良好、肥力中等的微酸性砂质壤土中生长良好。建坪速度快,再生能力较差。

③应用范围。细弱翦股颖生长快,可用作应急绿化材料。此外,也用作建植高尔夫球场球道、发球台、果领等区域高质量草坪。

(3)绒毛翦股颖　绒毛翦股颖(*A. canina* L.),英文名 Velvet Bent。分布于加拿大沿海地区和英格兰沿海地区,我国在长江流域以北已有较多引种栽培。

①形态特征。绒毛翦股颖为多年生匍匐禾草。匍匐茎细弱柔软,节间短,株高 10 ~ 15 cm。叶片细线形,扁平,柔软,长 5 ~ 7 cm,宽 1 mm,表面光滑。圆锥花序松散,略具红色。

②生态习性。绒毛翦股颖喜温暖湿润的海洋性气候。与其他翦股颖比较,既耐热又耐冷。在肥沃壤土中生长最好。在强修剪条件下,草坪质地变得特别精细,其名称由此而得。

③应用范围。绒毛翦股颖常用于建造精细优质草坪,如高尔夫球场和其他高档运动场草

坪、观赏草坪、庭园精细草坪。

(4)小糠草 小糠草(*A. alda* L.),英文名 Redtop,俗称红顶草。原产欧洲,主要分布于欧亚大陆的温带地区。我国华北、西南及长江流域均有分布。常见于潮湿的山坡、山谷、河滩等地。

①形态特征。小糠草为多年生禾草,具有细长的根状茎(图2.33)。茎秆直立或下部膝曲倾斜向上,自然生长株高可达60~90 cm。叶鞘无毛,常短于节间。叶片线形扁平,浅绿色,表面微粗糙,长17~32 cm,宽3~8 mm。叶舌膜质。圆锥花序塔形。由于在抽穗期间顶上呈现一层鲜艳美丽的紫红色小花,故又名红顶草。

图2.33 小糠草
(引自《草坪建植与养护》,孙晓刚,2002)

②生态习性。小糠草喜冷凉湿润气候,偶尔也生长在过渡地带和温暖潮湿地带。不耐高温和遮阴,在秋季凉爽的气温中生长最好。适应各种土壤条件,耐干旱能力较强。

③应用范围。小糠草单独使用草坪质量不是很高,可与其他草种混播用作公路、河渠堤坝的水土保持草坪建植材料。

5)苔草属

苔草属(*Carex* L.)属于莎草科,全属有1 300多个种,我国约有400个种,广泛分布于各地。用于草坪的主要为卵穗苔草、异穗苔草和白颖苔草。

莎草科和禾本科的主要区别在于:禾本科的茎圆柱形,叶两列着生。莎草科的茎三棱形,叶三列着生。

(1)卵穗苔草 卵穗苔草(*C. duriuscula C. A. Mey*)又名羊胡子草、寸草、寸草苔。分布于我国东北、华北、西北地区,及蒙古国、朝鲜等地,常见于干燥草地、沙地、路旁、湖边和山坡地,是一种较为优良的草坪草。

①形态特征。卵穗苔草为多年生草本植物(图2.34)。根状茎细长。秆疏丛生,高5~15 cm,纤细,三棱形,基部具灰黑色呈纤维状分裂的旧叶鞘。叶短于秆,宽约1 mm,内卷成针状。穗状花序卵形或宽卵形。小坚果,宽卵形,长约2 mm。

②生态习性。适于寒冷潮湿区,寒冷半干旱及过渡带,土壤pH值6.0~7.5适宜。耐旱、耐寒、耐阴、耐瘠薄,适应性强。春季返青较早,北京地区绿期约190 d。但质地柔弱,叶细,耐践踏性差。

③应用范围。草坪密度不理想,多用于封闭的观赏草坪和一般绿地;能吸收二氧化硫,可用于工业区绿化;耐阴,也可用于林下草坪,同时也是干旱坡地理想的护坡材料。目前使用的多为野生种。

(2)异穗苔草 异穗苔草(*C. heterostachya* Bye.),别名大羊胡子草、黑穗草,分布于我国北方和朝鲜。常见于干燥的草原、山坡、路旁和水边,是我国北方应用较广的一种草坪植物。

①形态特征。异穗苔草为多年生丛生型草本(图2.35),具细长根状茎,秆纤细三棱形,高20~30 cm,叶从基部生出,短于秆,宽2~3 mm,边缘常外卷,具细锯齿,基部具褐色叶鞘。小穗

3~4个,上部1~2枚为雄性,狭圆柱形,长1~2 cm,其余小穗为雌性。小坚果倒卵形。

图2.34 卵穗苔草

(引自《草坪学》,孙吉雄等,2015)

图2.35 异穗苔草

(引自《草坪科学与管理》,胡林等,2020)

②生态习性。喜冷凉气候,耐寒,也较耐热,最适生长温度为18~22 ℃。既喜光,又耐阴,在20%日照的弱光下仍能正常生长。耐旱、耐盐碱,在pH值为7.5左右,含盐1.35%的土壤中仍能生长。

③应用范围。适合北方城市做封闭式观赏草坪,和草地早熟禾混播,经修剪成坪后可形成绿色毯状草层。同时,该草根茎发达,防尘作用强,是良好的水土保持草种和适合工矿区的防尘植物。

(3)白颖苔草　白颖苔草[*C. rigescens*(Franch.)V. Krecz],又名小羊胡子草。产于我国北部及俄罗斯、日本、蒙古国。常见于山坡、河边及草地,为我国应用最早、园林价值颇高的草坪植物。

①形态特征。白颖苔草为多年生草本植物,具细长横走的地下茎。茎为不明显的三棱形,株高10~15 cm。叶狭窄,长5~15 cm,宽0.5~1.5 mm,叶色浓绿,属细叶草类。穗状花序,灰白色,花雌雄同穗,颖大具宽的白色膜质边缘。小坚果宽,椭圆形,长约2.5 mm。

②生态习性。白颖苔草耐寒、耐旱、耐贫瘠,在干燥、无灌溉、年降水量不足500 mm的地区仍能正常生长。不耐热,夏季生长不良。由于该草无匍匐枝,因而覆盖性较差,且不耐践踏。

③应用范围。白颖苔草叶绿、纤细、外形整齐美观,适合北方城市做观赏装饰性草坪及人流量不大的游憩草坪,耐阴性好,也适合疏林下种植。

6)冰草属

冰草属(*Agropyron* L.)约有150种,常用于草坪的有扁穗冰草[*A. cristatum*(L.)Gaertn.],又名冰草、野麦子、山麦草、公路冰草。原产俄罗斯和西伯利亚的寒冷、干旱平原地区。中国东北、华北、西北、新疆、甘肃、内蒙古及青海等地均有分布。

(1)形态特征　扁穗冰草为多年生丛生型禾草(图2.36),须根发达。秆丛生、直立,高60~80 cm。叶披针形,长5~20 cm,宽2~5 mm,扁平。叶耳狭窄,呈爪状。叶环宽,分裂。叶舌膜状，长0.1～0.5 mm，具短茸毛和平截形的边缘。穗状花序，小穗无柄，着生在茎轴两侧，排列紧密，整齐，成羽状。顶生小穗不孕或退化，结子3～4粒，黄褐色种子，千粒重为2 g。

(2)生态习性　扁穗冰草为典型的旱生植物。喜干燥、寒冷气候，在-30 ℃的地区能顺利越冬，能在年降水量230～380 mm的半沙漠地带生长。对土壤适应性很广，喜阳，不耐阴。

(3)应用范围　常用于寒冷、半湿润及半干旱地区路旁草坪的建植。由于其抗性强，也常用于水土保持。在无灌溉条件的地方，也用作粗放型运动场，高尔夫球场球道及障碍区草坪的建植，但草坪质量粗糙。

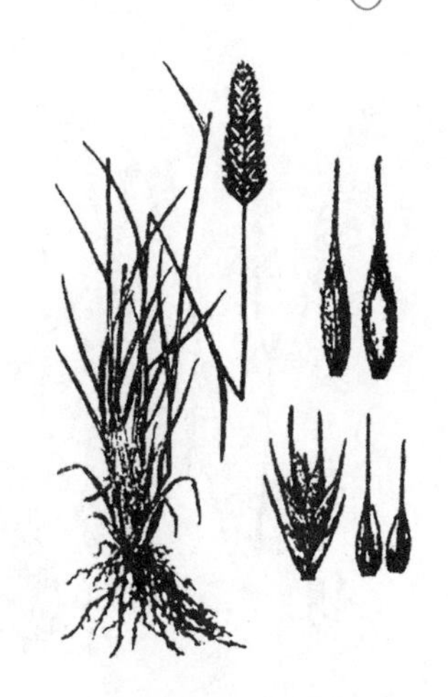

图2.36　扁穗冰草
（引自《草坪科学与管理》，胡林等，2020）

7)猫尾草属

猫尾草属(*Phleum* L.)有10多种，用于草坪的仅有2种。普通猫尾草(*P. pratense* L.)，英文名Timothy，又名梯牧草，是应用于草坪最广的草种。原产欧亚大陆温带，主要分布在俄罗斯、英国、加拿大等寒冷、湿润地区。中国新疆也有野生种分布，适宜在云贵高原等地栽培。

(1)形态特征　梯牧草为多年生禾草(图2.37)。须根发达，疏丛型，同时在茎基部有球状短根茎。秆直立，抽穗期株高约100 cm。叶片扁平，长15～30 cm，宽3～8 mm，两面粗糙。圆锥花序为圆柱形，呈猫尾状，灰绿色，种子细小。

(2)生态习性　喜冷凉湿润气候，抗低温能力强。不耐干旱与高温，耐热和抗旱性介于高羊茅与草地羊茅之间。耐践踏性很差，忌排水不良和强酸性土壤，修剪后恢复慢。

(3)应用范围　常在路旁及类似地区作固土及护坡草坪用，在北欧也有用作运动场草坪的。

8)雀麦属

雀麦属中可作为草坪草的目前仅有无芒雀麦。

无芒雀麦(*Bronus inermis* Leyss)，英文名Smooth Bromegrass，原产欧洲、西伯利亚和中国，现分布于世界温带地区。中国东北、西北诸省均有分布。品种有北方型(非常抗寒)和南方型(耐热抗旱)两个亚种，侵袭性很强。

(1)形态特征　无芒雀麦为多年生禾草(图2.38)，具根茎，质地粗糙。幼叶旋转，叶舌膜状，长1 mm，平截或圆形。茎基宽，分裂。叶片扁平，宽8～12 mm，两面都光滑。收缩的圆锥花序，分枝轮生。

(2)生态习性　无芒雀麦再生力强，喜温，耐热、耐寒，抗旱能力强，对土壤要求不高，耐践踏性强，适于在排水良好、肥沃、结构好的土壤上生长，能适应温带半干旱地区的各类环境条件。

(3)应用范围　无芒雀麦是固土固沙的先锋植物。由于质地粗糙，形成的草坪稀疏，故常用于道边、岸旁及类似地段，做公路绿化和水土保持的固土草种。

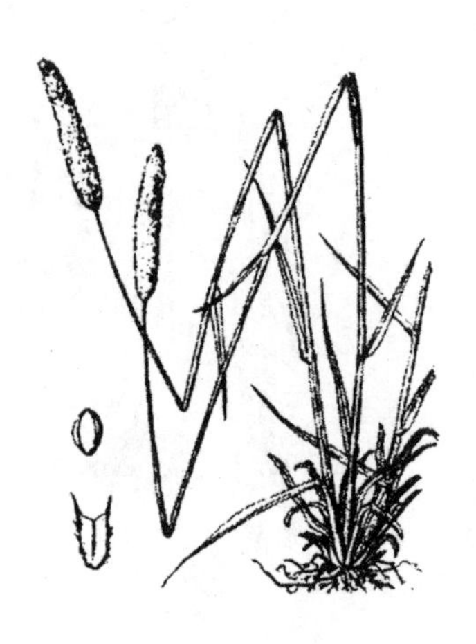

图2.37 梯牧草
（引自《草坪科学与管理》，
胡林等，2020）

图2.38 无芒雀麦
（引自《草坪科学与管理》，
胡林等，2020）

9）车轴草属

豆科车轴草属（*Trifolium* L.）约360个种，分布于世界各地的温带地区。用作草坪的主要有白三叶。

图2.39 白三叶
（引自《草坪科学与管理》，
胡林等，2020）

白三叶（*Trifolium repens* L.），英文名 White Clover，又名白车轴草。原产欧洲，广泛分布于温带及亚热带高海拔地区。我国东北、西北、华北、华东、西南均有野生分布。

（1）形态特征　白三叶为多年生草本植物（图2.39）。茎匍匐，长30～60 cm，无毛，节上生根，分离后可形成新的植株。三出掌状复叶，互生，叶柄细而长，一般20 cm左右。小叶翠绿，倒卵形或倒心脏形，叶面中央有U状白斑。叶量多而整齐，叶缘呈锯齿状。托叶细小、膜质，包生于茎上。花小而多，白色或略带粉红色，密集成球形头状花序，从匍匐茎伸出，花序居于叶层之上，花期可长达150 d左右。

（2）生态习性　白三叶喜温凉湿润气候，对环境适应性广，生长最适温度为19～24 ℃。喜光又耐阴，在全光至半阴条件下均生长良好。对土壤要求不严，耐贫瘠，耐酸，不耐盐碱。

（3）应用范围　白三叶绿色期长、花期长、适应性强，常用作观赏草坪或水土保持草坪。

10）铺地百里香

铺地百里香（*Thymus* spp.）英文名为 Thyme，为唇形科多年生芳香植物。原产地广泛分布于地中海一带，以南欧栽培最多，香气较柔和。百里香的品种有一百多种，目前常见的品种有百里香、铺地百里香、柠檬百里香及斑叶百里香等。

(1)形态特征　铺地百里香(图2.40)株高20~50 cm,叶片细小,呈椭圆形,略带肉质,具短绒毛,叶片边缘略翻卷。花很小,粉红色或白色,轮伞花序顶生。老枝因成熟木质化而呈现淡褐色,全株均具有芳香的味道。

(2)生态习性　铺地百里香适合生长的温度为20~25 ℃,在夏季时植株表现虚弱,进入秋季转凉之后,日照充足,比较适合铺地百里香的生长及发育。不耐潮湿,否则根部无法强壮伸展发挥功能,通气性也差,植株长不好。铺地百里香的生长速度慢,不需要太多的肥料,较耐瘠薄。

(3)应用范围　主要用作公园、庭院及小型绿地的观赏芳香草坪。

图2.40　铺地百里香

2.2　基本技能训练(Basic Skills)

实训　常见草坪草的识别(Identification of Common Turfgrass)

1. 实训目的(Training Objectives)

通过对常见草坪植物形态特征的观察,能利用检索表识别常见草坪植物。

2. 材料器材(Materials and Instruments)

(1)当地各类草坪草。

(2)放大镜、体视显微镜、解剖刀、解剖针、镊子、载玻片、盖玻片。

3. 实训内容(Training Contents)

(1)学习草坪草的形态特征。

(2)学习植物检索表的应用。

4. 实训步骤(Training Steps)

(1)课前准备:阅读教材、准备草坪草及工具。

(2)现场教学:采样、识别、记录。

(3)课后作业:完成实训报告。

5. 实训要求(Training Requirements)

(1)认真听老师讲解,细心观察记录各种草坪草的形态特征。

(2)独立思考,相互讨论,识别植物,完成报告。

6. 实训作业(Homework)

完成一份实训报告,内容包括植物名称、主要特征描述等。

要求:图文并茂。

评分:总分(100分)=实训报告(50分)+实训表现(50分)

7. **教学组织**(Teaching Organizing)

(1)指导老师2名,其中主导老师1人,辅导老师1人。

(2)主导老师要求:

①全面组织现场教学及考评;

②讲解检索表的使用;

③现场随时回答学生的各种问题。

(3)辅导老师要求:

①准备实训用具;

②协助主导老师进行教学及管理;

③现场随时回答学生的各种问题。

(4)学生分组

4人1组,以组为单位进行各项活动,每人独立完成实训报告。

(5)实训过程

师生实训前各项准备工作→教师现场讲解答疑、学生现场观察记录拍照→资料整理、实训报告。

常见草坪植物检索表

复习与思考(Review)

1. 对学校的草坪草种做一次调查,看看种类有多少,生长表现及应用效果如何。
2. 写出当地主要草坪草的识别要点。

单元测验(Test)

1. **名词解释**(12分,每题3分)

(1)匍匐枝

(2)草坪草

(3)分蘖

(4)匍匐茎

2. **填空题**(10分,每空1分)

(1)禾本科草类地上部分生长点低,并有____________保护。

(2)草坪草茎的基部靠近地面的部分称为____________,往往部分或全部被叶鞘所包围。

(3)根据____________,草坪草可以分为冷季型草坪草和暖季型草坪草。

(4)草坪草的主体是_________科的草坪草。

(5)通常草坪草的繁殖力和适应性都很__________。

(6)初生根也叫_________,在种子萌发时发育而成。

(7)次生根就是常说的____________或节根,产生于茎的节上。

(8)匍匐茎通常又分为匍匐枝和__________________。

(9)草坪草的果实在植物学上叫____________,但生产实践中常叫作种子。

(10)从总体上看,分蘖和____________使单一的幼苗群体最后发育成完整的草坪草群落。

3. **判断题**(12 分,每题 2 分)

(1)天堂草其实就是狗牙根。 (　　)

(2)莎草科和禾本科的主要区别在于:禾本科的茎圆柱形,叶两列着生。莎草科的茎三棱形,叶三列着生。 (　　)

(3)草种萌发时先长叶后长根,是有生物学意义的。因为叶可以进行光合作用,制造养分。 (　　)

(4)鞘外生枝形成草坪草的匍匐茎,鞘内生枝形成草坪草的直立茎。 (　　)

(5)苗期灌溉一定要先大量少次,然后增加次数,减小灌水量。 (　　)

(6)对草坪草种子来说,光都能促进它们的萌发。 (　　)

4. **单项选择题**(22 分,每题 1 分)

(1)属于豆科的草坪草是________。

A. 马蹄金　B. 结缕草　C. 白三叶　D. 苔草

(2)属于旋花科的草坪草是________。

A. 马蹄金　B. 结缕草　C. 白三叶　D. 苔草

(3)属于莎草科的草坪草是________。

A. 马蹄金　B. 结缕草　C. 白三叶　D. 苔草

(4)冷季型草坪草生长的最适温度为________℃。

A. 15 ~ 25　B. 26 ~ 32　C. 10 ~ 15　D. 32 ~ 38

(5)暖季型草坪草主要分布在我国________流域以南地区。

A. 长江　B. 黄河　C. 珠江　D. 松花江

(6)草坪草大部分属于________草本植物。

A. 豆科　B. 旋花科　C. 禾本科　D. 草本科

(7)与地面垂直生长的草坪草的茎叫________。

A. 直立茎　B. 匍匐茎　C. 匍匐枝　D. 根状茎

(8)位于土壤表面的匍匐茎称为________。

A. 直立茎　B. 匍匐茎　C. 匍匐枝　D. 根状茎

(9)根据韩烈保对中国草坪气候带的划分,上海属于________。

A. 热带亚热带　B. 温暖潮湿带　C. 寒冷干旱带　D. 青藏高原带

(10)根据韩烈保对中国草坪气候带的划分,________属于寒冷干旱带。

A. 拉萨　B. 北京　C. 上海　D. 乌鲁木齐

(11)叶片丝状内卷,宽 0.5 ~ 1 mm 的结缕草是________。

A. 日本结缕草　B. 细叶结缕草　C. 沟叶结缕草　D. 中华结缕草

(12)叶片扁平,短而钝,长 4 ~ 10 cm,宽 6 ~ 12 mm 的暖季型草坪草是________。

A. 沟叶结缕草　B. 假俭草　C. 地毯草　D. 狗牙根

(13)巴哈雀稗又名________,南方地区广泛应用在路旁、护坡和其他粗放管理的地方。

A. 百喜草　B. 老虎皮草　C. 台湾草　D. 马尼拉草

(14)沟叶结缕草又名________,南方地区广泛用于园林游憩草坪等。
A.百喜草 B.老虎皮草 C.台湾草 D.马尼拉草
(15)杂交狗牙根又名________,南方地区广泛用于高尔夫球场果领地带。
A.天堂草 B.钝叶草 C.台湾草 D.马尼拉草
(16)假俭草又名________,南方地区广泛用于园林游憩草坪等。
A.百喜草 B.老虎皮草 C.金丝草 D.蜈蚣草
(17)梯牧草就是________,圆锥花序圆柱形,呈猫尾状。
A.普通猫尾草 B.普通马尾草 C.普通狗尾草 D.普通牛尾草
(18)幼叶呈卷包形,成熟的叶片扁平,可长达 12 cm,宽 5 ~ 10 mm 的羊茅属植物是________。
A.紫羊茅 B.草地羊茅 C.羊茅 D.高羊茅
(19)在抽穗期间顶上呈现一层鲜艳美丽的紫红色小花,又名红顶草的草坪草是________。
A.匍匐翦股颖 B.细弱翦股颖 C.绒毛翦股颖 D.小糠草
(20)叶片细线形,扁平,柔软,长 5 ~ 7 cm,宽 1 mm,表面光滑的翦股颖属植物是________。
A.匍匐翦股颖 B.细弱翦股颖 C.绒毛翦股颖 D.小糠草
(21)南方草坪的生长主要受限于________及其持续的时间。
A.高温 B.低温 C.高湿 D.低湿
(22)北方草坪的生长主要受限于________及其持续的时间。
A.高温 B.低温 C.高湿 D.低湿

5.多项选择题(10 分,每题 2 分)
(1)下列草坪草中,属于细叶草坪草的是________。
A.绒毛翦股颖 B.天堂草 C.假俭草 D.细叶结缕草
(2)冷季型草坪草包括________等。
A.草地早熟禾 B.多年生黑麦草 C.狗牙根 D.小糠草
(3)暖季型草坪草包括________等。
A.结缕草 B.多年生黑麦草 C.狗牙根 D.小糠草
(4)下列草坪草中,属于宽叶草坪草的是________。
A.地毯草 B.天堂草 C.高羊茅 D.细叶结缕草
(5)有生活力的草种萌发所需的条件包括________。
A.光照 B.充足的水分 C.足够的氧气 D.适宜的温度

6.问答题(34 分)
(1)简述用作草坪的禾本科植物和其他类型(如灌木、地被)的植物的区别。(8 分)
(2)描述当地应用最广的三种草坪草的形态特征和生态习性。(26 分)

参考答案

单元3 草坪建植（Turf Establishment）

【单元导读】(Guided Reading)

你想知道草种、草皮、草茎选购的技巧吗？你想知道草坪建植的程序和方法吗？你想知道新草坪如何养护管理吗？在遭遇建坪失败的痛苦经历后，许多人终于意识到：原来种草也不简单啊！

本单元将详细讲述草坪建植程序和方法，针对常见错误观念，一一告知技术标准和规范，以保证建坪成功和草坪质量。

【学习目标】(Study Aim)

能独立建植草坪。

理论目标：

①了解建坪场地及其环境情况，掌握建坪场地准备内容；

②掌握草种选择原则，熟悉建坪材料选购标准；

③掌握草坪建植的常用方法，熟悉其工作流程和技术要求；

④了解新草坪养护管理的具体内容。

技能目标：

①会做坪床准备的工作；

②能独立选购不同的建坪材料；

③会用不同方法建植草坪；

④会养护管理新建草坪。

3.1 基本理论知识(Basic Theories)

草坪建植是利用人工的方法建立起草坪地被的综合技术的总称,简称建坪。建坪是草坪管理中最关键的一个环节。如果准备工作做得充分到位、草种选择恰当、场地准备精细、建坪方法正确,就为建坪成功打下了良好的基础,后期的养护管理也相对容易很多。但是,如果建坪过程中出现失误,不仅会大大降低草坪质量,甚至还会导致建坪失败。比如草种选择不当、土层太薄、土壤结构太差、土壤酸碱度不适合、施用尚未腐熟的有机肥料、杂草太多、排水不良、坪床凹凸不平、建植材料与土壤接触不够紧密,等等,都易给建坪带来灾难性的后果。

一般,建坪的程序包括建坪场地的调查、草种选择、场地准备、种植和新草坪养护5个步骤。只要这建坪5步曲的每一步都按程序和要求做好了,就一定能建坪成功。

3.1.1 建坪场地的调查(Site Survey)

建坪场地的调查就是以实地踏勘、走访调查和室内分析的方式,全面掌握建坪场地内外的社会环境和自然环境的特点,使场地准备和草坪建植方案以及后期养护符合建坪目的、满足草坪功能需求,并充分发挥该地特色所进行的一项工作。

调查应在确认建坪目标和建植计划的前提下,即在总体规划的基础上,首先收集基础资料,然后整理成基础文字材料、图表,继而分析材料,提出建坪环境的分析报告,做到对计划建坪场地现状的全面了解,为建坪的决策和实施提供可靠依据。

1)建坪场地调查程序

草坪建植前场地调查的程序(Program)如图3.1所示。

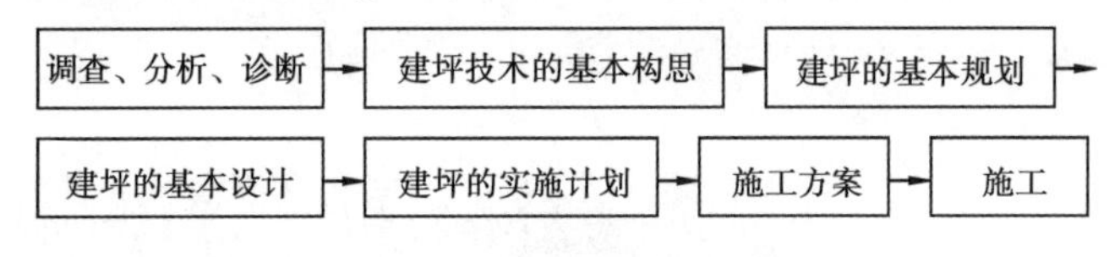

图3.1 建坪场地调查程序

2)场地调查内容

场地调查的目的是了解欲建坪地的基本条件及历史现状,为草坪建植计划的制订与实施提供依据。为此,场地调查包括以下内容。

(1)场地的实地勘察

①地形地貌。检查或测定与场地有关的高程、坡向、起伏度等,必要时测绘大比例地形图,了解建坪场地上影响绿化的建筑物、管道沟设施及废弃物、垃圾等。

②土壤。通过剖面调查和室内分析,掌握建坪地土壤状况。土壤调查主要包括土壤结构、质地、酸碱性、肥力状况、土层构造等内容。评价标准见表3.1。

表3.1 建坪土壤评价标准

评价指标	评价等级			
	Ⅰ	Ⅱ	Ⅲ	Ⅳ
有效土层厚度/cm	>100	60~100	30~60	<30
土壤质地	壤土	沙壤土	沙土	黏土
土壤容重/($g \cdot cm^{-3}$)	<1.0	1.0~1.3	1.3~1.5	>1.5
土壤硬度/mm（中山式土壤硬度计）	≤20	21~23	24~26	≥27
土壤酸碱度 pH	6.5~7.5	7.5~8.5 5.5~6.5	8.5~9.5 4.5~5.5	>9.5 <4.5
有效水分/($L \cdot m^{-3}$)	>120	120~80	80~40	<40
有机质/($g \cdot kg^{-1}$)	>30	30~20	20~10	<10
全氮/($g \cdot kg^{-1}$)	>1.5	1.5~1.0	1.0~0.75	<0.75
碱解氮/($mg \cdot kg^{-1}$)	>120	120~90	90~60	<60
速效磷/($mg \cdot kg^{-1}$)	>20	20~10	10~5	<5
速效钾/($mg \cdot kg^{-1}$)	>150	150~100	100~50	<50
含盐量/($g \cdot kg^{-1}$)	<0.5	0.5~1	1~2	>2

备注：指标分级参照全国第二次土壤普查土壤肥力状况分级标准，《园林绿化工程施工及验收规范》（CJJ 82—2012），上海园林土壤质量标准，黄昌勇《土壤学》，孙吉雄《草坪工程学》。

Ⅰ：适应性很高，很适宜坪床建植。

Ⅱ：适应性较高，适宜坪床建植。

Ⅲ：适应性较差，需适当改良土壤后方可进行草坪建植。

Ⅳ：适应性很差，需采用客土法改良土壤后方可建植草坪。

③水源。水源调查主要包括建坪场地是否有水源、水源位置、水质、水温、水量、获得的难易程度和成本等内容。

④交通。公路、水路、铁路的有无，道路的数量及等级，车流量和人流量等情况。

⑤植被。天然或栽培植物的种类及生长状况，有无古树和价值高的风景树，并画出平面分布图，以便取舍和保护；草坪建植史，包括草坪草种类、规模及现状；建坪场地的种植史，尤其是前作、杂草的种类及数量等。

（2）调查访问

①气象。气象调查的目的在于了解当地气象因子，以期在选用草种和制订栽培管理方案时能主动地适应气候条件。主要包括日照时数、日照强度、总日照量；年、月、旬平均温度和最高、最低温度，大于0 ℃的年积温、大于10 ℃的年积温；地面及地面以下5 cm、10 cm土温，封冻的起讫期，冻土层厚度；年降水量及季节分布；年蒸发量及季节分布；空气相对湿度、风速、风向以及各种灾害性天气的规律。上述资料可到当地气象站收集。

②周边环境。建坪场地周边环境的调查主要包括周边土地的类型（绿地、建筑、农田、道路、水面、工厂等），人口密度、流量，病虫害发生史（种类、数量、发生频率）。

③社会环境。建坪场地的社会调查包括城镇总体规划、土地利用计划、绿化规划，城镇规模、人口、产业等，人们对草坪的认识与爱好程度，政府对草坪绿地建设态度，政府投资建设草坪的经济实力与要求。

④环境保护。建坪场地及周围大气、水体、土壤的污染物种类和污染程度。

3)场地调查的成果

通过上述场地调查工作,应得出如下成果并形成书面材料:建坪场地环境条件现状报告,建坪工程计划可行性报告,按建坪目的要求进行的经费预算报告,草坪建植实施方案,新草坪养护管理方案。

根据这些文件,可编制建坪项目的投标书,参与工程的竞争;在草坪施工项目中标的条件下,可编制建坪工程的实施方案和施工计划,确保建坪工程科学、有序、高质、低成本地完成。

3.1.2 建坪材料的选择(Turfgrass Selection)

建坪材料的选择包含两层意思,一是如何正确选择草种,二是如何选购建坪材料。

1)草坪草种的选择

正确选择草种,对于草坪建植和草坪养护,尤其是获得优质且长久的草坪尤为重要。那么,该怎样选择草种呢?

(1)草种的选择依据　首先要考虑草种的生态适应性,其次还要考虑草坪的功能和长期养护管理的费用等。

①建坪地的气候土壤条件。这是草种选择的首要条件,所选草种必须适应要建坪地的气候、土壤条件,否则很难保证建坪成功。具体内容可参见本教材 2.1.2 节中所述草坪草的生态区划,根据建坪地的气候类型,决定可供选择的草种。表 3.2 是适宜在我国不同地区种植的草坪草种。

表 3.2　在中国不同地区适宜种植的草坪草种

代表城市	区域性气候特点	推荐选用的草种及品种	
		种	品种
沈阳	该区属温带大陆性气候,冬季漫长而寒冷,夏季温热多雨,春季干旱多大风;年降水量 700 mm,60% 集中于夏季;1 月份平均气温 -12 ℃,7 月份为 24 ℃。总体而论,土壤 pH 较高	高羊茅	织女星、马比松、天霸、爱密达
		草地早熟禾	男爵、巴润
		多年生黑麦草	百瑰、草坪之星、顶峰
		细羊茅	桥港
		紫羊茅	皇冠、百旗二代
北京	该区位于中纬度内陆区,具有明显的温带大陆性气候特点。年降水量 600 mm,70% 集中于夏季;1 月份平均气温 -5.6 ℃,7 月份为 29.5 ℃	草地早熟禾	巴塞罗那、百蒂娅、巴润
		多年生黑麦草	顶峰、首相Ⅱ
		细羊茅	百舵、桥港
		匍匐翦股颖	摄政王
		细弱翦股颖	百都
		洽草	百克星
		狗牙根	百慕大

续表

代表城市	区域性气候特点	推荐选用的草种及品种	
		种	品种
上海	本区属亚热带向暖温带过渡的气候带，温暖湿润，雨量充足，年降水量1 200 mm，55%集中于夏季；1月份平均气温3 ℃，7月份为30 ℃。相对湿度较大，夏季高温高湿，草坪易感病，冬季降雪时有严寒	高羊茅	凌志、百丽
		草地早熟禾	巴塞罗那、男爵
		多年生黑麦草	百乐
		匍匐翦股颖	摄政王
		狗牙根	百慕大
昆明	本区处于南亚热带，西南边缘为温热多雨的热带气候。年降水量1 000 mm，60%集中于夏季；1月份平均气温8 ℃，7月份为23 ℃。土壤大部分为砖红壤、红壤，还有干燥的河谷区的燥红土及石灰岩地区的黑色或棕色石灰土等	高羊茅	巴比伦、凌志、百喜、织女星、百丽
		草地早熟禾	巴润、百蒂娅、巴塞罗那
		多年生黑麦草	首相Ⅱ、百瑰、百乐
		细羊茅	百绿、百舵、百琪
		硬羊茅	妃娜
		翦股颖	摄政王、继承
		细弱翦股颖	百都
成都	年降水量976 mm，80% ~85%降水集中在3—9月，水热同期；1月份平均气温7.2 ℃，7月份为28.6 ℃。总体而论，土壤中性偏酸	高羊茅	凤凰、百幸、巴比伦、百丽
		草地早熟禾	巴润、巴塞罗那
		多年生黑麦草	首相、草坪之星
		匍匐翦股颖	摄政王
兰州	该区为高原沟壑区，地形复杂，海拔多在900 ~1 500 m，年降水量300 mm，土壤含盐量大，pH值高	草地早熟禾	巴塞罗那、百蒂娅、男爵
		多年生黑麦草	首相Ⅱ、顶峰
		匍匐翦股颖	摄政王、百瑞发
		细弱翦股颖	百绿、皇冠
		狗牙根	百慕大
呼和浩特	干旱、半干旱气候区，夏季酷热，pH较高；年降水量426 mm；1月份平均气温 -13.2 ℃，7月份为26 ℃	高羊茅	凤凰
		草地早熟禾	巴赞、巴润
		多年生黑麦草	百乐、百瑰
		硬羊茅	百妃娜
乌鲁木齐	该区气候温和，降水偏少，水资源短缺，分布不平衡，年降水量572 mm，5—8月份为降水集中区；1月份平均气温 -15.6 ℃，7月份为30.6 ℃。本区干旱、多大风，土壤基质较粗，加之过度放牧和不合理的垦殖，土地沙化严重	高羊茅	凌志、百丽
		草地早熟禾	巴塞罗那、男爵、巴润
		多年生黑麦草	百宝、百瑰、顶峰、首相Ⅱ
		匍匐紫羊茅	百琪
		细羊茅	百绿
		翦股颖	继承、百都

续表

代表城市	区域性气候特点	推荐选用的草种及品种	
		种	品种
西宁	年降水量 371.7 mm;1 月份平均气温 -7.6 ℃,7 月份为 21.8 ℃,昼夜温差大	高羊茅	巴比松
		草地早熟禾	巴润
		多年生黑麦草	百瑰、百乐
		硬羊茅	百妃娜
广州	本区气候具有热带、亚热带特点,年降水量 1 680 mm;1 月份平均气温 15.2 ℃,7 月份为 30.9 ℃;本区山地以红壤为主,由于森林覆盖面大,有机质含量较高;平原、丘陵、盆地是较为肥沃的农业土壤,土壤偏酸性	草地早熟禾	男爵
		多年生黑麦草	过渡星
		狗牙根	百慕大

②草坪的功能要求。不同功能要求的草坪对草坪草种的要求也不同,一定要根据其功能,选择具有不同特点的草坪草种。如观赏草坪,可选用观赏效果好的细叶结缕草、沟叶结缕草、细弱翦股颖、马蹄金等。运动场草坪,可选用狗牙根、中华结缕草、假俭草、高羊茅、草地早熟禾、黑麦草等较耐践踏的草坪草种。护坡草坪,应选用根系发达、匍匐生长、草丛茂密、覆盖度大、适应性强的草种,如结缕草、狗牙根、假俭草等。需要防火的草坪,首要的标准是该草坪在建坪地要四季常绿,如高羊茅、白三叶等。

③后期养护实力。建坪单位往往注意当时的造价而忽略今后长期的养护管理费用。通常对建坪地区环境适应能力和抗逆能力强的草种,栽培养护粗放,费用较少。异地引进的草种往往要求精细管理,费用较大。如南京地区引进的高羊茅草坪的管理费用,远远高于地方草坪品种普通狗牙根。

(2)草种的选择方法　根据草种的选择标准,草种的选择方法有以下几个。

①优先选用乡土草种。我国的种质资源丰富,品种类型繁多,各地都有较优良的乡土草种(Native Grass)。如长江以南的普通狗牙根、结缕草、假俭草,华北地区的中华结缕草,西北、东北地区的早熟禾、紫羊茅等。这些乡土草种的适应性强,只要栽培得当、精细管理,都能培育出优质草坪,而且造价低廉。

②适度引进外来草种。为了充实草种资源,丰富植物多样性,提高观赏效果,满足草坪多种功能要求,除了乡土草种之外,还要适度引种异地优良草种。如从国外引进的高羊茅、早熟禾、黑麦草在北方广泛种植,高羊茅在长江流域也有较好的表现,丰富了我国的草种多样性。

但异地草种要坚持先试种后推广的原则。长江流域在 20 世纪 90 年代中期盲目种植早熟禾,春天或秋天播种,成坪初期景观喜人,但到夏天几乎全部死亡。高羊茅夏天在长江流域病害严重,易形成病斑,经多年种植已积累一定的经验,现在表现较好,应用面积较大,但管理费用较高。

③科学配置混合草种。选定的草种或品种,可以单种形成单一草坪,也可以混种形成混合草坪。混合草坪可以是同种不同品种,也可以是同属不同种,甚至是不同属间的各种混合。

草种的混播技术常用于冷季型草坪的建植。混播的主要优势在于混播群体比单播群体具有更广泛的遗传背景,因而具有更强的对外界的适应性。混播的不同组成在遗传组成、生长习性、对光肥水的要求、对土壤适应性以及抗病虫性等方面存在着差异,使之组成的混合群体具有更强的环境适应性和优势互补性。

(3)草坪混播技术

①草种混播形式：

a. 短期混合草坪。用一、二年生或短期多年生草种和长期多年生草种混合种植。其中一、二年生或短期多年生草种为“保护草种”，长期多年生草种为“建坪草种”。目的是利用“保护草种”苗期生长迅速、能很快成坪的特点，保护苗期生长缓慢、建坪速度慢的“建坪草种”。该混合草坪在一两年后，保护草种完成使命，形成纯一或混合的长期草坪。用作保护草种的常有多花黑麦草、黑麦草等，如用黑麦草 + 草地早熟禾 + 匍匐翦股颖 + 紫羊茅 + 细弱翦股颖组合建植的足球场草坪，两三年后黑麦草基本消失，成为所余草种的混合草坪。

b. 长期混合草坪。根据草坪的功能要求，提高对环境的适应性和抗逆性，或提高利用品质，或兼而有之，选择两个或多个竞争力相当、寿命相仿、性状互补的草种或品种混合种植，取长补短，提高草坪质量，延长草坪寿命。

同种不同品种的混合，取不同品种之长，优势互补，形成抗逆力更强、品质更优、又不失纯一的草坪。如将不同品种的草地早熟禾混播，可得优质草坪。

同属不同种的混合，如结缕草属的结缕草和中华结缕草的混合草坪，景观效果如同单品种草坪，而在水热因素的忍受力方面可以互补，可扩大种植区域。

不同属间草种的混合，如长江三角洲的丘陵和平原，常用结缕草 + 中华结缕草 + 假俭草的自然混合草坪。因三者竞争力难分高低，适应了长江三角洲气候、土壤环境的历史性变化，成为特别稳定的草坪。又如以高羊茅为主，加少量草地早熟禾(10% 左右)的混播草坪，在长江流域种植，优势互补，形成很稠密的冷季型草坪。

c. 套种常绿草坪。在长江以南，将冬绿型草种，如黑麦草、早熟禾等，在夏绿型草坪上套种，形成四季常绿的混合草坪，称为套种常绿草坪。南京地区试种结果，冬季景观较好，但两种草坪在换季时景观稍差，且需年年套种，费用较高。又如在狗牙根草坪冬季休眠前(10 月底 11 月初)套种黑麦草，保持冬季绿色至翌年 4—5 月狗牙根返青后经强修剪和结合高温去掉黑麦草，形成四季常绿草坪。若能找到不要年年套种的四季常绿的草种组合，则费用将大大降低。在长江以南地区较适宜套种的草坪草种主要有黑麦草、紫羊茅、早熟禾等。

②常见草种混播配方。许多研究者和草种公司推出许多配方，以下是常见几种：

a. 90% 精选的草地早熟禾(3 种或 3 种以上混合) + 10% 改良的多年生黑麦草。适应于冷凉气候带高尔夫球场的球道、发球台和庭院等。

b. 80% 匍匐翦股颖(Putter) + 20% 匍匐翦股颖(Cobra 或 Ponneagle)。适应于冷凉气候带，形成高质量的高尔夫发球台、球道等。

c. 30% 半矮生高羊茅 + 60% 高羊茅改良品种 + 10% 草地早熟禾改良品种。适应于冷暖转换地带的庭院，冷凉沿海地区高尔夫球道、发球台。

d. 混合多年生黑麦草，用于暖季型草场的冬季补播。如多年生黑麦草(30% SR4400 + 40% SR4010 + 30% SR4100)，可作为冬季补播，及冷凉地区高尔夫球道及运动场。

e. 50% 高羊茅 + 25% 多年生黑麦草 + 10% 白三叶 + 10% 狗牙根 + 5% 结缕草。此配方可用于护坡草坪。

以上列举的只是某一局部地区的组合例子，在使用时应根据当地的气候条件而调整。目前草坪草新品种较多，亦可根据需要进行选择和组合。

③草种混播注意事项：

a. 掌握各类主要草种的生长习性和主要优点，以便合理配合。

b. 被选用作混播的草种或品种要在叶片质地、生长习性、根状茎、色泽、枝叶密度、垂直向上、生长速度等几方面有较一致的特点。如小糠草，由于其较粗质地的叶片，丛生的生长习性及灰绿色的颜色，就不能与草地早熟禾和紫羊茅混播。

c. 混合各组分的比例要适当。生长旺盛的草种，如多年生黑麦草在混播中的比例常不超过50%。在高羊茅和草地早熟禾的混播中，由于高羊茅的丛生生长特性，高羊茅必须是混播的主要成分，其组分在85%～90%为宜，以形成致密的草坪。

2）建坪材料的选购

(1)草坪草种子的选购

①选购标准。种子质量(Seed Quality)指标包括种子活力(Viability)、种子纯净度(Mechanical Purity)。种子的活力是指活种子的百分率，或在某一标准实验室条件下种子的发芽率，用数量百分数表示。种子的纯度是指某一种子或某一栽培品种中含纯种子的百分率，以重量百分数来表示。常见草种的最低纯度和发芽率如表3.3所示。

表3.3 主要草坪草种子等级标准

(引自国家标准《主要花卉产品等级》,2000)

中文名	拉丁名	等级	净度/%（不低于）	发芽率/%（不低于）	其他种子含量（质量分数）/%	含水量/%（不高于）
冰草	*Agropyron cristatum*	1	90	80	1.0	11
		2	85	75	1.5	11
		3	80	70	2.0	11
翦股颖	*Agrostis spp.*	1	90	85	0.5	11
		2	85	80	1.0	11
		3	80	75	1.5	12
地毯草	*Axonopus spp.*	1	95	80	0.5	12
		2	90	70	1.0	12
		3	85	60	1.5	12
无芒雀麦	*Bromus inermis*	1	95	90	1.0	11
		2	90	85	1.5	11
		3	85	80	2.0	11
格兰马草	*Bouteloua gracilis*	1	95	85	1.0	12
		2	90	75	1.5	12
		3	85	65	2.0	12
狗牙根	*Cynodon spp.*	1	95	85	0.5	12
		2	90	80	1.0	12
		3	85	75	1.5	12

续表

中文名	拉丁名	等级	净度/% (不低于)	发芽率/% (不低于)	其他种子含量 (质量分数)/%	含水量/% (不高于)
画眉草	*Eragrotis spp.*	1 2 3	95 90 85	85 80 75	0.5 1.0 1.5	11 11 11
假俭草	*Eremochloa ophiuroides*	1 2 3	95 90 85	80 70 60	1.0 1.5 2.0	11 11 11
高羊茅	*Festuca arundinacea*	1 2 3	98 95 90	85 80 75	1.0 1.5 2.0	12 12 12
细羊茅	*Festuca rubra*	1 2 3	95 90 85	85 80 75	1.0 1.5 2.0	11 11 11
黑麦草	*Lolium spp.*	1 2 3	98 95 90	90 85 80	1.0 1.5 2.0	12 12 12
巴哈雀稗	*Paspalum notatum*	1 2 3	95 90 85	75 65 55	1.0 1.5 2.0	12 12 12
狼尾草	*Pennisetum spp.*	1 2 3	95 90 85	70 60 50	1.0 1.5 2.0	12 12 12
猫尾草	*Phleum pratense*	1 2 3	95 90 85	85 75 65	1.0 1.5 2.0	11 11 11
早熟禾	*Poa spp.*	1 2 3	95 90 85	85 75 65	1.0 1.5 2.0	11 11 11
结缕草	*Zoysia spp.*	1 2 3	90 85 80	70 60 50	1.0 1.5 2.0	12 12 12
野牛草	*Buchloe engelm*	1 2 3	90 85 80	70 60 50	1.0 1.5 2.0	11 11 11

②选购注意事项：

a. 注意种子的活力，尤其注意种子的生产日期。

b. 注意种子的纯度，尤其注意杂草种子的比率。

c. 注意产地，尤其注意原产地与建坪地的气候土壤条件是否相似。

(2)草皮的选购

①选购标准。草皮(Plugs)、草毯(Sod,Turf)的质量标准：

a. 茎叶生长健壮、根系发达、叶色翠绿。

b. 盖度高、密度大、纯净均一。

c. 无病虫草害、无斑秃。

d. 无枯草层。

e. 提起不散落。

f. 不超过 3 cm 厚，土壤厚度宜薄。

草皮的等级标准见表 3.4。

表 3.4 草皮等级标准

(引自国家标准《主要花卉产品等级》,2000)

检测指标	一 级	二 级	三 级
盖度/%	≥95	90 ~ 95	85 ~ 90
病虫侵害度/%	≤1	1 ~ 3	3 ~ 5
杂草率/%	≤1	1 ~ 3	3 ~ 5
新鲜度	鲜嫩 含水量 >70%	叶微卷 60% < 含水量≤70%	叶稍卷 45% < 含水量≤60%

②选购注意事项：

a. 特别注意杂草数量及种类。

b. 特别注意草皮块的实际面积。

(3)草茎的选购　草茎(Sprigs)一般是带几个节的一段匍匐茎，是撒茎法建坪的材料。

①选购标准。草茎一定要新鲜，纯净，带 3 个节以上，粗壮饱满为好。草茎的等级标准如表 3.5 所示。

表 3.5 草坪草营养枝等级标准

(引自国家标准《主要花卉产品等级》,2000)

检测指标	一 级	二 级	三 级
草坪草营养枝活节数/个	>4	3 或 4	2
新鲜度	鲜嫩 含水量 >70%	叶微卷 60% < 含水量≤70%	叶稍卷 45% < 含水量≤60%

②选购注意事项。和草皮块一样，草茎应在场地准备好之后才运送到现场，之前可事先预定好。

草坪植生带的选购标准详见表 3.6。

表3.6 草坪植生带等级标准

（引自国家标准《主要花卉产品等级》,2000）

检测指标		一 级	二 级	三 级
植生带载体均匀度误差/%		±5	±6	±7
植生带种子均一性/%		≥95	90~95	80~90
植生带发芽率/%		≥85	80~85	70~80
植生带种子密度/(粒·cm^{-2})		>3	3~2	1
植生带接头/个		0	1~2	3
植生带孔洞/个		0	1~2	3
规格误差	长/m	±0.5	±0.7	±1
	宽/cm	±0.5	±0.7	±1

3.1.3 建坪场地的准备(Site Preparing)

场地准备是建坪成功的关键,许多失败的建坪都源自场地准备的疏忽。一般,场地准备包括以下内容:场地清理、地形整理、土壤翻耕、土壤改良以及排灌系统。

1)场地清理

场地清理(Site Clearing)是指建坪场地内有计划地清除和减少不利于草坪草生长的障碍物的过程,是为成功建植草坪而进行的一项重要作业。

(1)场地清理的作业要求　不能有岩石露出(景石除外),耕层不能有大石块、树桩、树根、瓦砾、碎玻璃、混凝土残渣、塑料袋、塑料薄膜等建筑或农用垃圾,场地内不能有杂草及其残体。

(2)场地清理的具体内容

①木本植物的清理。木本植物包括乔木和灌木以及倒木、树桩、树根等。

对于倒木、腐木、树桩、树根,首先要清除地上部分并连根挖起,之后再回填土。不过,景观效果好的树桩、倒木可保留,以提高场地的生态效益。

对于生长的木本植物,则要根据设计要求决定去留并制订移植方案。古树或景观效果好的木本植物都应尽量保留,其余则一律铲除,做到倒树挖根。

场地内如有大树要移植或大树桩要清除,应事先准备挖土机、吊车、大卡车等机械设备,并做好工作计划(方案),使清理工作有条不紊地进行。

②岩石、巨砾、建筑垃圾的清理:

a.岩石、巨砾。除去露头岩石是坪床清理的主要工作。根据设计,对奇形怪状、有观赏价值的可留作造景,既省钱又美观。对连体大岩石,应予爆炸,移去炸碎的块石、石屑。

技术要求:在坪床下面60 cm以内不得有岩石、巨砾,否则将造成水分、养分供给能力的不均匀。

b.建筑垃圾。常见的建筑垃圾包括块石、石子、砖瓦及其碎片、水泥、石灰、泡沫、薄膜、塑料制品、建筑机械留下的油污等,必须清理干净。

技术要求:在地表 30 cm 以内不得有直径大于 2 cm 的块石、石子、砖瓦片等建筑垃圾,当然也不能有成堆的小于 2 cm 的碎渣,否则将影响操作,降低播种质量,阻碍草坪根系生长,利于杂草滋生。

c. 农业污染物。农业污染物常包括油污、药污,以及农用薄膜、塑料泡沫、化肥袋等塑料制品,必须彻底清除。

技术要求:被机油、柴油污染的土壤要挖走换土,否则可能导致一至多年寸草不生。土壤中不得残留不易风化降解的塑料之类的污染物。

③杂草的清理。杂草防除在草坪栽培管理中通常是一项艰巨而长期的任务。一旦草种落地,若发生同类杂草同步生长危害,就更加麻烦。尤其是某些蔓延多年生的禾草和莎草,能引起新草坪的严重杂草危害问题,即使用耙或铲进行表面杂草处理的地方,翻耕后那些残留的营养繁殖体(根茎、匍匐茎、块茎等)也可以重新生长入侵。所以应在建坪前综合应用各种除草技术,尽量诱发土内杂草种子萌发,然后清除并反复几次。

a. 物理防除。物理防除是指化学以外的人工或土壤耕翻机具等手段翻挖土壤清除杂草的方法(图 3.2)。

图 3.2 人工除草(深圳职业技术学院草坪试验地)

若在秋冬季节,杂草种子已经成熟,可采用收割贮藏的方法用作牧草,或用火烧消灭杂草;若在杂草生长季节且尚未结籽,可采用人工、机械翻挖用作绿肥;若是休闲空地,通常采用休闲诱导法防除杂草,即定期进行耕、耙、浇水作业,促使杂草种子萌发,之后通过暴晒,杀死杂草可能出来的营养繁殖器官及种子,反复几次可达到清除杂草的目的。

b. 化学防除。化学防除是指使用化学除草剂杀灭杂草的方法。通常应用高效、低毒、残效期短的灭生性内吸除草剂或触杀型除草剂。

对于休闲期较短的欲建坪地,杂草甚少,应先整地,然后浇水诱发杂草生长,待草长到10 cm 高左右,并在播种或铺植前 3 ~ 7 d 施用除草剂,比如草甘膦,一二年生杂草很快死亡,多年生杂草将除草剂吸收并转至根系,一段时间后逐渐死亡(图 3.3)。

对于急需种草的欲建坪地,杂草丛生,物理防除达不到预期效果,并影响整地质量,且有些多年生杂草生长旺盛。这时宜采用高浓度触杀型除草剂防除杂草,比如百草枯,喷药后 1 ~3 d 杂草基本枯死,然后耕翻、整地、播种。此法仅对一、二年生杂草有效。

(a)喷施前 (b)喷施后

图3.3 喷施草甘膦5天前后对比

喷施草甘膦5天前后对比

杂草清理的作业标准:彻底干净。

2)地形整理

在建坪之初,应按规划设计要求对草坪地形进行整理,或平坦光滑,如足球场,或使草坪具有地形自然起伏的变化,流畅平滑的线条能增加草坪景观的美感,这种设计在高尔夫球场和园林绿地中都比较常见(图3.4)。地形整理离不开挖方和填方,事先一定要做好施工方案,计算好挖方和填方量,准备好标桩(Peg)和推土机、装载车、挖掘机等机械(图3.5),以及人工,保证施工有条不紊地进行。

图3.4 自然起伏的草坪景观(谢利娟摄影)

(1)技术要求 按设计要求做出地形或平整场地(Grade),场地表面平滑。

(2)工作程序

①一般建议整理地形之前,把表土层(Topsoil)挖起并运送到指定地点存放待用。这样可以节省许多土壤改良的费用。

②按地形整理的施工图纸,每隔一定距离设置一个木桩(Wooden Peg),木桩上标注此点标高,有的还标注挖土量或填土量。

③根据设计,挖高填低,把高处削低,凹处填平(图3.6)。填土时注意土壤沉降问题,一般建议每填30 cm 厚的土壤就应镇压以防土壤下陷。填土的高度通常要高出设计标高的15%,压

实，否则土壤会下沉。

（a）标桩　　（b）推土机　　（c）挖土机

图 3.5　地形整理

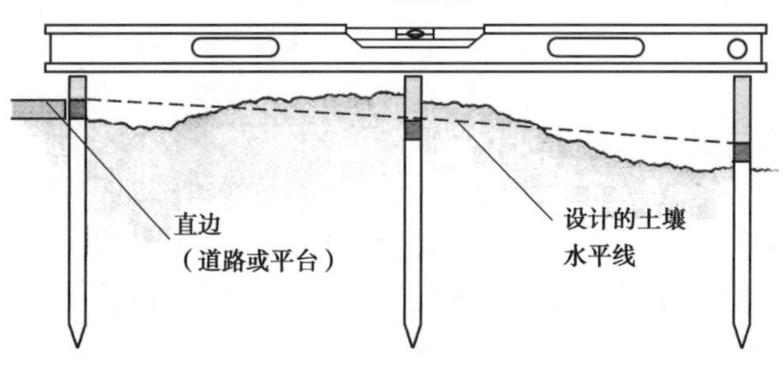

图 3.6　平整场地

（引自《草坪建植与养护彩色图说》，王彩云，2002）

④地形大致做出来后，就把表土重新填回去。回填表土时一定不要破坏原有地形，最好事先计算好回填厚度，均匀地填回去。

（3）注意事项

①地形坡度不宜设计得太陡，否则草坪质量和后期养护都存在问题。在坡度较大而无法改变的地段，应在适当的部位建造挡土墙，以限制草坪的倾斜角度。

②地形水平设计时要考虑 2% 的地表排水坡度，即每 100 m 要有 2 m 的高差，以利排水。在建筑物附近，里高外低，坡度应是离开房屋的方向。运动场则是中间高、四周低，以便从场地中心向四周排水。高尔夫球场草坪，发球台和球道也应在一个或多个方向上向障碍区倾斜。

③填方时务必考虑土壤的沉陷问题，通常会下沉 15%，即每米下沉 15 cm。

④大面积施工时会用到挖土机、推土机、卡车等机械设备，事先要计算好工作量，合理租用台班，提高工作效率。

3）排灌系统

排水（Drainage）设施主要用于排除草坪中过多的水分，改善土壤通气性，使草坪草根系向深层扩展；灌溉（Irrigation）设施用于干旱时引水浇灌草坪，防止草坪草萎蔫干枯。

对于需要安装地下排灌系统的坪床，应该在坪床准备初期，粗整理之后，根据排灌系统设计方案进行施工放样、沟槽的开挖、管道的安装与土壤的回填等工作。

(1)排水系统 排水系统有地表排水和地下排水两类。两者的区别在于:地表排水系统是用于迅速排除坪床多余的水分,地下排水系统是用于排除土壤深层过多的水分。

①地表排水系统。一般的公共绿地,采用地表排水即可达到排水的目的。具体有以下措施:

a. 利用地形排水。坪床准备时,设计1% ~2%的坡度,可有效地排除地面积水。

b. 改良土壤质地。草坪土壤一般以砂壤土为好,因为砂壤土既具有良好的排水性又具有较强的保水性。在坪床准备时,可通过客土、施用有机肥等措施来增加土壤的通透性,以利于草坪排水。

②地下排水系统。地下排水系统是在地表下挖一些沟,利用盲沟或铺设地下管道用以排除坪床下土壤深处过多的水分。最常采用的是排水管式排水系统,这是一种地下管道与土壤相结合的排水方式,地下水可以经过土壤、石头到暗管,最终由暗管流到主管,再排出场外(图3.7)。

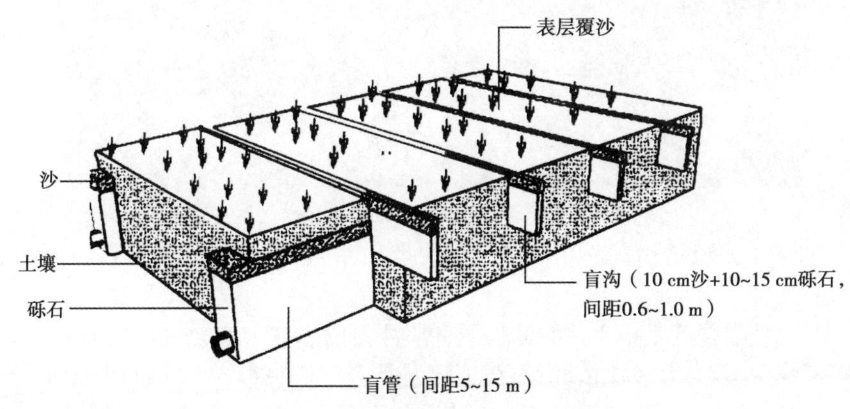

图3.7 地下排水系统示意图

(引自《运动场草坪》,韩烈保,2004)

排水管一般铺设在坪床表面以下40 ~90 cm处,间距5 ~20 m(图3.8)。在干旱地带,因地下水可能造成表土盐渍化,排水管可深达2 m。常用的排水管有陶管和水泥管,有孔的塑料管也被广泛应用。在排水管的周围应放置一定厚度的砾石,以防止细土粒堵塞管道孔。在特殊的地点,砾石可一直堆到地表,以利排除低处的地表径流。运动场草坪一般都要求设置地下排水系统。

图3.8 地下排水管道设置示意图

(引自《运动场草坪》,韩烈保,2004)

(2)灌溉系统　现代喷灌技术是大势所趋,计算机和水分电子探头已广泛使用,程控精确喷头可实现草坪的均匀高效喷灌(图3.9)。

图3.9　草坪自动喷灌

①草坪喷灌的主要质量指标。草坪喷灌的主要质量指标包括:喷灌强度、喷灌均匀度和雾化度。

a.喷灌强度。喷灌强度是指单位时间喷洒在草坪上的水深或喷洒在单位面积上的水量。一般是指组合喷灌强度,因为大多数情况下,草坪喷灌是多个喷头组合起来同时工作。对喷灌强度的要求是:水落到地面后能立即渗入土壤而不出现地面径流和积水,即要求喷头组合的喷灌强度必须小于或等于土壤的入渗速率。不同质地的土壤允许的喷灌强度是不同的(表3.7)。

表3.7　各类土壤的允许喷灌强度

(引自《草坪建植与管理》,张志国,1999)

土壤类别	沙土	壤沙土	沙壤土	壤土	黏土
允许喷灌强度/($mm \cdot h^{-1}$)	20	15	12	10	8

b.喷灌均匀度。喷灌均匀度影响草坪的生长质量,是衡量喷灌质量的主要指标之一。喷头射程能够达到的地方,草长得整齐美观,而经常浇不到水或浇水少的地方会呈现出黄褐色,影响草坪的整体外观。与喷头距离不同的草坪长势有所差别,这是因为即使水量分布图形良好的喷头,水量分布规律也是近处多,远处少。依照这一规律进行喷点的合理布置设计,通过有效的组合重叠来保证较高的均匀度,防止喷水不均或漏喷,如图3.10所示。

影响均匀度的因素除设计方面外,还有喷头本身旋转的均匀性、工作压力的稳定性、地面的坡度、风速和风向等。风对喷灌均匀度的影响较大,设计时,一般支管走向应与主风向垂直或加密喷头来抗风。最好在无风的清晨或夜间灌溉,一般大于3级风时应停止喷灌。

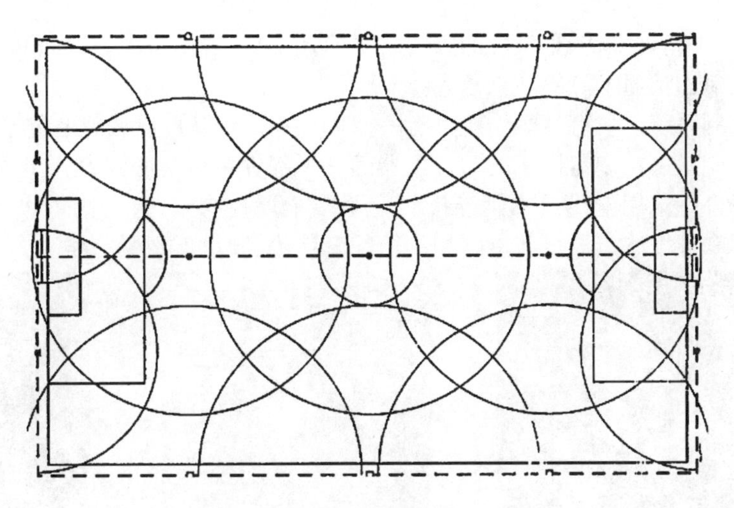

图3.10　标准足球场喷点设计图

c.雾化度。雾化度是指喷射水舌在空中雾化粉碎的程度。草坪对雾化程度要求较低,雾化指标(工作水头与喷嘴直径的比值)2 000~3 000均可。但在草坪苗期,喷洒水滴不宜过大。

②草坪喷灌系统的组成。一个完整的喷灌系统由水源、水泵动力管道系统、阀门喷头和自动化系统中的控制中心构成。控制器通过一个遥控阀,在预定时间打开阀门,水压使喷头高出地面并开始自动喷水;预定时间结束时,阀门关闭,喷头又缩回地下(图3.11)。

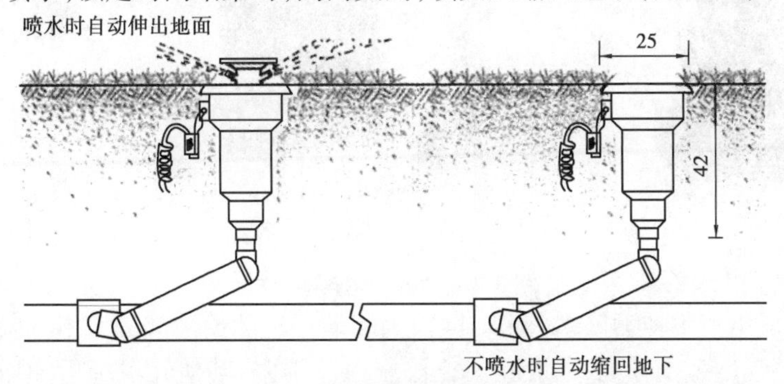

图3.11　自动喷灌示意图(单位:cm)

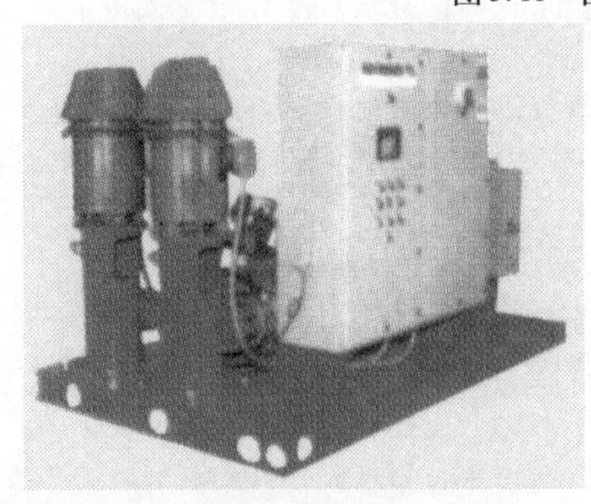

图3.12　水泵

a.水源。在草坪的整个生长季节,应该有充足的水源供应。有3种水源可以作为草坪的喷灌水:井内地下水,湖泊、水库、坑塘中的地面水,河流、小溪内流动的地面水。还有一种水源越来越受到人们的重视,即处理后的城市生活废水。

b.水泵。水泵(图3.12)的种类比较多,有离心泵、自吸泵、潜水泵、管道泵等。从水源抽水的泵叫系统抽水泵,如系统中出现压力不足,可在压力管上安装增压泵(管道泵)以增加压力,这两种泵一般都是离心泵。以井水或湖水作水源时,系统水泵多采用潜水泵。

c.管道系统。包括干管、支管及各种连接管件。管道是草坪喷灌系统的基础,通过它把水输送到喷头而后喷洒在草坪上,因而管道的类型、规格和尺寸直接影响一个灌水系统的运作。

管道多使用便宜、不腐蚀生锈、重量轻的塑料管材,有时总管道用水泥、石棉和硅制成,目前大多数工程都采用聚氯乙烯(PVC)管或聚乙烯(PE)管。

d. 阀门和控制系统。所有灌溉系统都有一套阀门(图3.13),以调节通过本系统的水流,自动化系统的遥控阀是由控制器操作的。控制器的基本部件包括一个钟表、定时器和称为端站的一系列终端。每个终端用电线或水管连接到一至多个遥控阀上,每个阀依次操作一至多个喷头。雨量感应器和湿度感应器可与电脑控制箱配套使用,防止不必要的喷灌。

(a)电脑盘

(b)电脑控制箱

(c)电磁阀

(d)电磁阀

(e)湿度感应器(测量土壤湿度)

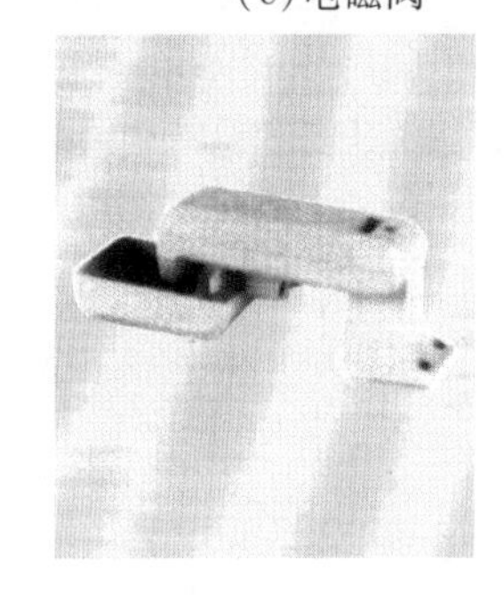

(f)雨量感应器(电子测试)

图3.13 阀门和控制系统

e. 喷头。草坪用喷头种类繁多(图3.14),为喷灌系统的关键部分。不同喷头的工作压力、射程、流量及喷灌强度范围不同,一般在其工作压力范围内,其他几项指标随压力变化而变化,但变化范围不应很大,性能越好的喷头其变化范围应越小,这对简化设计工作及提高灌溉质量极为有利。

③喷灌系统的类型。喷灌系统按其主要组成部分的移动特点,可以分为3种基本类型:固定式喷灌系统、移动式喷灌系统和半固定式喷灌系统。喷灌系统的选择,要因地制宜,根据实际情况,从经济、技术等方面加以论证选定。

a. 固定式喷灌系统。所有管道系统及喷头,在整个灌溉季节中甚至常年都固定不动,水泵及动力构成固定的泵站,干管和支管多埋在地下,喷头靠竖管与支管连接。草坪固定喷灌系统专用喷头多数为埋藏式喷头,平常与草坪地面平齐,工作时在水压的作用下使喷头伸出草坪进行喷灌,停止喷灌时由于水压的降低又缩回草坪中(图3.15)。

虽然固定式喷灌系统需要大量管材,单位面积投资高,但运行管理方便,极为省工,运行成本低,工程占地少,地形适应性强,便于自动化控制,灌溉效率高,在经济发达地区、劳动力紧张的情况下应首先选用。

b. 移动式喷灌系统。如图3.16所示,除水源外,动力、泵、管道和喷头都是移动的。优点是设备利用率高、单位面积设备投资小、操作灵活,缺点是管理强度大、工作时占地较多。适用于运动场、赛马场及大面积草坪。

(a)标准喷头及其水花

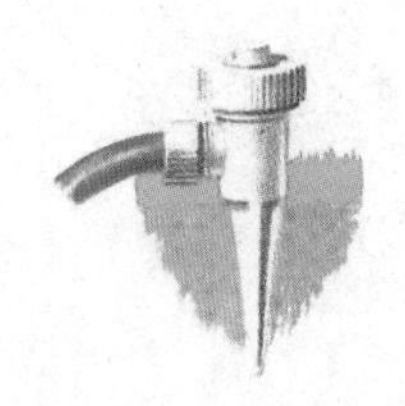
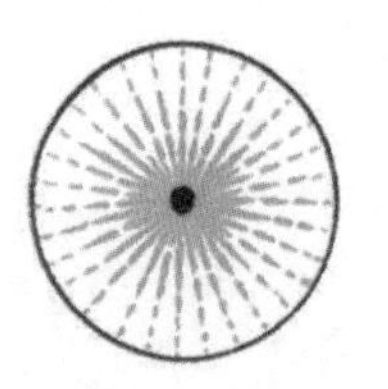

(b)固定喷头及其水花

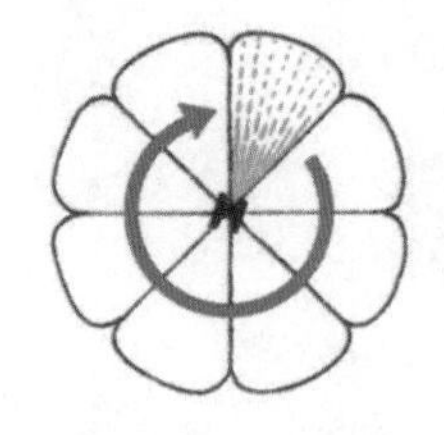

(c)固定喷头及其水花

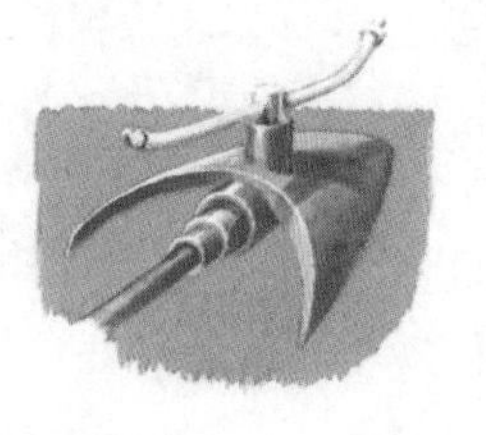
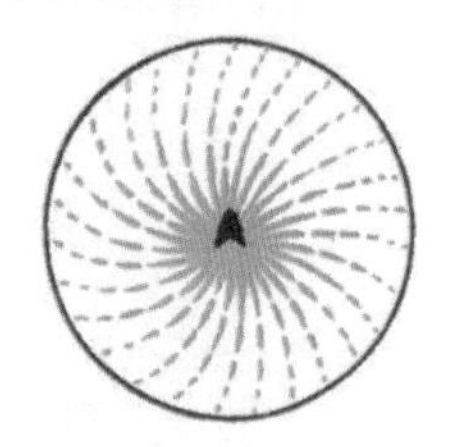

(d)旋转式喷头及其水花

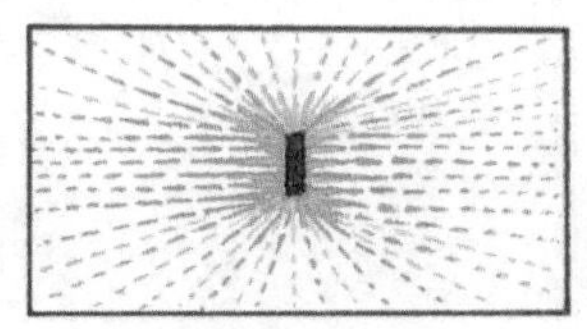

(e)摇摆式喷头及其水花

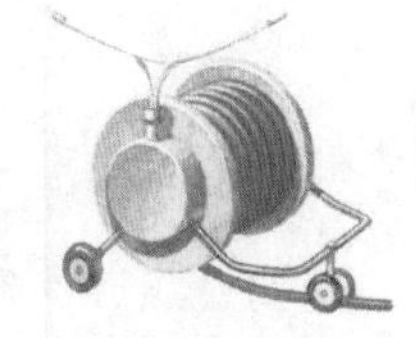
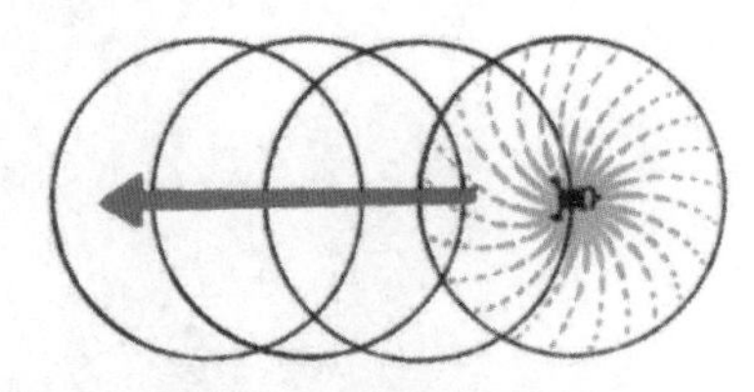

(f)移动式喷头及其水花

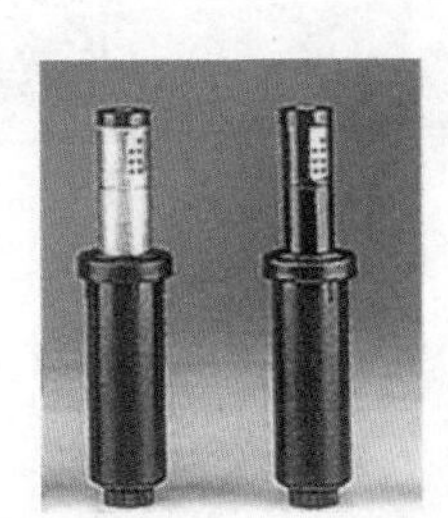

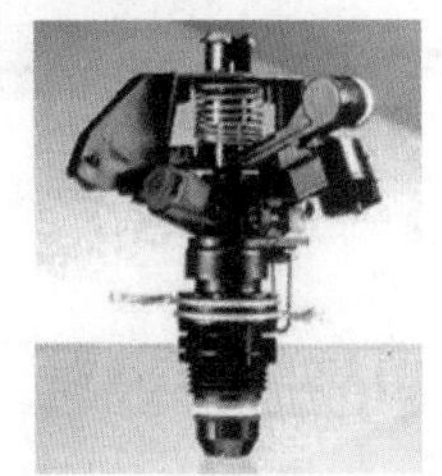

(g)移动式喷头及其水花

图3.14　各式草坪喷头及其水花示意图

(引自 *The Lawn Expert*, Dr. D. G. Hessayon, 1996)

c.半固定式喷灌系统。动力、水泵及干管是固定的,支管与喷头是可移动的。干管上留有许多给水阀,喷水时把带有快速接头的支管接在干管上,喷头一般安装在支架上,通过竖管与支管连接,这种系统很少用于草坪。

4)**土壤翻耕**

土壤翻耕(Dig)是建坪前对土壤进行翻土、松土、碎土等一系列的耕作过程。翻耕的目的在于为草坪创造一个理想的土壤环境,以促进其根系的生长发育。通过翻耕,使土壤的通透性得以改善,提高土壤的持水保肥能力,减少根系在土壤中的生长阻力,增强土壤抗践踏能力。

图 3.15 埋藏式喷头示意图

图 3.16 移动式无动力自卷管喷灌机

(1)翻耕的要求

①翻耕深度。普通的翻耕深度为 30 cm,有时也深达 60 cm,以进一步改善土壤通透性,消除土壤板结,改善土壤结构。

②翻耕效果。土壤疏松,通透性好,地面平整,土壤细碎,上松下实。

(2)翻耕的方法

①翻耕工具。小面积通常用犁、锄头、铲子、耙等工具人工完成(图 3.17),大面积可用犁、圆盘犁、耙、旋耕机等完成(图 3.18)。

(a)锄头

(b)锄头

图 3.17 人工翻耕

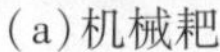

(a)机械耙　　(b)机械耙

图3.18 机械翻耕

②翻耕措施。人工翻耕措施包括犁地、挖土、碎土、耙平等，机械翻耕作业包括犁地、圆盘犁、耙地、旋耕等。

犁地是利用畜力或机械动力牵引，用犁将土壤翻转的过程，也可以用锄头翻土30 cm。翻土会产生大量的土块，应用锄头背面或圆盘犁将其打碎，使土壤细碎。之后再用耙子耙平，使坪床平整，做到上松下实。

(3)注意事项

①注意翻耕时的土壤湿度。翻耕应在土壤不干不湿的状态下进行最好。检查的办法是：用手可以把土壤捏成团，抛到地上土团即可散开，说明土壤湿润、适合翻耕。太干，耕作阻力大，太湿，黏机械，操作不方便，土块不易破碎。

②注意杂草杂物的清理。翻耕时如有杂草杂物要及时再次清理，以确保土壤无异物。

5)土壤改良

土壤是草坪草生长的基础，没有良好的土壤基质作保障，草坪草是不可能生长良好的。土壤的水、肥、气、热是草坪草不可缺少的四大肥力因素，没有水草坪草会渴死，没有肥草坪草会饿死，没有气草坪草会闷死、没有热草坪草会冻死。所以，建坪前的土壤改良是建坪能否成功的关键。

土壤改良(Soil Modification)是为了改良坪床土壤的理化性质、维持和增进土壤地力而进行的一系列施用改良材料的作业，这是一个使坪床土壤的结构和性质达到草坪草正常生长所需条件的过程。土壤改良具体包括土壤质地的改善、土壤养分的增加、土壤酸碱度的调节、土壤保水性保肥性的增强、土壤通透性的改善、土壤病虫草害的清除等内容。

(1)土壤改良的要求　最理想的草坪土壤是：土层深厚(至少30 cm以上)、无异型物体(如岩石、石砾、塑料垃圾等)、肥沃疏松、富含有机质、通透性好、酸碱性适中、结构良好的砂壤土。

(2)土壤改良的内容

①土壤质地的改良。沙壤土是最理想的草坪土壤质地，过黏、过沙的土壤都需改良。

改良土壤质地的方法有客土法，如黏土掺沙土，沙土掺黏土，使改良后的土壤质地为壤土或黏壤土或沙壤土。但实践证明，这种单质改良法并不理想，改良后的土壤不均匀、不稳定。

多施有机质是最行之有效的办法。目前生产上通常使用泥炭、锯末屑、农糠(稻壳、麦壳)、碎秸秆、处理过的垃圾、煤渣灰、人畜粪肥等进行改良。

泥炭的施用量约为覆盖坪床5 cm厚左右，锯屑、农糠、秸秆、煤渣灰等覆盖3 ~ 5 cm，经旋耕拌和土壤中，使土壤质地改良的深度达到30 cm左右，最少也要达到15 cm，以使土壤疏松，肥力提高。

园林工程施工过程中常因原址没有土壤或土层很薄，或石块太多等缘故需要客土，即到别处运输土壤加入坪床。土壤污染严重时需要换土，即将污染土壤挖走，重新加入新的土壤。客土质量标准可参见表3.8，注意清除小石块、垃圾、杂草等。

表3.8 客土的质量标准

（引自孙吉雄《草坪工程学》，2004）

指　标	质量标准
土壤质地	沙壤土、壤土等不易板结的土壤
透水性	透水性好，透水系数应大于 10^{-4} cm/s
有效水	有效水分保持量应大于 80 L/m^3
pH 值	5.5～8
有机质	富含有机质，有机质含量 50 g/kg 以上
水溶性盐含量	4 g/kg 以下

此外，换土厚度不得少于 30 cm，应以肥沃的壤土或沙壤土为主。为了保证回填土的有效厚度，通常应增加 15% 的土量，并逐层镇压。

②土壤养分的增加。土壤养分的增加措施是施足基肥（图3.19）。要保持长久持续的草坪景观，施足基肥是关键。

图3.19 加入基肥（鸡粪、花生麸、复合肥）改良土壤

基肥以有机肥为主，化肥为辅，这是一项对任何土壤都行之有效的改良措施。有机肥主要包括农家肥（如厩肥、堆肥、沤肥等）、植物性肥料（油饼、绿肥、花生麸等）、处理过的垃圾肥等。化肥包括缓效复合肥或少量速效肥料。

肥料的具体用量视土壤肥力而定，一般农家肥 4～5 kg/m^2，饼肥 0.2～0.5 kg/m^2，结合旋耕，深施 30 cm 左右。速效化肥一般浅施，深度 5～10 cm，用量 10～15 g/m^2。

③土壤酸碱性的调节。绝大多数草坪草都能在 pH 值 6.0～7.5 的范围内良好生长，不同草种适宜生长的 pH 范围有所不同，见表3.9，如果超出了草坪草适宜生长的酸碱范围，就要进行土壤酸碱性的改良。

酸性土壤的改良办法通常是施石灰和碳酸钙粉。需要提醒的是调节土壤酸性的石灰是农业上用的“农业石灰石”，并非工业建筑用的烧石灰和熟石灰。农业石灰石实际上就是石灰石粉(碳酸钙粉)。石灰石粉的施用量决定于施用地块土壤的 pH 值及面积,表 3.10 是施用量的一个推荐用量表。石灰石粉施用时越细越好,可增加土壤的离子交换强度,以达到有效调节 pH 值的目的。

表 3.9 常见草坪草适宜的土壤酸碱度

(引自《草坪建植技术》,陈志明,2001)

草 种	pH 值	草 种	pH 值
结缕草	4.5 ~ 7.5	翦股颖	5.3 ~ 7.5
狗牙根	5.2 ~ 7.0	早熟禾	6.0 ~ 7.5
假俭草	4.5 ~ 6.0	黑麦草	5.5 ~ 8.0
地毯草	4.7 ~ 7.0	羊茅、紫羊茅	5.3 ~ 7.5
钝叶草	6.0 ~ 7.0	苇状羊茅	5.5 ~ 7.0
巴哈雀稗	5.0 ~ 6.5	冰草	6.0 ~ 8.5

表 3.10 调节土壤酸度的石灰石粉施用量

(引自《草坪建植与管理手册》,韩烈保,1999)

土壤反应		施石灰石粉量/[kg·(100 m^2)$^{-1}$]			
pH 值	条 件	粉细沙土	中沙壤土	壤土和粉壤土	黏壤土和黏土
4.0	超极强酸	40.60	54.48	74.91	90.80
4.5	极强酸	36.32	47.67	68.10	81.72
5.0	强酸	31.78	40.86	54.48	68.10
5.5	中等酸度	20.42	27.24	40.86	54.48
5.0	微酸	11.35	13.62	20.43	27.24

碱性土壤常用石膏、硫磺或明矾来调节。硫磺经土壤中硫细菌的作用氧化生成硫酸,明矾(硫酸铝钾)在土中水解也产生硫酸,都能起到中和土壤碱性的效果。具体的施用量因土壤酸碱程度灵活掌握。此外种植绿肥、临时草坪、增施有机肥等对改良土壤酸碱度都有明显效果。

④土壤保水性的增强。为了增加土壤保水性,可应用土壤保水剂,如锯屑、农糠、碎花泥等,但在施用过程要注意充分腐熟,并在土壤中混合均匀。此外还有专门的保水剂商品销售,这些草坪专用的土壤保水剂,通常是高分子物质,吸水量是自重的几千倍以上,且不易蒸发,可供植物根系长期吸收,用量一般 5 g/m^2左右。

⑤土壤消毒。土壤消毒是指把农药施入土壤中,杀灭土壤病菌、害虫、杂草种子、营养繁殖体、致病有机体、线虫等的过程。

熏蒸法(Fumigation)是进行土壤消毒的最佳办法,该法是将高挥发性的农药(溴甲烷、氯化苦、棉隆等)施入土中,以杀伤和抑制杂草种子、营养繁殖体、致病有机体、线虫等。具体操作是用塑料膜覆盖地面,将药用导管导入被覆盖好的地面,24 ~ 48 h 后撤出地膜,再播种。也可用棉隆、克百威等进行喷雾消毒,具体使用时应严格按说明书要求操作。

⑥排洗土壤盐碱。盐碱土是土壤盐渍化的结果(图 3.20)。盐碱土因可溶性物质多,影响

草坪草吸水吸肥,甚至产生毒害。在盐碱土上种草坪,除种植一些耐盐碱的草坪品种(如高羊茅、结缕草、碱茅等)外,都应进行改良。

图 3.20 盐碱土(新疆)

主要措施是排碱洗盐和增施有机肥料。对小型坪地,应四周开挖淋洗沟,经浇水(淡水)淋洗,使盐分减少,一个生长季后草坪草基本能适应。在排碱洗盐的同时结合施用有机肥效果更好,畜粪、堆肥、泥炭等有机肥都具有很强的缓冲土壤盐碱的作用,是一项土壤改良的重要措施。

6)细平整

细平整是在播种前或铺设草皮前对坪床进行的精细整理作业,主要是为了平滑地表,使地面平整光滑,为播种或铺设做最后的土壤准备。

(1)技术要求　平整光滑、土壤细碎、无凹凸不平。

(2)平整方法　小面积时,用铁耙人工平整是理想的方法(图 3.21)。大面积平整,则需借助专用设备,比如耙、重钢垫、板条大耙和钉齿耙等。

(3)注意事项　细平整后随即进行播种或铺植草皮,以防止表土板结,同时还应注意土壤湿度。

图 3.21 细平整

3.1.4 建坪方法(Turf Establishment Methods)

草坪建植的方法有好多种,该怎样来选择建坪方法呢?建坪方法概括起来有两大类:种子繁殖法和营养繁殖法。播种法是北方常用的建坪方法,此外还有边坡绿化常用的喷播法和草坪植生带也属于种子繁殖建坪的范畴。南方建坪常用营养繁殖法,如铺植法、撒茎法等。

建坪方法选择的依据是工程费用、工期、建坪地条件、草坪草特性等。如密铺法建坪速度最快,能瞬时形成草坪,但费用最高。直播法建坪费用最低,但成坪时间长,新草坪的养护难度较大。具有匍匐茎的草坪草才可能用撒茎法建坪,结种率低的草坪草通常不采用播种法建坪。

1)种子繁殖法建坪

播种法建坪

(1)播种法建坪　播种法(Sowing)建坪即用种子(Seed)直接播种建立草坪的方法。大多数草坪草均可用种子直播法建坪。

①播种时间。草种的播种时间受气温的控制。因为在种子萌发的环境因子中,气温是无法人为控制的,而水分和氧气条件都可以人为控制。所以,只要温度适宜,一年四季均可播种。但在生产上必须抓住播种适期,以利种子萌发,提高幼苗成活率,保证幼苗有足够的生长时间,能正常越冬或越夏,并抑制苗期杂草的危害。表3.11列出了草坪草种子发芽适宜温度范围,供大面积生产参考。

表3.11　草坪草种子发芽适宜温度范围

(引自《草坪栽培与养护》,陈志一,2000)

草坪草种	适温范围/℃	草坪草种	适温范围/℃
苇状羊茅	20~30	无芒雀麦	20~30
紫羊茅	15~20	沟叶结缕草	30~35
假俭草	20~35	黑麦草	20~30
羊茅	15~25	多花黑麦草	20~30
草地早熟禾	15~30	狗牙根	20~35
加拿大早熟禾	15~30	地毯草	20~35
普通早熟禾	20~30	两耳草	30~35
早熟禾	20~30	双穗雀稗	20~35
野牛草	20~25	百喜草(阔叶品种)	20~35
小糠草	20~30	结缕草	20~35
匍茎翦股颖	15~30	中华结缕草	20~35
细弱翦股颖	15~30	细叶结缕草	20~35

②播种量。草坪种子的播种量(Seeding Rate)取决于种子质量、混合组成和土壤状况以及工程的要求。表3.12所列为生产上常用播种量。特殊情况下,为了加快成坪速度可加大播种量。

表3.12　几种常见草坪草种参考单播量

(引自《草坪建植技术》,陈志明,2001)　　单位:g/m²

草　种	正常量	加大量
普通狗牙根(不去壳)	4~6	8~10
普通狗牙根(去壳)	3~5	7~8
中华结缕草	5~7	8~10
草地早熟禾	6~8	10~13
普通早熟禾	6~8	10~13

续表

草　种	正常量	加大量
紫羊茅	15～20	25～30
多年生黑麦草	30～35	40～45
高羊茅	30～35	40～50
翦股颖	4～6	8
一年生黑麦草	25～30	30～40

混播组合的播种量计算方法：当两种草混播时选择较高的播种量，再根据混播的比例计算出每种草的用量。例如若配制90%高羊茅和10%草地早熟禾混播组合，混播种量40 g/m^2。首先计算高羊茅的用量 40 $g/m^2 \times 90\% = 36$ g/m^2；然后计算草地早熟禾的用量40 $g/m^2 \times 10\% = 4$ g/m^2。

③播种方法。播种有人工撒播（图3.22）和机械播种（图3.23）两种方法。其中以人工撒播为多，要求工人播种技术较高，否则很难达到播种均匀一致的要求。人工撒播的优点是灵活，尤其是在有乔灌木等障碍物的位置、坡地及狭长的小面积建植地上适用；缺点是播种不易均一，用种量不易控制，有时造成种子浪费。

图3.22　人工撒播

图3.23　机械播种

当草坪建植面积较大时，尤其是运动场草坪的建植，适宜用机械播种。常用播种机有旋转式播种机和自落式播种机，一机多用，也可用于施肥。其最大特点是容易控制播种量、使播种均匀，不足之处是不够灵活，小面积播种不适用。

④播种作业。作业标准：种子均匀分布在坪床中，深度1 cm左右。

作业步骤（图3.24）：

a. 把建坪地划分成若干块或条。

b. 把种子也相应地分成若干份。

c. 把每份种子再分成2份，南北方向来回播1次，东西方向来回播1次。

d. 用细齿耙或钢丝（竹丝）扫帚轻捣，使种子浅浅地混入表土层。若覆土，所用细土也要分成相应的若干份撒盖在种子上。

e. 轻轻镇压，使种子与土壤紧密接触。

f. 浇水，必须用雾状喷头，以避免种子冲刷。

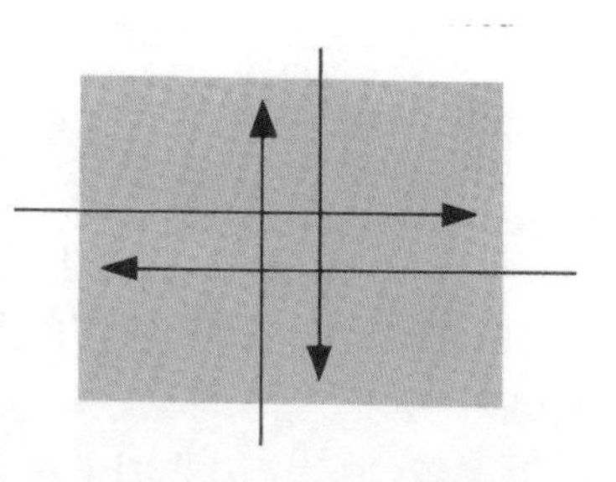

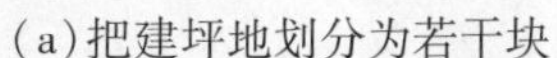

(a)把建坪地划分为若干块　(b)把种子也相应地划分成若干份　(c)种子分东西、南北方向来回播种

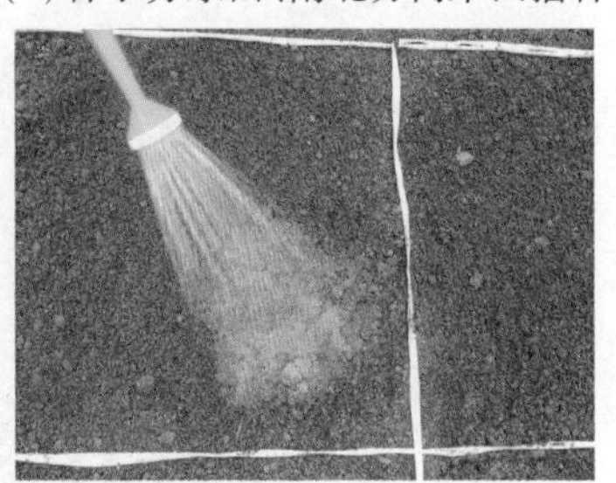

(d)细齿耙轻耙表土以覆盖种子　(e)轻轻镇压　(f)浇水

图3.24　播种步骤图

注意事项：

a.如果种子细小，可先掺细沙或细土，一定要混合均匀后再播（图3.25）。

图3.25　细土混草种

b.如果混播种子的大小不一致，可按种类分开，照上述办法分别进行。

c.草种宜浅播，播种深度1 cm左右。

d.播种后通常都要轻轻镇压，并覆盖。

e.一般播前1～2 d将坪床浇透水一遍，待坪床表面干后用钉耙疏松再播种，以增加底墒，避免播后大量浇水造成冲刷和土壤板结。

⑤覆盖。覆盖（Mulching）是种子播种建坪管理中的一项十分重要的内容。一般，覆盖前浇足水，待坪床不陷脚时再覆盖。但北方习惯在播后覆盖草帘或草袋，覆盖后再浇足水，经常检查土壤墒情，及时补水，以确保种子正常发芽所需的充足水分。南方播后很少覆盖，宜勤浇水，保持坪床呈湿润状态至出苗是关键。

覆盖目的：

a.稳定土壤中的种子，防止暴雨或浇灌的冲刷，避免地表板结和径流，使土壤保持较高的渗透性；

b. 抗风蚀，避免种子被风吹走或吹成一堆使种子分布不均匀；

c. 调节坪床地表温度，夏天防止幼苗暴晒，冬天增加坪床温度，促进发芽；

d. 保持土壤水分，促进生长，提前成坪。覆盖在护坡和反季节播种及北方地区尤为重要。

覆盖材料可用专门生产的地膜、无纺布、遮阳网、草帘、草袋等，也可就地取材，用农作物秸秆、树叶、刨花、锯末等。一般地膜在冬季或秋季温度较低时用，无纺布、遮阳网多用于坡地绿化，既起覆盖作用，又起固定作用。农作物秸秆覆盖后要用竹竿压实或用绳子固定，以免被风吹走。北方多用草帘（图 3.26）、草袋覆盖。

图 3.26　草帘覆盖

何时取出覆盖材料呢？一般早春、晚秋后低温播种时需覆盖，以提高土壤温度。早春覆盖待温度回升后，幼苗分蘖分枝时揭膜。秋冬覆盖，持续低温可不揭膜，若幼苗生长健壮并具有抗寒能力可揭膜。夏季覆盖（如北方地区）主要起降温保水等作用，待幼苗能自养生长时必须及时揭去覆盖物，以免影响光合作用，但不宜过早，以免高温回芽，这是非常关键的技术环节。护坡覆盖主要防冲刷保水，若用无纺布、遮阳网的可不揭，以增加土壤拉力，防止冲刷。若用地膜覆盖也要根据苗情、气温揭膜。

（2）植生带建坪　植生带是用特殊的工艺将种子均匀地撒在两层无纺纤维或其他材料中间而形成的种子带，是一项草坪建植的新技术。主要特点是运输方便，种子密度均匀，简化播种手续，出苗均匀，成坪质量好，便于操作。适宜中小面积草坪建植，尤其是坡地不大的护坡、护堤草坪的建植。

①植生带的材料组成：

a. 材料选择。

• 载体：主要有无纺布、纸载体。选择原则是播种后能在短期内降解，避免对环境造成污染。轻薄，具有良好的物理强度。

• 黏合剂：多采用水溶性胶黏合剂或具有黏性的树脂，起黏住种子和载体的作用。

• 草种：各种草坪草种子均可做成植生带。如草地早熟禾、高羊茅、黑麦草、白三叶等。种子质量是关键，否则做出的植生带无使用价值。

b. 植生带的储运。储运要求包括：库房整洁、卫生、干燥、通风，温度 10 ~ 20 ℃，相对湿度不超过30%，注意防火，预防病虫害和鼠害，运输中防火、防潮、防磨损。

②植生带建植草坪的技术要点。植生带建坪首先也是坪床准备，要求同前。然后是铺设植生带，铺设时要仔细认真，接边、搭头均按植生带的有效部分搭接好，以免漏播。之后是覆土，覆土要细碎、均匀，一般覆土0.5~1 cm，覆土后用辊镇压，使植生带和土壤紧密接触。最后浇水，最好采用雾状喷头浇水，每天浇水2~3次，保持土壤湿润至齐苗。以后的管理同播种建坪，40 d左右即可成坪。

(3)喷播法建坪　在高速公路和铁路建设中，或在露天矿的开采中，常常在路边和开采地形成裸露坡面。这些坡面坡度各异，易受水的冲刷或风蚀，引起水土流失、滑坡等生态问题。一般的草坪建植方法很难奏效，常用喷播法(Hydro-seeding)来建植草坪(图3.27)，实现坡体复绿。那么，什么是喷播法呢?

图3.27　喷播法建坪

喷播法建坪是一种播种法建植草坪的新方法，是以水为载体，将草坪种子、黏合剂、生长素、土壤改良剂、复合肥等成分，通过专用设备喷洒在地表生成草坪，达到绿化效果的一种草坪建植方式。除坡体强制绿化外，喷播法也可用于机场等大型草坪的建植。

①喷播建坪设备。喷播需要喷投设备，主要由机械部分、搅拌部分、喷射部分、料罐部分等组成，此外还要有运输设备。喷头设备一般安装在大型载重汽车上，施工时现场拌料、现场喷播。

②喷播建坪的草浆。

a.草浆要求。草坪喷浆要求无毒、无害、无污染、黏着性强、保水性好、养分丰富。喷到地表能形成耐水膜，反复吸水不失黏性。能显著提高土壤的团粒结构，有效地防止坡面浅层滑坡及径流，使种子幼苗不流失。

b.草浆的原料。草浆一般包括水、黏合剂、纤维、染色剂、草坪种子、复合肥等，有的还加保水剂、松土剂、活性钙等材料。水作为溶剂，把纤维、草籽、肥料、黏合剂等均匀混合在一起。纤维在水和动力作用下形成均匀的悬浮液，喷后能均匀地覆盖地表，具有包裹和固定种子、吸水保湿、提高种子发芽率及防止冲刷的作用。纤维覆盖物都用木材、废弃报纸、纸制品、稻草、麦秸等为原料，经过热磨、干燥等物理的加工方法，加工成絮状纤维。纤维用量平地少、坡地多，一般为60~120 g/m^2。黏合剂以高质量的自然胶、高分子聚合物等配方组成，要求水溶性好，并能形成胶状水混浆液，具有较强的黏合力、持水性和通透性。平地少用或不用，坡地多用；黏土少用，沙土多用。一般用量占纤维量的3%左右。染色剂使水和纤维着色，用以指示界限，一般用绿色，喷后很容易检查是否漏喷。肥料多用复合肥，一般用量为2~3 g/m^2。活性钙用于调节土壤pH值。保水剂一般用量为3~5 g/m^2。湿润地区少用或不用，干旱地区多用。草种一般根据地域、用途和草坪草本身的特性选择草种，采用单播、混播的方式播种。

c.草浆的配制。喷播时，水与纤维覆盖物的质量比一般为30∶1。根据喷播机的容器量计算材料的一次用量，不同的机型一次用量不同，一般先加水至罐的1/4处，开动水泵，使之旋转，再加水，然后依次加入种子→肥料→活性钙→保水剂→纤维覆盖物→黏合剂等。搅拌5~10 min，使浆液均匀混合后才可喷播。

d. 草浆的喷投。喷播时水泵将浆液压入软管,从管头喷出,操作人员要熟练掌握均匀、连续喷到地面的技术,每罐喷完,应及时加进1/4罐的水,并循环空转,防止上一罐的物料依附沉积在管道和泵中。完工后用1/4罐清水将罐、泵、管子清洗干净。

2)营养繁殖法建坪

营养繁殖方法建坪包括铺植法(Sodding)、扦插法(Sprigging)、塞植法(Plugging)、撒茎法等。不论是冷季型草还是暖季型草,都不宜在冬季进行。因为冬季草坪草大部分处于休眠,生长停止,铺植后容易受冻害,风吹干枯,入春后,虽然有一部分仍然萌出新芽,但生长欠佳。最适宜的营养繁殖法建坪时间是春末夏初或秋天。如果需要在夏季进行,则必须增加灌溉次数。

(1)铺植法建坪　铺植法建坪就是把草皮或草毯平铺在已整理好的坪床上的一种草坪建植方法,其铺植材料为草皮块或草毯。

铺植法建坪

①草皮(草毯)的生产。南方普通草皮的生产常用撒茎法,北方草皮的生产常用播种法,具体步骤如下:

a. 北方普通草皮的生产程序如图3.28所示。

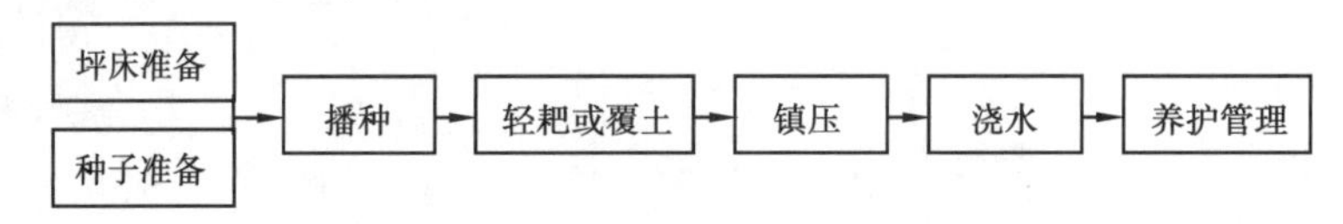

图3.28　北方普通草皮生产程序示意图

坪床准备如前所述,一定要通过仔细耕翻、平整压实,做到土壤细碎、地面平整。在土壤湿润时,疏松表土,用手工撒播或用机械播种。播后用细齿耙轻耙一遍或用钢丝(竹丝)扫帚轻扫一遍,使种子和土壤充分接触,并起覆土作用,也可直接覆土0.5 cm厚左右,之后镇压、浇水。浇水务必使用雾状喷头,以免冲刷种子。经养护管理,温度适宜时,早熟禾一般8~12 d出苗,高羊茅、黑麦草6~8 d出苗。苗期一定要保持土壤湿润,必要时可追施速效氮肥,如尿素。

b. 南方普通草皮的生产程序如图3.29所示。

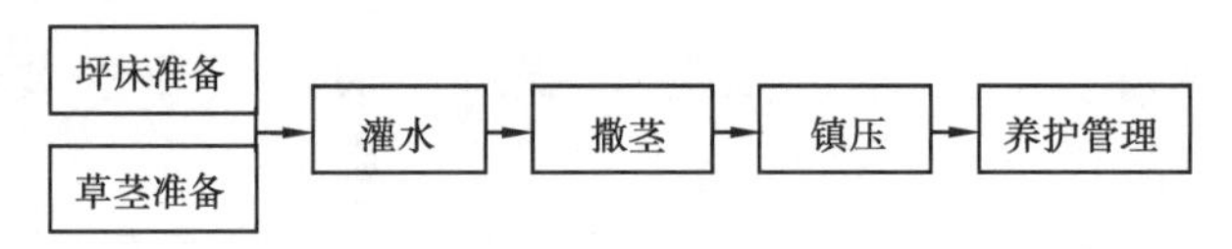

图3.29　南方普通草皮生产程序示意图

南方草皮生产常用撒茎法,坪床准备好之后,先灌水,使土壤呈泥浆状,然后撒茎,边撒边拍(图3.30),使草茎和土壤紧密接触,经养护管理,一般60 d左右可成坪(图3.31)。

图3.30　撒茎法生产草皮

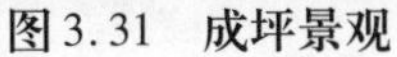
图3.31　成坪景观

图3.32　草圃选址

草圃的选址一定要在平坦开阔的地方，土壤肥沃，阳光充足，便于养护管理，有利于草坪草良好地生长。此外，还要靠近路边，便于交通运输。当然，充足的天然水源既方便灌溉又降低成本（图3.32）。

草皮的铲起，可先用刀片垂直切割草皮（图3.33），再用平底铁锹铲起，也可直接用起草皮机铲坪（图3.34）。草皮的规格各地有所不同，有30 cm×30 cm，也有30 cm×50 cm，或50 cm×100 cm等（图3.35）。草皮装载运至建坪现场后要尽早及时铺植，以免草皮失水降低成活率。

图3.33　垂直切割草皮

图3.34　起草皮
（左图引自《草坪建植技术》，陈志明，2001）

c. 无土草毯的生产程序如图3.36所示。

图3.35　草皮卷

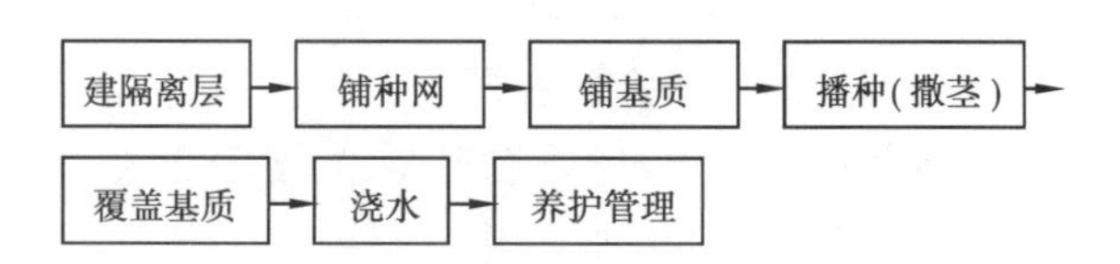

图3.36　无土草毯生产程序示意图

隔离层通常选用砖砌场地或水泥场地或用地膜(图3.37),目的是使草坪根系和土壤隔开,便于起坪。种网(图3.38)可用无纺布、粗孔遮阳网等,目的是使草坪根系缠绕其上防止草坪散落,种网最好选用可降解材料。基质可选用稻壳(图3.39)、锯木屑、椰糠等有机物质,一定要堆沤腐熟,并配以营养剂,基质总厚度1～1.5 cm,不能太厚,否则草毯太重。养护管理的关键是灌溉和施肥,要建立自动喷灌系统,从播种至出苗阶段一定要保持基质呈湿润状态,出苗后适当蹲苗以促根系生长。施肥要坚持“少吃多餐”的原则,严防脱肥脱力和肥多烧苗。一般,40 d左右成坪(图3.40)。

(a)最底层铺砖块

(b)砖上铺塑料薄膜

图3.37　建隔离层

图3.38　铺种网

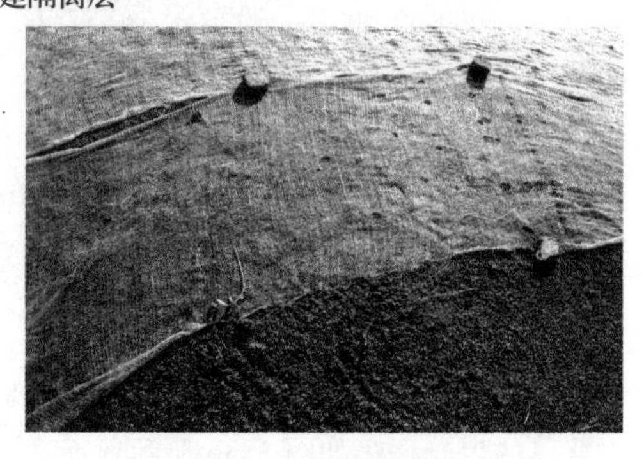

图3.39　铺基质

②草皮(草毯)的铺植。

图3.40 成坪景观

a.草皮(草毯)的铺植程序如图3.41所示。

先准备好坪床,草皮(草毯)运到建坪地后,立即进行铺植。铺植时从边缘开始铺(图3.42),草皮块(草毯)之间保留0.5 cm的间隙,主要是防止草皮块(草毯)在搬运途中干缩,给水浸泡后,边缘出现膨大而凸起。第二行的草皮与第一行要错开,就像砌墙砖一样(图3.43)。弧线边缘用圆头铲或平头铲垂直切齐(图3.44),为了避免人踩在新铺的草皮上塌陷下去形成脚印,可在草皮上放置一块木板,人站在木板上工作。铺植完后要用滚压机进行滚压,之后浇透水;也可浇水后立即用锄头或耙镇压,之后再浇水,把草叶冲洗干净,以利于光合作用(图3.45)。养护管理要点是浇水,及时拔除杂草。

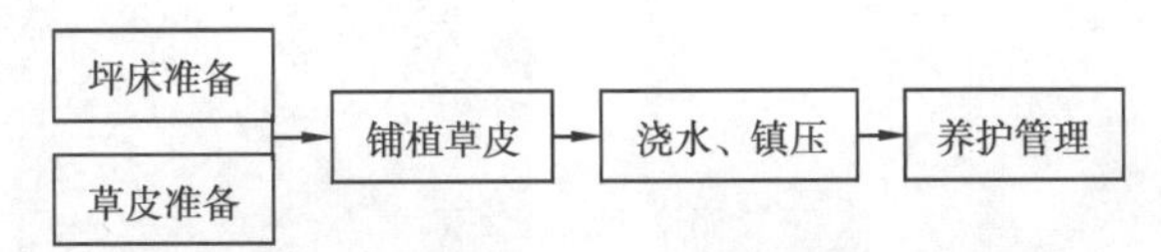

图3.41 草皮(草毯)铺植程序示意图

图3.42 从边缘开始铺植草皮

图3.43 品字形铺植草皮

图3.44 切边示意图

图 3.45　镇压、浇水

b. 技术要领如下：

• 铺植前最好逐块检查草皮（草毯），拔去杂草，弃去破碎的草块。

• 如草皮（草毯）一时不能用完，应一块一块地散开平放在遮阴处，若堆积起来会使叶色变黄，必要时还需浇水（图 3.46）。

• 任何边缘地带都不可以用小块草皮铺植，必须用整块草皮（草毯）（图 3.47）。

图 3.46　草皮散开平放

图 3.47　任何边缘必须用整块草皮

• 铺植后浇水必须浇足、灌透，可边浇水边镇压。

• 一般铺植后 2 ~ 3 d 要再次滚压，进一步促使草皮（草毯）平整。

• 如新铺的草坪中，有坑洼或凸起，应把草皮铲起，削平高处，用细土填平低凹处，再重新把草皮（草毯）铺植好。

小段草根

图 3.48　撒茎法建坪

（引自《草坪建植与养护彩色图说》，王彩云，2002）

（2）撒茎法建坪　撒茎法即利用草坪的匍匐茎作“种子”撒布于坪床上，经覆土、镇压、养护管理形成草坪的一种建坪方法（图 3.48）。凡是具有匍匐茎的草坪草种都可采用撒茎法建植草坪。

①建植程序。撒茎法的建植程序如图 3.49 所示。

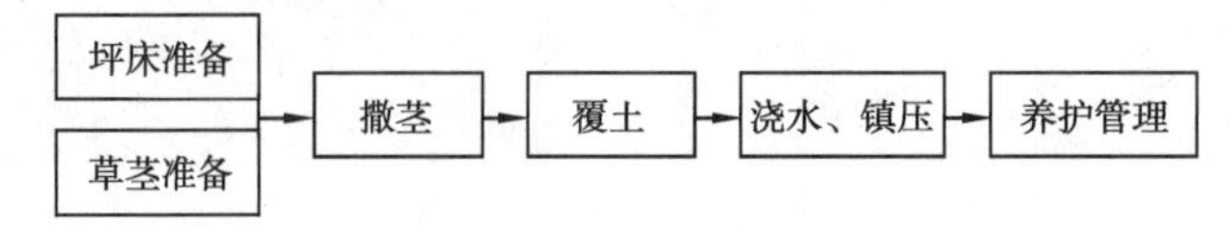

图 3.49　撒茎法建坪程序示意图

②技术要求：

a. 坪床要求精细平整，土壤细碎，深厚肥沃，无低洼积水处。

b. 草茎一定要新鲜，尽量缩短采集到播种之间的时间，以免失水影响成活率。草茎长度以带2～3个茎节为宜，可采用机械切碎或人工撕碎的方式进行加工，以便于播种均匀。

c. 草茎用量为0.5 kg/m^{2}左右，一定要撒播均匀。

d. 覆细土0.5 cm厚左右，使草茎埋入土中或部分埋入土中。

e. 覆土后镇压使草茎和坪床紧密接合。

f. 灌溉最好雾状喷头，喷灌强度小到中雨，保持土壤湿润至发新根长新叶。

g. 养护期注意杂草要及时拔除，必要时施用速效肥料。

(3)塞植法建坪。塞植包括从心土耕作取得的小柱状草皮柱和利用环刀或机械取出的大草皮塞，插入坪床，顶部与表土面平齐(图3.50)。其优点是节省草皮，分布较均匀。此法除可用来建立新草坪外，还可用来将新种引入已形成的草坪之中。

图3.50　塞植法建坪

(引自《草坪建植与养护彩色图说》，王彩云，姚崇怀，2002)

①建植程序。塞植法的建植程序如图3.51所示。

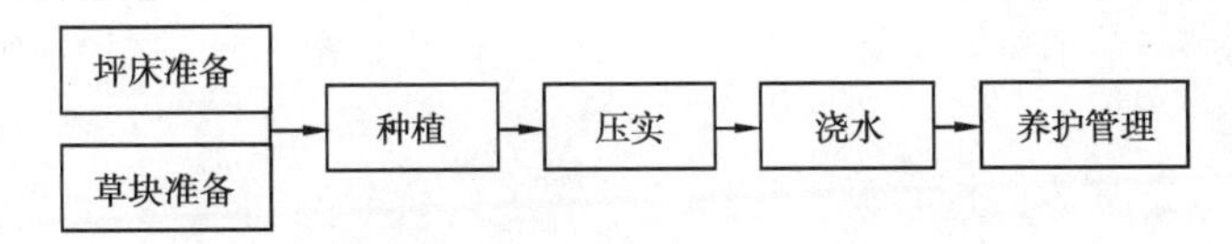

图3.51　塞植法建坪程序示意图

②技术要领：

a. 草皮塞一般为5 cm高的柱状草皮，或长、宽、高各为5 cm的方块草皮塞。

b. 草皮塞之间的间距30～40 cm，顶部要与土表平行。

新铺种的草坪必须加强保护，防止人畜入内践踏。靠近道旁、路口的地方，应适当设置临时性指示牌，减少和防止人为损坏。

(4)扦插法建坪　扦插法建坪就是利用插穗，将其插入土中，经浇水、养护管理形成草坪的一种建坪方法。如南方的大叶油草、蟛蜞菊、蔓花生，北方的百里香等常采用扦插法建坪。

①建植程序。扦插法的建植程序如图3.52所示。

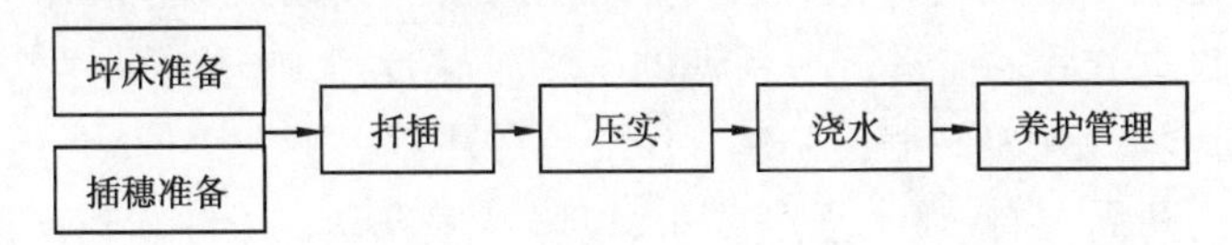

图3.52　扦插法建坪程序示意图

以扦插蟛蜞菊为例。先准备好坪床，剪取插穗(图3.53)，插穗一般长8 cm左右，至少带3个节。扦插时可根据情况，按5 cm×5 cm～10 cm×10 cm的株行距，品字形分布(图3.54)进行扦插，1/3在土外，2/3在土内(图3.55)，一定要压实，之后浇水，经养护管理，一般，1个月可成坪(图3.56)。

图3.53 准备插穗

图3.54 品字形分布插穗

图3.55 扦插蟛蜞菊

图3.56 成坪景观

②技术要领:

a. 插穗要新鲜、健壮,至少带3个节。

b. 扦插后一定要压实,使插穗和土壤接触紧密。

c. 扦插后土壤要保持湿润,避免插穗失水。

d. 及时清除杂草,预防病害。

3.1.5 新坪养护(Turf Management)

1)灌溉

灌溉是管理新建草坪最关键的措施之一。出苗前后浇水的管理特别重要,土壤要保持湿润。出苗前种子吸收水分后才能进行一系列的生理生化反应,使种子萌发。发芽时,若不及时浇水,幼苗就很容易萎蔫死亡。一般,新建草坪浇水要注意以下几个问题:

①播种到出苗的两周左右,喷水强度要小,以雾状喷头为好(自动喷灌或人工喷灌),以免破坏土壤结构,造成土壤板结或地表径流,造成种子流动,出苗不均匀。

②夏天温度较高时,中午不要浇水,因为这样容易造成烧苗,最好在清早或傍晚太阳落山时浇水。

③南方多雨地方不能浇水过多,避免发病。大雨后及时排水。随着幼苗逐渐长大,草坪渐渐成坪,浇水次数可逐渐减少,但每次的浇水量要增大。

2)施肥

在施足基肥的基础上,草坪草出苗后7～10 d,应及时施好分蘖、分枝肥,以速效肥为主,如尿素5 g/m^{2}左右撒施,施后结合喷灌或浇水以提高肥效和防止灼伤。以后的追肥可视苗情而定。追肥施用量宜少不宜多,以“少吃多餐”为原则。

3)杂草控制

清除杂草对于管理新建草坪是很重要的一项作业。坪床准备时,杂草的清除一定要十分彻底,建坪的任何一个环节都要注意杂草的控制。苗期使用除草剂一定要慎重,一般都要等草坪苗比较健壮以后才能使用,施用除草剂时要注意剂量的控制。人工拔除杂草后容易形成一些局部斑块,要尽快用种子或其他方式修补。

4)病虫害防治

新建草坪的病害防治主要需注意:坪床材料的消毒,有机物料一定要充分腐熟后再用,种子、草皮、草茎等建坪材料不能带病原体,苗期防病药剂的使用要注意浓度,特别是含重金属的药物对草坪草幼苗有灼烧作用,需特别注意用量。

新建草坪的虫害一般以蝼蛄居多,在播种之前用辛硫磷撒施效果较好。草坪渐渐成坪后,可用其他药物。一般要根据虫害的种类进行防治。

3.2 基本技能训练(Basic Skills)

实训1 走进草圃(Visit Turf Nursery)

1. 实训目的(Training Objectives)

(1)通过实地参观,了解草圃基本情况,掌握草圃日常栽植养护内容与技术措施。

(2)通过草圃工作人员的介绍,对草圃的选址、生产、经营管理有一定的感性认识。

(3)实地感受草皮的挑选原则和方法。

2. 材料器材(Materials and Instruments)

(1)当地有代表性的草圃1～2个。

(2)相机、记录本、速写本、钢笔、铅笔等。

3. 实训内容(Training Contents)

(1)学习草圃的选址原则。

(2)学习草皮的生产步骤和技术要领。

(3)学习草皮质量标准。

(4)学习草圃生产设施和设备。

(5)学习草圃生产管理一般内容和经营管理一般方法。

(6)走进草圃,感受草圃,关注草圃行业。

4. 实训步骤(Training Steps)

(1)课前准备 阅读课本、准备器材。

(2)现场教学 现场参观、现场讲解、现场记录。如有可能,让学生参与到草圃的生产实践活动中。

(3)课后作业 整理资料、完成报告。

(4)课堂交流 草圃观后心得体会(制作课件)。

5. 实训要求(Training Requirements)

(1)认真听老师和草圃技术人员讲解,细心观察。

(2)认真记录草圃生产种类、面积、规模、销售情况等。

(3)拍照或速写。

(4)参观前仔细阅读教材中有关草皮质量标准和草皮生产等内容。

(5)注意行车安全,最好租用校车,同去同回,中途不得离开集体单独活动,一切行动听指挥。

6. 实训作业(Homework)

完成一份实训报告(观后心得体会),题目自拟,内容包括实训目的、实训时间及地点、草皮的生产方法、技术要求等。

要求:500 字以上,图文并茂,图片不少于 5 幅。

评分:总分(100 分) = 实训报告(50 分) + 参观表现(30 分) + 语言表达(20 分)

7. 教学组织(Teaching Organizing)

(1)指导老师 2 名,其中主导老师 1 人,辅导老师 1 人。

(2)主导老师要求

①全面组织现场教学及考评;

②讲解参观学习的目的及要求;

③草皮生产程序和标准;

④草圃生产管理一般内容;

⑤强调参观安全及学习注意事项;

⑥现场随时回答学生的各种问题。

(3)辅导老师要求

①联系外出用车及参观单位,准备麦克风等外出实训用具;

②协助主导老师进行教学及管理;

③强调学生外出纪律和安全;

④现场随时回答学生的各种问题。

(4)学生分组

4 人 1 组,以组为单位进行各项活动,每人独立完成参观学习及实训报告,以组为单位进行交流。

(5)实训过程

师生实训前各项准备工作→教师现场讲解答疑、学生现场提问记录拍照→资料整理、实训报告→全班课堂交流、教师点评总结

8. 说明

草圃的参观,一定要选择有代表性的草圃,比如规模较大、设施较完善、管理较科学、技术较

先进,在当地有一定知名度等,学生才能感受什么叫现代草业。最好能结合实际生产,让学生动动手,效果将更好。

实训2 参观体育馆草坪喷灌系统(Turf Irrigation System in Gymnasium Survey)

1. 实训目的(Training Objectives)

(1)通过实地参观,了解体育馆草坪喷灌系统的基本装置情况以及使用情况。

(2)通过工作人员示范,了解草坪喷灌的过程以及草坪喷灌的操作要领。

(3)实地感受运动场草坪的景观效果以及草坪的功能要求等。

2. 材料器材(Materials and Instruments)

(1)当地体育馆草坪,如没有也可选择其他运动场草坪。

(2)相机、记录本、速写本、钢笔、铅笔等。

3. 实训内容(Training Contents)

(1)学习草坪喷灌系统基本组成。

(2)学习足球场草坪喷点的设计。

(3)学习运动场草坪喷头工作原理。

(4)学习草坪喷灌的操作方法。

(5)走进体育馆,感受高质量的足球场草坪。

4. 实训步骤(Training Steps)

(1)课前准备　阅读教材相关内容、准备工具。

(2)现场教学　现场参观、现场讲解、现场记录。请体育馆工作人员演示喷灌系统的开启与关闭,学生现场感受其工作过程,讨论其优缺点和改良措施。

(3)课后作业　整理资料、完成报告。

(4)课堂交流　体育馆草坪观后感(制作课件)。

5. 实训要求(Training Requirements)

(1)认真听老师和体育馆技术人员讲解,细心观察。

(2)认真记录体育馆草坪草种类、生长情况等。

(3)拍照或速写。

(4)参观前仔细阅读教材中有关草坪喷灌系统的内容。

(5)注意行车安全,最好租用校车,同去同回,中途不得离开集体单独活动,一切行动听指挥。

6. 实训作业(Homework)

完成一份实训报告(观后感),题目自拟,内容包括实训目的、实训时间及地点、喷灌系统的组成、喷点的设计、喷头的工作原理等。

要求:500 字以上,图文并茂,图片不少于 5 幅。

评分:总分(100 分) = 实训报告(50 分) + 参观表现(30 分) + 语言表达(20 分)

7. **教学组织**(Teaching Organizing)

(1)指导老师2名,其中主导老师1人,辅导老师1人。

(2)主导老师要求

①全面组织现场教学及考评;

②讲解参观学习的目的及要求;

③草坪喷灌系统的基本组成;

④足球场草坪喷点的设计以及喷头工作原理等;

⑤强调参观安全及学习注意事项;

⑥现场随时回答学生的各种问题。

(3)辅导老师要求

①联系外出用车及参观单位,准备麦克风等外出实训用具;

②协助主导老师进行教学及管理;

③强调学生外出纪律和安全;

④现场随时回答学生的各种问题。

(4)学生分组

4人1组,以组为单位进行各项活动,每人独立完成参观学习及实训报告,以组为单位进行交流。

(5)实训过程

师生实训前各项准备工作→教师现场讲解答疑、学生现场提问记录拍照→资料整理、实训报告→全班课堂交流、教师点评总结

8. **说明**

如当地没有体育馆,也可选择其他运动场草坪,或有草坪喷灌系统的草坪进行实地授课,通过现场教学,让学生对草坪喷灌系统建立起直观的认识,不再抽象、难以想象、难以理解。

实训3　准备建坪场地(Site Preparing)

1. **实训目的**(Training Objectives)

通过对建坪场地的准备,掌握其主要内容、步骤、方法和标准,为建植草坪提供符合设计要求的场地。

2. **材料器材**(Materials and Instruments)

(1)场地　待建试验草坪场地一处,至少200 m^2。

(2)药剂　除草剂(如百草枯、草甘膦等)、杀菌剂(如溴甲烷、氯化苦等)等。

(3)肥料　有机肥(如腐熟的鸡粪、猪粪、豆饼、菜籽饼、花生麸、泥炭、堆肥等)、化肥(如缓效复合肥、磷肥等)。

(4)工具　锄头、铁耙、洋镐、铁锹、木桩、天平、量筒等。

(5)设备　旋耕机、喷雾器等。

3. 实训内容(Training Contents)

(1)学习建坪场地的清理内容、方法及技术要求。

(2)学习建坪场地的土壤改良方法及要求。

(3)学习建坪场地简易排水结构的设计与施工。

(4)学习草坪工程的施工准备、人员组织与现场管理等。

4. 实训步骤(Training Steps)

(1)课前准备　教师提前一周下达实训任务书,学生阅读教材相关内容,事前进行现场勘察,并提出施工方案或计划书,准备好施工材料及所需用具等。

(2)现场实训

①清理场地。按各组计划,用洋镐、铁锹、锄头等工具将场地中的石块、砖块、塑料袋等垃圾、异物清除出场地,并用药剂对场地中的杂草及病虫害进行防除。

②翻耕土壤。深翻土壤,至少 30 cm 以上。可用锄头或旋耕机进行,要求南北向、东西向各进行一次,并用锄头、洋镐、耙子等工具打碎土壤中直径大于 2 cm 的土块,使土壤颗粒均匀。

③安装排水系统。将设计好的排水系统按要求安装好。比如沙槽排水(图 3.57),盲沟排水(图 3.58)。

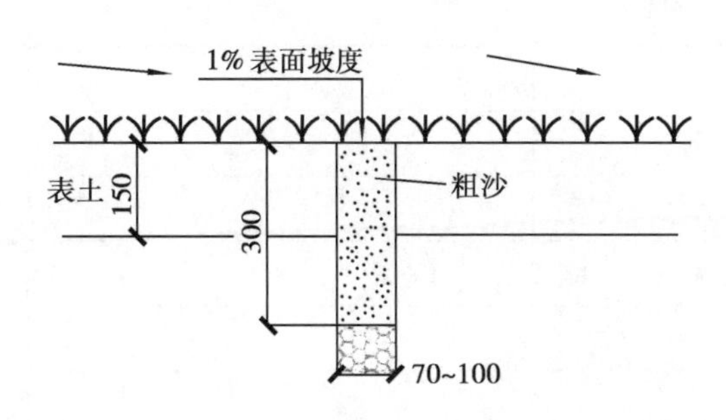

图 3.57　沙沟排水结构示意图

(引自《运动场草坪》,韩列保,2004)

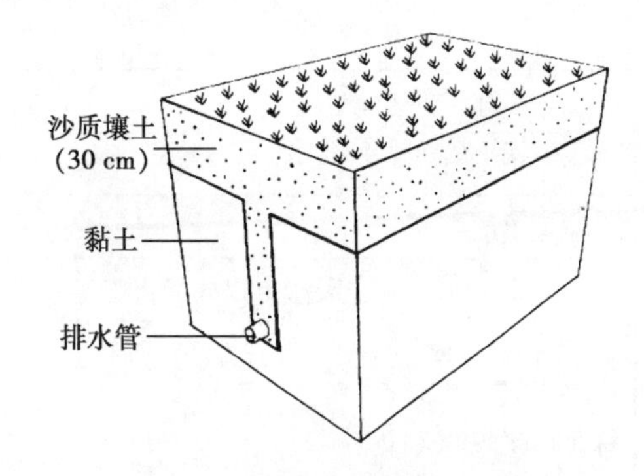

图 3.58　盲沟排水结构示意图

(引自《运动场草坪》,韩列保,2004)

④改良土壤。按各组方案,用有机肥、无机肥或土壤改良剂改良土壤,并用杀菌剂对土壤进行消毒。如需改善土壤质地的,还需用客土法部分或全部改善土壤质地(图 3.59、图 3.60),达到砂壤土要求。

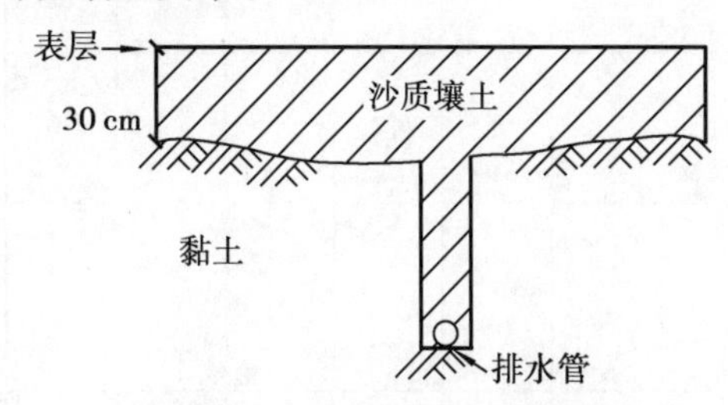

图 3.59　黏土部分改良示意图

(引自《运动场草坪》,韩列保,2004)

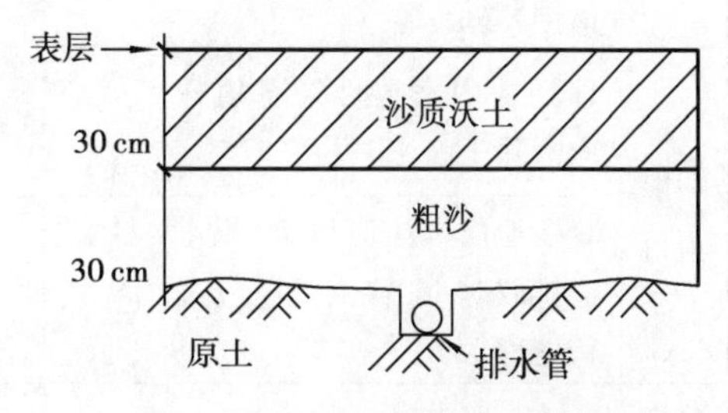

图 3.60　黏土全部改良示意图

(引自《运动场草坪》,韩列保,2004)

⑤平整坪床。用耙子轻耙场地,使中间高四周低,坡度 2% 左右,场地光滑平整、无低洼处。

(3)课后作业　回顾实训过程,完成实训报告。

5. **实训要求**(Training Requirements)

(1)认真听老师讲解实训内容和要求,完成场地施工计划书或方案,提前做好各项实训准备工作。

(2)各组合理安排人手,如实记录小组成员分工情况和实训全过程的表现情况,作为实训表现评分依据。

(3)场地准备前后均需拍照对比,记录场地情况,如杂草种类、生长情况、土壤情况,等等,为计划制订提供科学依据。

(4)实训期间严格按操作规程使用各种机具,注意人身安全以及机具安全。

(5)组长和小组成员都应从实训中学会施工现场的组织与管理,避免施工现场一片混乱。

6. **实训作业**(Homework)

(1)完成一份"建坪场地准备计划书(或方案)",内容包括场地现状、可能对建坪的影响、对策(如场地清理的具体内容和要求、土壤改良的具体内容和要求、排水系统的设计与施工,等等)。

(2)完成草坪工程质量验收记录,参见表3.13至表3.15。

表3.13　草坪工程建植场地清理质量验收记录

(以天津市为例)

<table>
<tr><td colspan="2">工程名称</td><td colspan="4"></td><td colspan="2">验收部位</td><td colspan="5"></td></tr>
<tr><td colspan="2">施工单位</td><td colspan="4"></td><td colspan="2">项目负责人</td><td colspan="5"></td></tr>
<tr><td colspan="2">监理单位</td><td colspan="4"></td><td colspan="2">总　监</td><td colspan="5"></td></tr>
<tr><td colspan="13">《天津市园林绿化工程施工质量验收标准》(DB/T 29—81—2010)</td></tr>
<tr><td colspan="2">检查频率</td><td>检查方法</td><td colspan="10">质量情况</td></tr>
<tr><td colspan="2">每500 m^{2}观测3个点</td><td>观察、量测、量测检查</td><td>1</td><td>2</td><td>3</td><td>4</td><td>5</td><td>6</td><td>7</td><td>8</td><td>9</td><td>10</td></tr>
<tr><td rowspan="2">主控项目</td><td colspan="2">1. 清理程度应符合设计要求,满足施工要求</td><td></td><td></td><td></td><td></td><td></td><td></td><td></td><td></td><td></td><td></td></tr>
<tr><td colspan="2">2. 废地基、废弃物、有害物质必须按设计和约定进行清理和处理</td><td></td><td></td><td></td><td></td><td></td><td></td><td></td><td></td><td></td><td></td></tr>
<tr><td rowspan="2">一般项目</td><td colspan="2">1. 场地内宿根性杂草植株应清除干净</td><td></td><td></td><td></td><td></td><td></td><td></td><td></td><td></td><td></td><td></td></tr>
<tr><td colspan="2">2. 场地内坑洼应填垫,积水应排放晾干,软土淤泥应进行处理</td><td></td><td></td><td></td><td></td><td></td><td></td><td></td><td></td><td></td><td></td></tr>
<tr><td>允许偏差项目</td><td colspan="2">清底槽底标 ±2 cm</td><td></td><td></td><td></td><td></td><td></td><td></td><td></td><td></td><td></td><td></td></tr>
</table>

续表

<table>
<tr><td>施工单位检查
结果评定</td><td>项目质量检查员　　　　年　　月　　日</td></tr>
<tr><td>监理(建设)单位
验收结论</td><td>监理工程师(建设单位项目负责人)　　　　年　　月　　日</td></tr>
</table>

表3.14　草坪建植工程地形构筑和栽植土质量验收记录

(以天津市为例)

<table>
<tr><td colspan="2">工程名称</td><td colspan="2"></td><td colspan="2">验收部位</td><td colspan="6"></td></tr>
<tr><td colspan="2">施工单位</td><td colspan="2"></td><td colspan="2">项目负责人</td><td colspan="6"></td></tr>
<tr><td colspan="2">监理单位</td><td colspan="2"></td><td colspan="2">总　监</td><td colspan="6"></td></tr>
<tr><td colspan="12">《天津市园林绿化工程施工质量验收标准》(DB/T 29—81—2010)</td></tr>
<tr><td colspan="2" rowspan="2">项　目</td><td colspan="10">质量情况</td></tr>
<tr><td>1</td><td>2</td><td>3</td><td>4</td><td>5</td><td>6</td><td>7</td><td>8</td><td>9</td><td>10</td></tr>
<tr><td rowspan="7">主控项目</td><td>1. 栽植土壤的理化性质应符合设计要求;当设计无明确要求时,应符合以下规定:</td><td></td><td></td><td></td><td></td><td></td><td></td><td></td><td></td><td></td><td></td></tr>
<tr><td>(1)土壤pH值6.5~8.5</td><td></td><td></td><td></td><td></td><td></td><td></td><td></td><td></td><td></td><td></td></tr>
<tr><td>(2)土壤全盐量≤0.3%(3 g·kg^{1}),或EC值0.35~0.75 ms·cm^{1}</td><td></td><td></td><td></td><td></td><td></td><td></td><td></td><td></td><td></td><td></td></tr>
<tr><td>(3)土壤总孔隙度≥50%,或渗透系数≥$10^{\ 4}$cm/sec(cm·s^{1})</td><td></td><td></td><td></td><td></td><td></td><td></td><td></td><td></td><td></td><td></td></tr>
<tr><td>(4)土壤有机质含量≥1.5%</td><td></td><td></td><td></td><td></td><td></td><td></td><td></td><td></td><td></td><td></td></tr>
<tr><td>(5)土壤块径3~5 cm</td><td></td><td></td><td></td><td></td><td></td><td></td><td></td><td></td><td></td><td></td></tr>
<tr><td>2. 各类植物栽植土有效土层厚度必须符合本标准表5.3.2第2条的规定,严禁在栽植层下有不透水层。</td><td></td><td></td><td></td><td></td><td></td><td></td><td></td><td></td><td></td><td></td></tr>
<tr><td rowspan="2">一般项目</td><td>1. 原土栽植,应对土壤进行深翻细作,翻地深度不应小于30 cm,细作质量应符合下列要求:</td><td></td><td></td><td></td><td></td><td></td><td></td><td></td><td></td><td></td><td></td></tr>
<tr><td>(1)土壤中石块、残根、杂草基本清除,且石砾砾径≤1 cm;石砾含量≤10%</td><td></td><td></td><td></td><td></td><td></td><td></td><td></td><td></td><td></td><td></td></tr>
</table>

续表

<table>
<tr><td colspan="2" rowspan="2">项　目</td><td colspan="10">质量情况</td></tr>
<tr><td>1</td><td>2</td><td>3</td><td>4</td><td>5</td><td>6</td><td>7</td><td>8</td><td>9</td><td>10</td></tr>
<tr><td rowspan="2">一般项目</td><td>(2)土壤疏松不板结、土块易打碎、土壤紧实度适宜,渗透性能良好</td><td></td><td></td><td></td><td></td><td></td><td></td><td></td><td></td><td></td><td></td></tr>
<tr><td>2. 回填土的最后可松性系数(K'_p 值)应>1.1,回填土应分层轻度压实,自然沉降应达到基本稳定,地形及其相对标高应符合设计要求,地形边界和等高线位置允许偏差符合表 5.3.2 第 1 条的要求;地形相对标高允许偏差应符合表 5.3.2第 4 条的要求。</td><td></td><td></td><td></td><td></td><td></td><td></td><td></td><td></td><td></td><td></td></tr>
<tr><td colspan="2">检验方法</td><td colspan="10">应按本标准表 5.3.2 的检验方法检验。栽植土检测取样频率:客土按每 500 m^3 抽样检测 1 次,不足 500 m^3 的按 500 m^3 计;原土按每 5 000 m^2 取样抽测一次,面积 ≤5 000 m^2 按 5 000 m^2 计;每次随机取样 5 处,每处 100 克,经混合组成一组试样。</td></tr>
<tr><td colspan="2">施工单位检查结果评定</td><td colspan="10">项目质量检查员　　　　年　　月　　日</td></tr>
<tr><td colspan="2">监理(建设)单位验收结论</td><td colspan="10">监理工程师(建设单位项目负责人)　　　　年　　月　　日</td></tr>
</table>

表 3.15　草坪工程栽植土改良和表层整理质量验收记录

(以天津市为例)

<table>
<tr><td colspan="2">工程名称</td><td colspan="4"></td><td colspan="2">验收部位</td><td colspan="4"></td></tr>
<tr><td colspan="2">施工单位</td><td colspan="4"></td><td colspan="2">项目负责人</td><td colspan="4"></td></tr>
<tr><td colspan="2">监理单位</td><td colspan="4"></td><td colspan="2">总　监</td><td colspan="4"></td></tr>
<tr><td colspan="2" rowspan="2">《天津市园林绿化工程施工质量验收标准》(DB/T 29—81—2010)</td><td colspan="10">质量情况</td></tr>
<tr><td>1</td><td>2</td><td>3</td><td>4</td><td>5</td><td>6</td><td>7</td><td>8</td><td>9</td><td>10</td></tr>
<tr><td rowspan="2">主控项目</td><td>1. 用于土壤理化性状改良材料和商品肥料必须有产品合格证明,或已经试验证明符合要求。</td><td></td><td></td><td></td><td></td><td></td><td></td><td></td><td></td><td></td><td></td></tr>
<tr><td>2. 栽植土表层不得有明显低洼和积水处。花坛、花境栽植处 30 cm 左右的表层土必须疏松。</td><td></td><td></td><td></td><td></td><td></td><td></td><td></td><td></td><td></td><td></td></tr>
</table>

续表

《天津市园林绿化工程施工质量验收标准》(DB/T 29—81—2010)		质量情况									
		1	2	3	4	5	6	7	8	9	10
一般项目	1.改良材料掺拌均匀,单位面积内掺拌量偏差符合本标准表5.3.2第5条的要求;栽植土表层土块要打碎,粒径应符合本标准表5.3.2第3条的要求;表层整洁,所含石砾、杂草等杂物不应超过10%。										
	2.栽植土表层与道路挡土墙或缘石、侧石的接壤处,栽植土应略低于其顶面3~5 cm,栽植土的边线应基本平直。										
	3.栽植土表层整理后应自然顺畅,平整度允许偏差符合本标准表5.3.2第5条的要求。										
检验方法	应按本标准表5.3.2的检验方法检验。										
施工单位检查结果评定	项目质量检查员 年 月 日										
监理(建设)单位验收结论	监理工程师(建设单位项目负责人) 年 月 日										

附《天津市园林绿化工程施工质量验收标准》(DB/T 29—81—2010)

表5.3.2 栽植土工程的尺寸要求、允许偏差和检验方法

项次	项目		尺寸要求(cm)	允许偏差(cm)	检验方法
1	地形	边界(基面)线范围	设计要求	±5%	测量、量测
		等高(深)线位置	设计要求	±3%	
2	有效土层厚度	大、中乔木	≥150	-8	挖样洞,观察或尺量检查
		小乔木和大、中灌木、大藤本	≥90	-5	
		小灌木、宿根花卉、小藤本	≥50	-3	
		草坪、草花、草本地被	≥30	-2	
3	栽植土块块径	大、中乔木	≤8		观察或尺量检查
		小乔木和大中灌木、大藤本、竹类	≤5		
		竹类、小灌木、宿根花卉、小藤本	≤4		
		草坪、草花、地被	≤2		

续表

项次	项目			尺寸要求(cm)	允许偏差(cm)	检验方法
4	地形相对标高	全高	≤100 cm	—	±3	用水准仪测量或尺量检查
			101～200 cm	—	±6	
			201～300 cm	—	±9	
			301～400 cm	—	±12	
			401～500 cm		±15	
5	栽植土改良和表层整理	改良材料掺拌	设计或约定要求	平均值	±15%	观察、量测(按面积的10%抽样检查)
		平整度	—	—	±5	

要求:1 000 字以上,最好能图文并茂。

评分:总分(100 分) = 实训报告(30 分) + 实训表现(40 分) + 实训成果(30 分)

7. 教学组织(Teaching Organizing)

(1)指导老师 2 名,其中主导老师 1 人,辅导老师 1 人。

(2)主导老师要求

①全面组织现场教学及考评;

②讲解实训目的、内容及要求;

③修改场地准备计划书;

④现场随时回答学生的各种问题。

(3)辅导老师要求

①协助同学准备锄头、旋耕机、喷雾器等实训用具;

②协助主导老师进行教学及管理;

③示范实训机具操作规程,强调学生实训安全;

④现场随时回答学生的各种问题。

(4)学生分组

4 人 1 组,以组为单位进行各项活动,完成场地准备计划书。

(5)实训过程

师生实训前的各项准备工作,包括任务的下达与讲解、场地的勘察、计划书的编写与修改等→教师现场示范、讲解、答疑,学生分组施工、记录→集体评分、教师总结。

8. 说明

场地准备实训可以同后面的草坪建植与养护实训合在一起进行,期间同学们自己管养,最后集体评分,即在“自留地”里进行草坪质量评价实训。整个过程结束之后,再组织正式的课堂交流与答辩,进一步锤炼同学们的演讲能力以及随机应变能力。

实训4 种子直播法建坪(Turf Establishment by Seeding)

1. 实训目的(Training Objectives)

熟悉种子直播法建坪的方法和原理,掌握用种子直播法建坪的程序和标准。

2. 材料器材(Materials and Instruments)

(1)场地 上次实训已准备好的试验草坪场地。

(2)草种 不同种类的草坪草种子,以便学生选用。如草地早熟禾、高羊茅、狗牙根等,学生可根据设计要求,采用单播或混播等方式建坪。

(3)工具 锄头、铁耙、钢丝(竹丝)扫帚、塑料绳、草帘、滚筒、喷雾喷头、天平、卷尺等。

3. 实训内容(Training Contents)

(1)学习种子直播法建坪的步骤及技术要求。

(2)学习苗期的养护管理和技术要领。

(3)学习草坪施工的准备与现场管理。

4. 实训步骤(Training Steps)

(1)课前准备 教师提前一周下达实训任务书,学生阅读教材相关内容,根据各自爱好,假定要建植的草坪类型(如运动场草坪、观赏草坪、游憩草坪等),选择草种,完成建坪方案,准备好相关材料及用具。如有必要,场地可提前一天浇水,以便在土壤湿润的状态下进行播种。

(2)现场实训

①精整场地。用五齿耙按东西、南北向由四周向中心耙耧场地,达到中间高四周低,平整而细实的要求。

②播种。用塑料绳将场地分块,按分块面积和播种量称种,分块撒播。要求每块的种子分成4份,南北、东西方向来回撒播一次,力争均匀一致。

③盖籽。播完后用五齿耙顺一个方向轻轻翻动表土,或用钢丝(竹丝)扫帚轻扫一遍,或薄薄覆一层细土,使种子在地下0.5 cm处左右。

④镇压。用滚筒(重60 kg左右)或锄头镇压一遍,使种子与土壤接触紧密。

⑤浇水。第一次要浇足水,以后每天视天气情况浇水1 ~2 次,保持土表呈湿润状至齐苗。

⑥覆盖。待第一次浇水后,表土发白时,用草帘或草袋覆盖,也可浇水前覆盖。

⑦苗期养护。播种后,学生自行安排养护计划,直至成坪。内容主要包括浇水、除杂草、防病虫、施肥等,此项内容要写入建坪方案中。

(3)课后作业 从播种至成坪全程记录工作日志,包括每天的工作内容、草坪草生长发育情况、出现的问题与对策,等等。

(4)课堂交流 结合场地准备、质量评价等实训,课堂交流心得体会。需制作ppt.文件,非常正式地汇报,并回答同学提问。

5. 实训要求(Training Requirements)

①认真听老师讲解实训内容和要求,完成播种建坪方案,提前做好各项实训准备工作。

②各组合理安排人手,如实记录小组成员分工情况和实训全过程的表现情况,作为实训表现评分依据。

③从播种开始，全程记录每天的工作内容及植物生长情况，工作日志是评分的重要依据，必须如实填写。

④实训期间严格按操作规程使用各种机具，注意人身安全以及机具安全。

⑤组长和小组成员都应从实训中学会施工现场的组织与管理，保证施工现场一切工作有条不紊地进行。

6. 实训作业(Homework)

完成一份“播种建坪方案”，内容包括场地细整理、所选草种的种类及依据、具体播种步骤及要求、播后的养护管理等。此外，每天的工作日志，必须用本子记录，不可以是单页纸。

要求：1 000 字以上，最好能图文并茂。

评分：总分(100 分) = 实训报告(30 分) + 实训表现(20 分) + 实训成果(30 分) + 汇报与答问(20 分)

7. 教学组织(Teaching Organizing)

(1)指导老师 2 名，其中主导老师 1 人，辅导老师 1 人。

(2)主导老师要求

①全面组织现场教学及考评；

②讲解实训目的、内容及要求；

③修改播种建坪方案；

④现场随时回答学生的各种问题。

(3)辅导老师要求

①协助同学准备锄头、天平等实训用具；

②协助主导老师进行教学及管理；

③示范有关实训操作规程，强调学生实训安全；

④现场随时回答学生的各种问题。

(4)学生分组

4 人 1 组，以组为单位进行各项活动，完成场地准备计划书。

(5)实训过程

师生实训前的各项准备工作→教师现场讲解答疑、学生现场施工记录拍照→播后养护管理、填写工作日志→资料整理、实训报告→全班课堂交流、教师点评总结

8. 说明

建坪与养护实训同场地准备、质量评价等实训其实是一体的，教师可根据情况，合理安排。结合当地实际情况，有针对性地对学生的相关技能进行培训。实训过程中，可以结合企业施工的特点，有意识地强化学生对整个施工过程的组织和管理意识，尽可能地使实训做到“真刀真枪”。如条件许可，在企业的施工现场进行更好。

实训 5　密铺法建坪(Turf Establishment by Sodding)

1. 实训目的(Training Objectives)

了解营养繁殖建坪的原理，熟悉草皮块铺植法建坪的方法和程序，掌握密铺法建坪技术。

2. **材料器材**(Materials and Instruments)

(1)场地　前面实训已准备好的试验草坪场地。

(2)草皮块　根据当地实际情况而定,如结缕草、羊茅等。

(3)工具　锄头、铁耙、铁锹、圆头铲、平底铲、木板、滚筒、喷雾喷头、塑料绳等。

3. **实训内容**(Training Contents)

(1)学习密铺法建坪的步骤及技术要求。

(2)学习新草坪的养护管理和技术要领。

(3)学习草皮块的选购标准与方法。

(4)学习草坪施工的准备与现场管理。

4. **实训步骤**(Training Steps)

(1)课前准备　教师提前一周下达实训任务书,学生阅读教材相关内容,根据各组设计,选择草种,完成建坪方案,购买草皮,准备好相关用具。如有必要,场地可提前一天浇水,以便在土壤湿润的状态下进行铺植。

(2)现场实训

①精整场地。用五齿耙按东西、南北向由四周向中心耙耧场地,达到中间高四周低,平整而细实的要求。

②铺植草皮。铺植前,先拔去草皮块上的杂草,破碎的草皮块放到一边。然后,从场地边缘开始铺植草皮,草皮块之间留1 cm左右的间隙,草皮块之间呈品字形分布。所有边缘必须用完整的草皮块。一时不能用完的草皮块要摊开平放到阴凉处。

③镇压。用滚筒(重60 kg左右)或锄头镇压一遍,使草皮与土壤接触紧密。一般两三天之后还要进行滚压(镇压),直至平整。如果场地凹凸不平严重,则要把草皮揭开,加细土或铲走多余的土壤,再把草皮块重新铺植回去。

④浇水。第一次要浇足水,以后每天视天气情况浇水1~2次,保持土表湿润至草皮成活。

⑤新草坪养护。铺植后,学生自行安排养护计划,直至成坪。内容主要包括浇水、除杂草、防病虫、施肥等,此项内容要写入铺植建坪方案中。

(3)课后作业　从草皮铺植至成坪全程记录工作日志,包括每天的工作内容、草坪草生长发育情况、出现的问题与对策,等等。

(4)课堂交流　结合场地准备、质量评价等实训,课堂交流心得体会。需制作ppt.文件,非常正式地汇报,并回答同学提问。

5. **实训要求**(Training Requirements)

(1)认真听老师讲解实训内容和要求,完成密铺法建坪方案,提前做好各项实训准备工作。

(2)各组合理安排人手,如实记录小组成员分工情况和实训全过程的表现情况,作为实训表现评分依据。

(3)从铺植开始,全程记录每天的工作内容及植物生长情况,工作日志是评分的重要依据,必须如实填写。

(4)实训期间严格按操作规程使用各种机具,注意人身安全以及机具安全。

(5)组长和小组成员都应从实训中学会施工现场的组织与管理,保证施工现场一切工作有条不紊地进行。

6. **实训作业**(Homework)

完成一份“密铺法建坪方案”,内容包括场地细整理、具体铺植步骤及要求、后期的养护管理,等等。填写苗木进场清单(表3.16)和草坪建植材料质量验收记录(表3.17)。此外,每天的工作日志,必须用专门的本子记录,不可以是单页纸。过程质量控制记录可参见表3.18,草坪建植质量验收可参见表3.19。

表3.16 草坪建植工程苗木进场清单

(以天津市为例)

工程名称			施工单位		
进场日期			使用部位		
序号	品　种	规　格	数　量	产　地	备　注
施工单位项目质量检查员: 年　月　日			监理工程师(建设单位项目负责人): 年　月　日		

表3.17　草坪建植材料质量验收记录

（以天津市为例）

<table>
<tr><td colspan="2">工程名称</td><td colspan="3"></td><td colspan="4">验收部位</td><td colspan="6"></td></tr>
<tr><td colspan="2">施工单位</td><td colspan="3"></td><td colspan="4">项目负责人</td><td colspan="6"></td></tr>
<tr><td colspan="2">监理单位</td><td colspan="3"></td><td colspan="4">总　监</td><td colspan="6"></td></tr>
<tr><td colspan="15">《天津市园林绿化工程施工质量验收标准》（DB/T 29—81—2010）</td></tr>
<tr><td rowspan="5">主控项目</td><td colspan="4" rowspan="2">质量验收要求</td><td colspan="10">质量情况</td></tr>
<tr><td>1</td><td>2</td><td>3</td><td>4</td><td>5</td><td>6</td><td>7</td><td>8</td><td>9</td><td>10</td></tr>
<tr><td colspan="4">1. 严禁使用带有严重病虫害的植物材料，发现有害性杂草随绿化植物材料侵入绿地时，应立即清除。</td><td></td><td></td><td></td><td></td><td></td><td></td><td></td><td></td><td></td><td></td></tr>
<tr><td colspan="4">2. 植物材料种类、品种规格的选择必须符合设计要求，备苗数量应留有余地。</td><td></td><td></td><td></td><td></td><td></td><td></td><td></td><td></td><td></td><td></td></tr>
<tr><td colspan="4">3. 规模大、栽植数量和种类多的绿化工程必须就地设假植区囤苗、缓苗。</td><td></td><td></td><td></td><td></td><td></td><td></td><td></td><td></td><td></td><td></td></tr>
<tr><td rowspan="2">一般项目</td><td>项目</td><td>等级</td><td>质量要求</td><td>检验方法</td><td colspan="10">实测值（cm）</td></tr>
<tr><td>草块
草卷
草束</td><td>合格</td><td>草卷、草块长宽尺寸基本一致，厚度均匀，杂草不超过5%，草高适度，根系好，草芯鲜活，基本无病虫害</td><td>检查数量：按面积抽查10%，3 m² 为一点，不少于5点。
≤30 m² 应全数检查。
检查方法：观察。</td><td></td><td></td><td></td><td></td><td></td><td></td><td></td><td></td><td></td><td></td></tr>
<tr><td colspan="3">施工单位检查结果评定</td><td colspan="12">

项目质量检查员　　　　年　　月　　日</td></tr>
<tr><td colspan="3">监理（建设）单位验收结论</td><td colspan="12">

监理工程师（建设单位项目负责人）　　　　年　　月　　日</td></tr>
</table>

表 3.18 天津市园林建设工程栽植工程养护质量验收记录

（以天津市为例）

工程名称						验收部位					
施工单位						项目负责人					
监理单位						总　监					
《天津市园林绿化工程质量检查评定和验收标准》（DB 29—81—2004）		质量情况									
		1	2	3	4	5	6	7	8	9	10
主控项目	1. 浇灌用水应采用自来水，不具备自来水浇灌条件时，浇灌水质矿化度应 <2.5 g/L，pH 值应 ≤ 8，水质中有害离子的含量不得超过树木生长要求的临界值。										
	2. 主要病虫害防治措施和方法得当，突发性病虫害能得到有效控制。										
	3. 中耕松土及时，不得出现草荒。										
一般项目	1. 清理场地枯枝、落叶、杂草、杂物，保持场地清洁。										
	2. 花坛、花境花卉生长应健壮，花型、花色较纯正，花期应满足观赏要求，符合标准要求。										
检查方法	巡视、观察、测试、测量。每周进行一次养管工作检查总结。										
施工单位检查结果评定	项目质量检查员　　年　　月　　日										
监理（建设）单位验收结论	监理工程师（建设单位项目负责人）　　年　　月　　日										

表3.19 观赏型、运动型草坪建植质量验收记录

（以天津市为例）

工程名称		验收部位	
施工单位		项目负责人	
监理单位		总　监	

	《天津市园林绿化工程施工质量验收标准》（DB/T 29—81—2010）	质量情况 1	2	3	4	5	6	7	8	9	10
主控项目	1. 草坪栽植土质量要求										
	pH值 | 全盐含量/% | 有机质/% | 容重/(g·cm^{-3}) | 总孔隙度/% | 石砾粒径/cm | 石砾含量/%										
	<8 | <0.3 | ≥2.0 | ≤1.30 | ≥50 | <1 | ≤102										
	2. 采用草种品种及其搭配应符合设计要求，建植技术和工艺应符合《天津市草坪建植与养护管理技术规程》（DB 29—37—2002）的规定。 3. 成坪后覆盖度均匀，无明显裸露斑块，基本无杂草和病虫害症状。 4. 成坪后覆盖度应达到95%以上，且单块裸露面积应小于25 cm^2。 5. 运动型草坪坪床结构和表层基质的搭配及排灌设施系统应符合设计要求。 6. 运动型草坪基层应夯实，表层基质铺设细致均匀，坪床整体坚实度适宜。										

	项　目	尺寸要求/cm	检查频率 范围/m^2	检查频率 点数	检验方法	允许偏差/cm	实测值/cm 1	2	3	4	5	6	7	8	9	10
一般项目及允许偏差项目	1. 成坪和成坪后养护管理持续正常，无杂草和病虫害危害症状，草坪生长茁壮，草色纯正，质感好，运动型草坪步感好。 2. 修剪合理，草高修剪控制在4.5~6.0 cm。 3. 观赏型、运动型、游憩草坪允许偏差和检验方法															
	坪床相对标高	设计要求	500	3	测量（水准仪）	+20										
	排水坡降	设计要求	500	3	测量（水准仪）	≤0.5%										
	坪床表层土壤粒径	观赏型、运动型、游憩	500	3	观察	≤1.0										
	坪床平整度	设计要求	500	3	测量（水准仪）	≤2										
	建植土层或基质层厚度	设计要求	500	3	挖样洞（或环刀取样）量测	观赏型 ±1										
						运动型 ±1										
	草高修剪控制	4.5~6.0	500	3	观察、检查剪草记录	±1										

续表

施工单位检查结果评定	项目质量检查员　　　　年　　月　　日
监理(建设)单位验收结论	监理工程师(建设单位项目负责人)　　　　年　　月　　日

要求:800 字以上,最好能图文并茂。

评分:总分(100 分) = 实训报告(30 分) + 实训表现(20 分) + 实训成果(30 分) + 汇报与答问(20 分)

7. 教学组织(Teaching Organizing)

(1)指导老师 2 名,其中主导老师 1 人,辅导老师 1 人。

(2)主导老师要求

①全面组织现场教学及考评;

②讲解实训目的、内容及要求;

③修改密铺法建坪方案;

④现场随时回答学生的各种问题。

(3)辅导老师要求

①协助同学准备锄头、耙等实训用具;

②协助主导老师进行教学及管理;

③示范有关实训操作规程,强调学生实训安全;

④现场随时回答学生的各种问题。

(4)学生分组

4 人 1 组,以组为单位进行各项活动,完成场地准备计划书。

(5)实训过程

师生实训前的各项准备工作→教师现场讲解答疑、学生现场施工记录拍照→后期养护管理、填写工作日志→资料整理、实训报告→全班课堂交流、教师点评总结

8. 说明

密铺法可以在除冬季以外的任何季节实现“瞬间成坪”的效果,所以尽管造价稍高,仍在工

程中普遍采用。教师也可结合当地情况,选择其他铺植法(间铺法、条铺法等)对学生进行训练。

实训6 撒茎法建坪(Turf Establishment by Creeping Stem)

1. 实训目的(Training Objectives)

了解草茎建坪的原理,熟悉撒茎法建坪的方法和程序,掌握撒茎法建坪技术。

2. 材料器材(Materials and Instruments)

(1)场地 前面实训已准备好的试验草坪场地。

(2)草茎 根据当地实际情况而定,如假俭草、狗牙根等。

(3)工具 锄头、铁耙、滚筒、喷雾喷头、剪刀、小刀等。

3. 实训内容(Training Contents)

(1)学习撒茎法建坪的步骤及技术要求。

(2)学习新草坪的养护管理和技术要领。

(3)学习草坪施工的准备与现场管理。

4. 实训步骤(Training Steps)

(1)课前准备 教师提前一周下达实训任务书,学生阅读教材相关内容,根据各组设计,选择草种,完成建坪方案,准备好相关用具。如有必要,场地可提前一天浇水,以便在土壤湿润的状态下进行建植。

(2)现场实训

①精整场地。用五齿耙按东西、南北向由四周向中心耙耧场地,达到中间高四周低,平整而细实的要求。

②播草茎。先把草皮块上的土抖干净,用手或刀子、剪刀等工具撕碎、剪碎草皮块,自行制作好草茎。草茎大约5 cm长,带3个以上的节。从场地一边开始播草茎,使草茎薄薄地一层密铺于土壤上。注意草茎一定要播得均匀。

③覆土。在草茎上面薄薄地覆一层细土,使细土全部覆盖草茎。一定不能太厚!

④镇压。用滚筒(重60 kg左右)或锄头镇压一遍,使草茎与土壤接触紧密。如果天气炎热,可以一边制作草茎、一边撒茎、一边覆土,以防草茎失水。

⑤浇水。第一次要浇足水,以后每天视天气情况浇水1~2次,保持土表湿润至草茎发新芽。

⑥新草坪养护。播茎后,学生自行安排养护计划,直至成坪。内容主要包括浇水、除杂草、防病虫、施肥等,此项内容要写入铺植建坪方案中。

(3)课后作业 从撒茎至成坪全程记录工作日志,包括每天的工作内容、草坪草生长发育情况、出现的问题与对策,等等。

(4)课堂交流 结合场地准备、质量评价等实训,课堂交流心得体会。需制作ppt.文件,非常正式地汇报,并回答同学提问。

5. **实训要求**(Training Requirements)

(1)认真听老师讲解实训内容和要求,完成撒茎法建坪方案,提前做好各项实训准备工作。

(2)各组合理安排人手,如实记录小组成员分工情况和实训全过程的表现情况,作为实训表现评分依据。

(3)从撒茎建坪开始,全程记录每天的工作内容及植物生长情况,工作日志是评分的重要依据,必须如实填写。

(4)实训期间严格按操作规程使用各种机具,注意人身安全以及机具安全。

(5)组长和小组成员都应从实训中学会施工现场的组织与管理,保证施工现场一切工作有条不紊地进行。

6. **实训作业**(Homework)

完成一份撒茎法建坪方案,内容包括场地细整理、具体撒茎步骤及要求、后期的养护管理等。此外,每天的工作日志必须用本子记录,不能是单页纸。

要求:800 字以上,最好能图文并茂。

评分:总分(100 分)= 实训报告(30 分)+ 实训表现(20 分)+ 实训成果(30 分)+ 汇报与答问(20 分)

7. **教学组织**(Teaching Organizing)

(1)指导老师 2 名,其中主导老师 1 人,辅导老师 1 人。

(2)主导老师要求

①全面组织现场教学及考评;

②讲解实训目的、内容及要求;

③修改撒茎法建坪方案;

④现场随时回答学生的各种问题。

(3)辅导老师要求

①协助同学准备锄头、耙等实训用具;

②协助主导老师进行教学及管理;

③示范有关实训操作规程,强调学生实训安全;

④现场随时回答学生的各种问题。

(4)学生分组

4 人 1 组,以组为单位进行各项活动,完成场地准备计划书。

(5)实训过程

师生实训前的各项准备工作→教师现场讲解答疑、学生现场施工记录拍照→后期养护管理、填写工作日志→资料整理、实训报告→全班课堂交流、教师点评总结

8. **说明**

与密铺法相比,撒茎法建坪可以节省大量的材料,快速实现成坪效果,所以被普遍采用。但是教师必须提前告知学生,前期管理中杂草入侵非常厉害,要严加防范。

实训7 扦插法建坪(Turf Establishment by Sprigging)

1. 实训目的(Training Objectives)

了解扦插法建坪的原理,掌握扦插法建坪的方法和程序。

2. 材料器材(Materials and Instruments)

(1)场地 前面实训已准备好的试验草坪场地。

(2)插穗 根据当地实际情况而定,如地毯草、蔓花生、蟛蜞菊等。

(3)工具 锄头、铁耙、细棍、喷雾喷头等。

3. 实训内容(Training Contents)

(1)学习扦插法建坪的步骤及技术要求。

(2)学习新草坪的养护管理和技术要领。

(3)学习草坪施工的准备与现场管理。

4. 实训步骤(Training Steps)

(1)课前准备 教师提前一周下达实训任务书,学生阅读教材相关内容,根据各组设计,选择草种,完成建坪方案,准备好相关用具。如有必要,场地可提前一天浇水,以便在土壤湿润的状态下进行建植。

(2)现场实训

①精整场地。用五齿耙按东西、南北向由四周向中心耙耧场地,达到中间高、四周低,平整细实的要求。

②扦插。一般南方的做法是:先剪取插穗,插穗大约5 cm长,带3个以上的节。从场地一边开始扦插,1/3在土外,2/3在土内。根据建坪成本和成坪时间等因素确定株行距。一般视情况可用5 cm×5 cm~10 cm×10 cm的株行距。

北方的一般做法是:先准备插穗,然后开沟,将插穗置于沟内,之后覆土。行距可视情况而定。

③浇水。第一次要浇足水,以后每天视天气情况浇水1~2次,保持土表湿润至插穗发新芽。

④新草坪养护。扦插后,学生自行安排养护计划,直至成坪。内容主要包括浇水、除杂草、防病虫、施肥等,此项内容要写入铺植建坪方案中。

(3)课后作业 从扦插至成坪全程记录工作日志,包括每天的工作内容、草坪草生长发育情况、出现的问题与对策,等等。

(4)课堂交流 结合场地准备、质量评价等实训,课堂交流心得体会。需制作PPT文件,非常正式地汇报,并回答同学提问。

5. 实训要求(Training Requirements)

(1)认真听老师讲解实训内容和要求,完成扦插法建坪方案,提前做好各项实训准备工作。

(2)各组合理安排人手,如实记录小组成员分工情况和实训全过程的表现情况,作为实训表现评分依据。

(3)从扦插建坪开始,全程记录每天的工作内容及植物生长情况,工作日志是评分的重要依据,必须如实填写。

(4)组长和小组成员都应从实训中学会施工现场的组织与管理,保证施工现场一切工作有条不紊地进行。

6. 实训作业(Homework)

完成一份扦插法建坪方案,内容包括场地细整理、具体扦插步骤及要求、后期的养护管理等。此外,每天的工作日志必须用本子记录,不能是单页纸。

要求:800 字以上,最好能图文并茂。

评分:总分(100 分)= 实训报告(30 分)+ 实训表现(20 分)+ 实训成果(30 分)+ 汇报与答问(20 分)

7. 教学组织(Teaching Organizing)

(1)指导老师 2 名,其中主导老师 1 人,辅导老师 1 人。

(2)主导老师要求

①全面组织现场教学及考评;

②讲解实训目的、内容及要求;

③修改扦插法建坪方案;

④现场随时回答学生的各种问题。

(3)辅导老师要求

①协助同学准备锄头、耙等实训用具;

②协助主导老师进行教学及管理;

③示范有关实训操作规程,强调学生实训安全;

④现场随时回答学生的各种问题。

(4)学生分组

4 人 1 组,以组为单位进行各项活动,完成场地准备计划书。

(5)实训过程

师生实训前的各项准备工作→教师现场讲解答疑、学生现场施工记录拍照→后期养护管理、填写工作日志→资料整理、实训报告→全班课堂交流、教师点评总结

8. 说明

扦插法是草坪修补常用的方法,在实践中运用广泛。

复习与思考(Review)

1. 你了解本地草坪施工常用的方法吗? 做一次企业调查,谈谈你的观点和看法,你认为哪种方法最适合本地的气候和土壤条件?

2. 草坪建植前的各项实地勘察、土壤测定等工作常被人忽视,而事实上这项工作非常必要。你同意这种观点吗? 谈谈你的理由。

3. 许多人嘲笑，种草这么容易的事情还有必要学习吗？你是怎么认为的？请你从多方面阐述自己的观点。

4. 结合草坪建植实训，从降低工程成本的角度，谈谈哪些施工环节特别应该注意？

5. 本校准备建足球场草坪，请你建议学校绿化科应选择什么草种，理由是什么。如有可能，请完成一份足球场草坪建植项目书。

6. 有一个工程队在半山坡建坪，没有根据专家意见对土壤进行客土增加土层厚度、多施有机肥。结果一个月以后，草坪出现黄化、生长不良等现象，工程队不得不重新改良土壤后再建坪。请你对此事发表评论，并强调建坪前的土壤准备应注意哪些问题。

单元测验(Test)

1. **名词解释**(4 分，每题 2 分)

(1)种子纯净度

(2)种子生活力

2. **填空题**(10 分，每空 1 分)

(1)草坪建植是利用人工的方法建立起草坪地被的综合技术的总称，简称__________。

(2)一般建坪的程序通常包括建坪场地的调查、__________、__________、种植和新草坪养护 5 个步骤。

(3)杂草清理的作业标准:__________。

(4)草坪固定喷灌系统专用喷头多数为__________喷头，平常与草坪地面平齐，工作时在水压的作用下使喷头伸出草坪进行喷灌，停止喷灌时由于水压的降低又缩回草坪中。

(5)__________是建坪前对土壤进行翻土、松土、碎土等一系列的耕作过程。

(6)__________是用特殊的工艺将种子均匀地撒在两层无纺纤维或其他材料中间而形成的种子带。

(7)生产无土草毯时，施肥要坚持“__________”的原则，严防脱肥脱力和肥多烧苗。

(8)草种的选择首先要考虑当地的__________和__________条件。

3. **判断题**(12 分，每题 1 分)

(1)泥炭既是常用的有机肥，又是常用的土壤改良剂。 (　　)

(2)酸性土壤改良常用石灰，熟石灰效果最好。 (　　)

(3)草茎长度以茎节为准，2 节最好，节省材料。 (　　)

(4)播种后新苗对水分要求高，所以每次浇水的强度要大，浇透。 (　　)

(5)播种和施肥作业最重要的标准之一都是均匀。 (　　)

(6)草坪的再生能力极强，新草坪对游人开放是不会影响其生长的。 (　　)

(7)撒茎法建坪，草茎用量越多越好，这样可以加快成坪速度。 (　　)

(8)铺植草皮时，草皮块(草毯)之间保留 0.5 cm 的间隙，其目的仅仅是节省材料。 (　　)

(9)没有铺完的草皮块，应该叠好堆好，保持施工场地整洁。 (　　)

(10)草圃的选址应偏远，不应靠近路边，因为污染太重，不利草坪草生长。 (　　)

(11)喷播法建坪，染色剂一般用绿色，用以指示界线。 (　　)

(12)边坡绿化可采用喷播法建坪。 (　　)

4. **单项选择题**(20 分,每题 1 分)

(1)建坪场地清理时,对岩石、巨砾清理的技术要求是:在坪床下面________ cm 以内不得有岩石、巨砾,否则将造成水分、养分供给能力的不均匀。

A. 10　　B. 30　　C. 45　　D. 60

(2)建坪场地清理时,在地表________ cm 以内不得有直径大于 2 cm 的块石、石子、砖瓦片等建筑垃圾。

A. 10　　B. 30　　C. 45　　D. 60

(3)暖地型草坪草最适宜的播种时间是________。

A. 春末夏初　　B. 夏末秋初　　C. 秋末冬初　　D. 冬末春初

(4)冷地型草坪草最适宜的播种时间是________。

A. 春末夏初　　B. 夏末秋初　　C. 秋末冬初　　D. 冬末春初

(5)理论上讲,最佳的播种量是 1 cm^2 播________粒种子。

A. 1　　B. 2　　C. 3　　D. 4

(6)一般多数草坪草最适宜的 pH 值范围是________。

A. 4.5 ~ 6.5　　B. 6.5 ~ 7.5　　C. 7.5 ~ 8.5　　D. 8.5 ~ 9.5

(7)南方高尔夫球场的发球盘常选用________。

A. 地毯草　　B. 沟叶结缕草　　C. 杂交狗牙根　　D. 野牛草

(8)草种适宜的播种深度为________ cm 左右。

A. 1　　B. 2　　C. 3　　D. 4

(9)草坪地形水平设计时要考虑________的地表排水坡度,以利排水。

A. 0% ~ 1%　　B. 1% ~ 2%　　C. 2% ~ 3%　　D. 3% ~ 4%

(10)草种的播种时间主要受________的控制,因为无法人为控制。

A. 太阳辐射　　B. 光照强度　　C. 大气湿度　　D. 大气温度

(11)单位时间喷洒在草坪上的水深或喷洒在单位面积上的水量是指________。

A. 喷灌强度　　B. 雾化度　　C. 喷灌均匀度　　D. 喷灌浓度

(12)生产无土草毯的基质总厚度一般在________ cm。

A. 1 ~ 1.5　　B. 2 ~ 2.5　　C. 3 ~ 3.5　　D. 4 ~ 4.5

(13)草坪一般的翻耕深度为________ cm。

A. 15　　B. 30　　C. 45　　D. 60

(14)速效化肥一般浅施,深度 5 ~ 10 cm,用量________ g/m^2 左右。

A. 10　　B. 30　　C. 45　　D. 60

(15)播种后可直接覆土________ cm 厚左右,之后镇压、浇水。

A. 0.5　　B. 1.5　　C. 2.5　　D. 3.5

(16)撒茎法建坪的材料是________。

A. 草茎　　B. 草毯　　C. 草种　　D. 草皮块

(17)喷播法建坪的材料有________。

A. 草茎　　B. 草毯　　C. 草种　　D. 草皮块

(18)植生带法建坪的材料有________。

A. 草茎　　B. 草毯　　C. 草种　　D. 草皮块

(19)南方普通草皮的生产常用________。

A. 撒茎法　　B. 播种法　　C. 塞植法　　D. 扦插法

(20)北方草皮的生产常用________。

A. 撒茎法　　B. 播种法　　C. 塞植法　　D. 扦插法

5. 多项选择题(20分,每题2分)

(1)建坪场地的准备工作主要包括________等内容。

A. 场地清理　　B. 地形整理　　C. 土壤翻耕　　D. 土壤改良

(2)生产无土草毯的基质可选用________等有机物质。

A. 稻壳　　B. 锯木屑　　C. 棕壤　　D. 黑土

(3)建坪场地的实地勘察内容主要包括________。

A. 土壤　　B. 水源　　C. 交通　　D. 植被

(4)铺植法建坪的材料有________。

A. 草茎　　B. 草毯　　C. 草根　　D. 草皮块

(5)草坪喷灌的主要质量指标包括:________。

A. 喷灌强度　　B. 喷灌均匀度　　C. 雾化度　　D. 喷灌浓度

(6)喷灌系统按其主要组成部分的移动特点,可以分为三种基本类型:________喷灌系统。

A. 固定式　　B. 移动式　　C. 半固定式　　D. 自动式

(7)草坪覆盖材料可用:________等。

A. 无纺布　　B. 遮阳网　　C. 草帘　　D. 草袋

(8)建坪时平整土壤的专用设备包括________。

A. 钉齿耙　　B. 重钢垫　　C. 铲子　　D. 板条大耙

(9)草种选择的首要条件包括建坪地的________条件。

A. 气候　　B. 土壤　　C. 经济　　D. 水源

(10)属于营养繁殖法建坪的方法有________。

A. 植生带法　　B. 分株法　　C. 铺植法　　D. 撒茎法

6. 问答题(34分)

(1)写出建坪场地清理的主要内容。(9分)

(2)写出建坪时土壤改良的主要内容。(8分)

(3)讲述播种法建坪的作业步骤和注意事项。(9分)

(4)讲述草皮铺植过程和技术要领。(8分)

参考答案

课后阅读

1. 天津市草坪建植和养护管理技术规程(引自天津市园林管理局网站)

2. 园林绿化工程质量验收规范(引自深圳市城市管理和综合执法局网站)

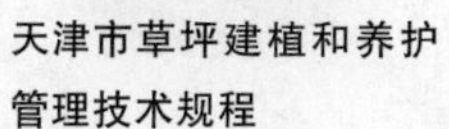
天津市草坪建植和养护管理技术规程

园林绿化工程质量验收规范(深圳)

单元4 草坪养护(Turf Care)

【单元导读】(Guided Reading)

你想知道草坪四季常青的奥秘吗?你想知道草坪图案是怎么做出来的吗?你想了解草坪对肥料和水分的需求吗?每个人都希望自己管养的草坪青翠欲滴,可是似乎总是事与愿违。原因何在呢?学习本单元,你将知道上述问题的答案。

本单元将重点讲述草坪修剪、施肥、灌溉等日常养护管理措施,以及打孔、梳草、表施土壤、滚压、修补等辅助养护管理措施。在附录中,则总结了南北方草坪养护每月应做的工作。同时,扫描本单元最后的二维码可查看北京、深圳的草坪养护管理实例。

【学习目标】(Study Aim)

能独立养护管理草坪。

理论目标:

①掌握草坪修剪、施肥、灌溉等理论知识;

②掌握草坪打孔、梳草、滚压、表施土壤等理论知识;

③熟悉草坪质量评价要素及标准。

技能目标:

①能独立操作剪草机、割灌剪草机、打孔机、梳草机、肥料撒播机等草坪养护机具;

②会施用各种草坪肥料,会配制表施土壤的材料;

③能独立制订草坪养护管理计划;

④能独立进行草坪质量视觉评估。

英国剑桥

(翟迪生摄影)

4.1 基本理论知识(Basic Theories)

草坪一旦建植成功,随之而来的就是日常的养护管理工作。俗话说“三分种,七分养”,想要草坪经常保持青翠欲滴的诱人效果,就必须制订科学合理的管养计划。

一般来讲,普通草坪只要做好了浇水、施肥、修剪等养护工作,就能基本符合草坪质量要求。但是,在某些特殊情况下,如果想达到上乘的草坪质量标准,打孔、梳草、表施土壤等措施就十分有必要了。当然,其间还要通过植保措施防止草坪病虫草害的发生。

4.1.1 草坪日常养护技术(The Essential Turf Care Tasks)

草坪养护管理的内容十分丰富,通常包括草坪的修剪、施肥、灌溉、除杂草和病虫害防治等日常养护管理措施,以及打孔、梳草、表施土壤、滚压、拖耙、切边、修补等辅助养护管理措施。在草坪养护管理实践中,这些措施都必须相互配合、合理使用,才能获得优质草坪。

1)草坪修剪

草坪修剪

草坪养护中,修剪(Mowing)是工作量最大的一项作业。有人会问:草坪一定要修剪吗?不修剪行不行?为什么一定要修剪?回答问题之前,我们不妨设想一下:如果草坪不修剪,草坪草长高后,人们在草坪上的活动会不会受到影响?草坪的坪用功能还能不能保持?从图 4.1 和图4.2中,也许我们能找到答案。

图4.1 修剪的草坪

图4.2 不修剪的草坪

草坪的修剪也叫刈剪、剪草、轧草,它是指定期去掉草坪草枝条的顶端部分,使草坪保持一定高度,是维持优质草坪的最基本、最重要的作业。修剪的目的是使草坪经常保持平整美观,以充分发挥草坪的坪用功能。

(1)草坪修剪的作用　草坪修剪的作用主要包括3个方面:

①获得平整美观的坪面。修剪能使草坪草叶片宽度变窄,提高草坪质地。在草坪草能忍受的修剪范围内,草坪草修剪得越短,草坪越显得平整、均一、美观。

②促进草坪草生长、分枝。适度修剪能促进草坪草的分蘖,有利于匍匐枝的伸长,增大草坪密度,使草坪具有更好的弹性和良好的触感,形成更加致密的草毯。据研究,在一定范围内,修剪次数与枝叶密度成正比。

③控制杂草入侵。一般双子叶杂草的生长点都位于植株顶部,通过修剪,可剪去生长点,从而达到抑制杂草生长的目的。单子叶杂草的生长点虽然剪不掉,但由于修剪后其叶面积减少,可以降低其竞争能力。多次修剪也可防止杂草种子的形成,减少杂草的种源。

但过度修剪会造成草坪的退化,所以草坪必须合理修剪。

(2)草坪修剪原理　据测定,矮生百慕大在生长季节里,草高 4 cm,修剪到 2 cm,经过 3 ~ 4 d的生长就可恢复。20 cm 高的野牛草修剪到 5 cm,两周后就可长回原来的高度。高尔夫球场的草坪草一年间(3 月末—11 月上旬)要修剪 100 ~ 130 次,尽管进行的是低修剪,仍能保持美观的坪面。

草坪为什么能经受如此频繁的修剪而迅速恢复生长呢?原因是草坪草的生长点很低,再生能力极强。草坪草的再生部位主要有 3 个:一是剪去上部叶片的老叶可以继续生长,二是未被伤害的幼叶尚能继续长大,三是基部的分蘖节(根颈)可产生新的枝条。由于根和留茬都具有储藏营养物质的功能,能保障草坪草再生对养分的需求,所以草坪是可以被频繁修剪的。

(3)草坪修剪时间和频率　什么时候该修剪草坪(When to cut)?两次修剪之间该间隔多长时间?这是许多草坪管理者关心的问题。通常情况下,草坪都要求定期修剪。一定时期内草坪修剪的次数就叫修剪频率(Frequency of Cutting),连续两次修剪之间的间隔时间就是修剪周期(Period of Cutting)。显然,修剪频率越高,修剪周期越短,修剪次数越多。

①修剪频率的影响因素。草坪的修剪频率应由草坪草的生长速度及草坪的用途来决定,而草坪草的生长速度取决于草坪草的种类及品种、草坪草的生育时期、草坪的养护管理水平以及环境条件等。

a. 草坪草的生长时期。一般来说,冷季型草坪草有春秋两个生长高峰期,因此在两个高峰期应加强修剪,可 1 周 2 次。但为了使草坪有足够的营养物质越冬,在晚秋,修剪次数应逐渐减少。在夏季,冷季型草坪也有休眠现象,应根据情况减少修剪次数,一般 2 周 1 次即可满足修剪要求。暖季型草坪草一般 4—10 月每周都要修剪 1 次草坪,其他时候则 2 周 1 次。

b. 草坪草的种类及品种。不同类型和品种的草坪草,其生长速度是不同的,修剪频率也自然不同。生长速度越快,修剪频率越高。在冷季型草中,多年生黑麦草、高羊茅等生长量较大;暖季型草中,狗牙根、结缕草等生长速度较快,修剪频率高。

c. 草坪的用途。草坪的用途不同,草坪的养护管理精细程度也不同,修剪频率自然有差异。用于运动场和观赏的草坪,质量要求高,修剪高度低,得到大量施肥和灌溉,养护精细,生长速度比一般养护草坪要快,需经常修剪。如南方高尔夫球场的果岭地带,在生长季需每天修剪,而管理粗放的草坪则可以 1 月修剪 1 ~ 2 次,或根本不用修剪。

②修剪频率的确定因素。究竟如何确定修剪时间呢?在草坪养护管理实践中,通常可根据草坪修剪的 1/3 原则来确定修剪时间和频率。1/3 原则也是确定修剪时间和频率的唯一依据。

a. 1/3 原则。1/3 原则是指每次修剪时,剪掉的部分不能超过草坪草茎叶自然高度(未修剪前的高度)的 1/3(图 4.3)。当草坪草高度大于适宜修剪高度的 1/2 时,应遵照 1/3 原则进行修剪。不能伤害根颈,否则会因地上茎叶生长与地下根系生长不平衡而影响草坪草的正常生长。

如果一次修剪的量多于1/3，由于大量的茎叶被剪去，势必引起养分的严重损失。叶面积的大量减少，会导致草坪草光合能力的急剧下降，仅存的有效碳水化合物被用于新的嫩枝组织生长，大量的根系因没有足够的养分而粗化、浅化、减少，最终导致草坪的衰退。在草坪实践中，把草坪的这种极度去叶现象称为“脱皮”，草坪严重“脱皮”后，将使草坪只留下褐色的残茬和裸露的地面（图4.4）。

图4.3 草坪修剪1/3原则示意图

（引自《草坪养护技术》，赵美琦，2001）

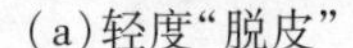
（a）轻度“脱皮”

（b）重度“脱皮”（左侧为未修剪）

图4.4 草坪“脱皮”

频繁的修剪使剪除的顶部远不足1/3时，也会出现许多问题。诸如根系、茎叶的减少，养分储量的降低，真菌及病原体的入侵，不必要的管理费用的增加，等等。所以，每次修剪必须严格遵循1/3原则。

b. 修剪高度。在1/3原则的基础上，修剪频率的确定决定于修剪高度。显然，修剪高度越低，修剪频率越高，修剪次数越多；相反，修剪高度越高，修剪频率越低，修剪次数越少。只有这样，才能符合1/3原则的要求。

例如，某一草坪的修剪高度是1 cm，那么，草长到1.5 cm高时就应修剪。如修剪高度是3 cm，则要草长到4.5 cm高时才需要修剪。假设草坪草每天生长0.25 cm，则前者平均2 d就要修剪1次，而后者大约6 d才修剪1次。显然，前者的修剪频率要高得多。

如果草长得过高，就不应一次将草剪到标准高度，而是应在频率间隔时间内，增加修剪次数，逐渐修剪到要求高度。例如，草高已到6 cm，而要求的修剪高度只有2 cm，那么，根据1/3

原则,不能一次就剪掉 4 cm,达到 2 cm 的标准,而是应先去掉 2 cm,再分若干步,逐步降到 2 cm。

(4)草坪修剪高度　有效的修剪高度(Height of Cutting)是修剪后立即测得的地上茎叶的高度,通常也称为留茬高度。一般草坪草适宜的留茬高度为 3 ~ 4 cm,部分遮阴留茬应更高一些。

草坪留茬高度如何确定才是科学合理的呢?一般修剪高度受草坪草的种类及品种、用途以及环境条件等因素的影响。而每次修剪的留茬高度则需要严格遵守 1/3 原则。

①草坪草的种类及品种。每一种草坪草都有一定的耐修剪高度范围,在这个范围内修剪,可以获得令人满意的效果。不同的草坪草,生长点高度不一样,基部叶片到地面的高度也不一样,故其修剪高度有较大差异。一般叶片越直立,修剪高度越高,如草地早熟禾和高羊茅。匍匐型草坪草的生长点比直立型草坪草低,修剪高度也低,如匍匐翦股颖和狗牙根。常用的几种草坪草最适宜的留茬高度范围如表 4.1 所示。

表 4.1　常见草坪草的参考修剪高度

暖季型草坪草	修剪高度/cm	冷季型草坪草	修剪高度/cm
普通狗牙根	2.1 ~ 3.8	匍匐翦股颖	0.5 ~ 1.3
杂交狗牙根	0.6 ~ 2.5	细弱翦股颖	0.8 ~ 2.0
地毯草	1.5 ~ 5.0	绒毛翦股颖	0.5 ~ 2.0
假俭草	2.5 ~ 7.5	普通早熟禾	3.8 ~ 5.5
中华结缕草	1.3 ~ 5.0	草地早熟禾	3.8 ~ 7.5
沟叶结缕草	1.3 ~ 5.0	多年生黑麦草	3.8 ~ 7.5
细叶结缕草	1.3 ~ 5.0	高羊茅	3.8 ~ 7.6
野牛草	2.5 ~ 7.5	细叶羊茅	3.8 ~ 7.6
雀稗	4.0 ~ 7.5	硬羊茅	2.5 ~ 6.5
钝叶草	5.1 ~ 7.6	紫羊茅	3.5 ~ 6.5

②用途。草坪的用途不同,对其修剪留茬高度的要求也不同。如各种球类运动场草坪,为取得良好的运动性能的草坪表面,通常要求留茬高度较低。高尔夫球场的球穴区为 0.5 cm 左右,足球场一般在 2 ~ 4 cm,游憩草坪可高一些,可达 4 ~ 6 cm,各种设施性草坪的留茬高度通常无严格要求,一般可控制在 8 ~ 13 cm。

③环境条件。当草坪受到不利因素压力时,最好是提高修剪高度,以提高草坪的抗性。在夏季,为了增加草坪草对热和干旱的耐度,冷季型草坪草的留茬高度应适当提高。草坪修剪得越低,草坪根系分布越浅(图 4.5)。当天气变冷时,在生长季早期和晚期还应适当提高暖季型草坪草的修剪高度。如果要恢复昆虫、疾病、交通、践踏及其他原因造成的草坪伤害时,也应提高修剪高度。树下遮阴处草坪也应提高修剪高度,以使草坪更好地适应遮阴条件。此外,休眠状态的草坪,有时也可把草剪到低于忍受的最低高度。在生长季开始之前,应把草剪低,以利枯枝落叶的清除,同时生长季前的低刈还有利于草坪的返青。

(5)草坪修剪机械　自 1830 年爱德华 · 布丁发明第一台剪草机(Mower)以来,剪草机械已有了惊人的发展。当前,用于草坪修剪的不同外观和尺寸的专用机械已达几百种。如何正确选择剪草机械,提高工作效率,降低管养成本,成为很多草坪管理者关心的问题。所以,必须了解不同类型的剪草机以及剪草机的选择原则。

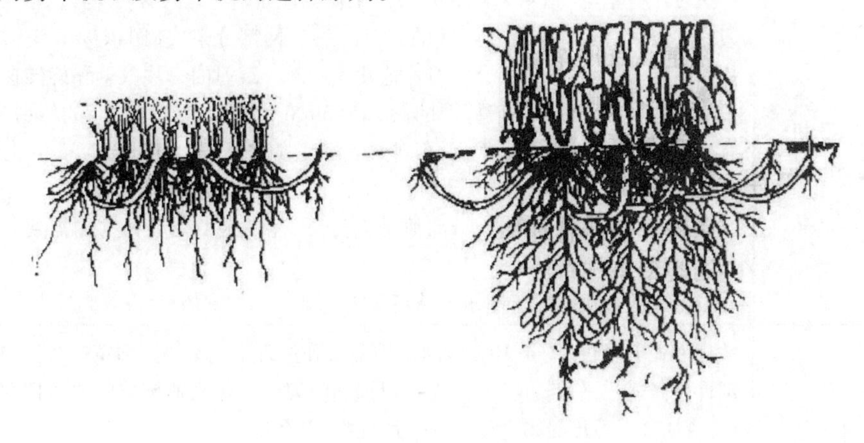

图4.5 修剪高度对草坪根系的影响

(引自《现代草坪管理学》,张志国,2010)

①剪草机的类型。根据动力装置,剪草机有手推(Hand-driven)、电动(Electric-driven)、蓄电池驱动(Battery-driven)和汽油驱动(Petrol-driven)等类型(详见表4.2);根据工作原理和形式,剪草机可分为滚刀式(Cylinder Mower)、旋刀式(Rotary Mower)和割灌剪草机(Brush Cutter)三种基本类型(详见表4.3);此外,还有剪草车(Tractor Mower)和行走式剪草机(Walk-behind Mower)之分,见图4.6。

表4.2 不同动力装置的剪草机

剪草机类别	性能简介
手推式剪草机 (Hand-driven Mower)	刚开始的剪草机都是手推的。对面积很小的私家花园来讲,手推式剪草机没有噪声,不用买汽油,不会出差错,修剪质量好,保养方便。但如果草高又茂盛的时候,修剪起来会比较吃力
电动剪草机 (Electric-driven Mower)	在小面积的私家花园养护中,电动剪草机比汽油剪草机更受欢迎。因为它安静、轻便、便宜、效率高、易保养。但工作范围有限,多为45~60 m,超过此范围,就要考虑汽油剪草机了
蓄电池剪草机 (Battery-driven Mower)	蓄电池剪草机曾经非常流行,它和电动式剪草机一样安静轻便,而没有电线的限制。尽管如此,蓄电池剪草机现在还是已经销声匿迹了
汽油剪草机 (Petrol-driven Mower)	汽油剪草机比电动剪草机贵、重,但是它最大的好处是修剪时不用移动电线,也不用担心剪到电线。此外,工作范围不受限制。目前国内市场上绝大多数都是汽油剪草机

表4.3 不同类型的剪草机

剪草机类别	性能简介
滚刀式剪草机 (Cylinder Mower)	滚刀式剪草机(图4.7和图4.8)的工作原理如同剪刀的剪切。其剪草装置由带刀片的滚筒(滚刀)和固定不动的床刀(底刀)两部分组成(图4.9)。滚刀驱动叶片靠向床刀,而后通过复合的刀片把叶片切断。滚刀的刀片数量和旋转速度决定了修剪的精细程度。一般标准的滚刀为5~6片。为了获得更高的修剪质量,也有8~12片的滚刀式剪草机,但非常昂贵。此外,3个滚刀的剪草机也越来越流行。 滚刀式剪草机修剪质量最高,修剪高度低,能满足低留茬修剪的需要。但价格昂贵,保养要求严格,维护费用高。 滚刀式剪草机常用于高尔夫球场等需要高水平养护的草坪
旋刀式剪草机 (Rotary Mower)	旋刀式剪草机(图4.10和图4.11)的工作原理如同大镰刀剪草。其主要的工作部件是高速水平旋转的刀片,刀片以锋利的刀刃依靠高速旋转的冲力把草割下来(图4.12)。刀片的数量可以是一片,也可以是几片。 旋刀式剪草机除了有轮子式(Wheeled Rotary Mower)的,还有气垫式(Hover Mower)的。后者更方便一些边角地区的修剪(图4.13)。但要特别注意操作安全。 虽然修剪质量不如滚刀式剪草机好,但价格低廉,保养维修方便,使用灵活。只要刀片锋利,也能达到满意的修剪质量。 旋刀式剪草机是目前最流行的,常用于公园、庭园等大部分绿地及低养护水平的草坪
割灌剪草机 (Brush Cutter)	割灌剪草机(图4.14)是割灌机附加功能的实现。其小刀片像折叶一样横向固定在竖轴上,当竖轴转动时,刀片靠离心力打开。由于刀片与机箱之间的距离很小,剪下的草叶又可被重新剪切,形成碎屑。 也有用尼龙绳代替小刀片的(图4.14),尼龙绳靠高速旋转打切草坪草,实现剪草的目的。 割灌机常用在其他剪草机难以接近的地方,如陡坡和边角地带等。割灌机修剪质量较差,修剪时务必注意安全

②剪草机的选择。剪草机的选择要考虑多种因素,如草坪面积、修剪高度、修剪频率、修剪质量、草坪类型、草坪管理水平、剪草机维护能力以及经济实力等。总的选择原则是:在预算范围内,选择能完成修剪任务、达到修剪质量、经济实用的机型。

一般要求低修剪的精细草坪应选择滚刀式剪草机,普通草坪选用旋刀式剪草机,草坪面积很大时,可以考虑选择剪草车以提高工作效率。但是,剪草车价格较高,一些角落不好修剪。而割灌剪草机通常用在不好修剪的地方。

(6)草坪修剪作业计划

①修剪前准备工作:

a.修剪方向的确定。剪草机作业时运行的方向和路线,会显著地影响草坪草枝叶的生长方向和土壤受挤压的程度。同一草坪,每次修剪要避免从同一方向、同一路线往返进行,否则,草叶会趋于同一方向定向生长,出现“纹理”现象,而且还会导致草坪草瘦弱,使草坪的均一性下降。同时,剪草机轮子在同一地方反复碾过,草坪土壤受到不均匀挤压,可能会压实形成土沟,使草坪坪面的平整受影响。改变修剪方式可减弱纹理现象;在剪草机前加刷子,可有利于茎叶的抬高和立起。因此,修剪时应尽可能改变起点、行进方向、行进路线,最好每次修剪时都采用与上次不同的方式进行(图4.15)。

(a)手推式滚筒型滚刀式剪草机　(b)手推式两轮滚刀式剪草机　(c)电动滚刀式剪草机　(d)电动旋刀式剪草机

(e)电动气垫式剪草机　(f)汽油滚刀式剪草机　(g)汽油旋刀式剪草机　(h)汽油气垫式剪草机

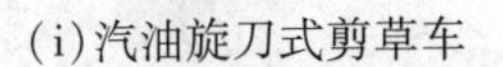

(i)汽油旋刀式剪草车

(j)汽油尾座型滚刀式剪草机

图4.6　各式剪草机示意图

(引自 *The Lawn Expert*,Dr. D. G. Hessayon,1996)

图4.7　三联滚刀式剪草车

图4.8　滚刀式剪草机

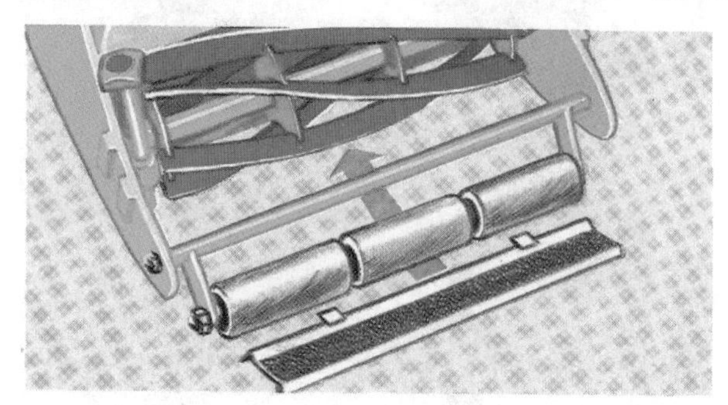

图4.9　滚刀式剪草机的剪草装置

（引自 *The Lawn Expert*，Dr. D. G. Hessayon，1996）

图4.10　旋刀式剪草车

图4.11　旋刀式剪草机

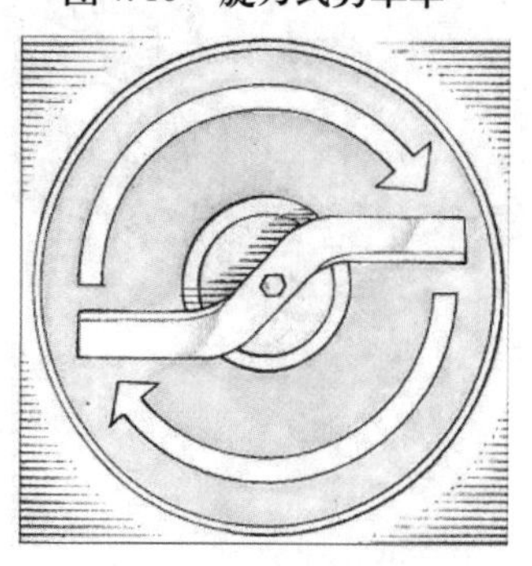

图4.12　旋刀式剪草机的刀片

（引自《草坪建植与养护彩色图说》，王彩云，姚崇怀，2002）

图4.13　气垫旋刀式剪草机

图4.14 割灌剪草机(左:刀片,右:尼龙绳)

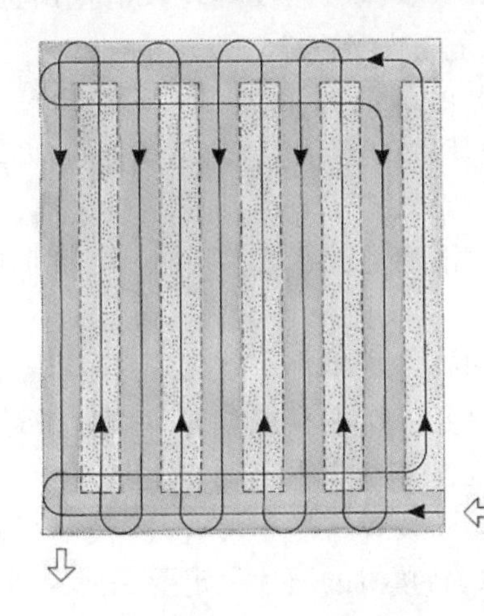
(a)规则式草坪修剪路线

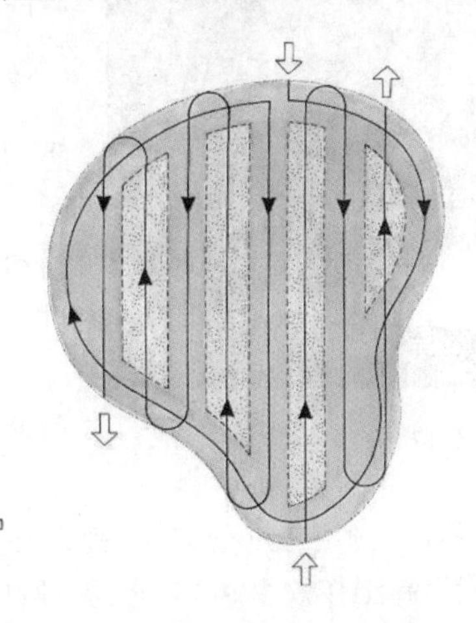
(b)不规则式草坪修剪路线

图4.15 草坪修剪路线示意图

(引自《草坪建植与养护彩色图说》,王彩云,姚崇怀,2002)

b.草坪图案的设计。改变修剪方向能产生明暗相间的条带,形成各种美丽的图案(图4.16)。此外,也可运用间歇修剪技术形成色泽深浅相间的图形,如彩条形、彩格形、同心圆形等,常见于球类运动场和观赏草坪。具体做法是:

图4.16 草坪修剪图案

(谢利娟提供图片)

第一，设计图形。根据场地面积和形状、使用目的和剪草机的修剪宽度，设计相宜的图形。

第二，现场放线。用绳索做出标记。球类运动场的彩条或彩格，其条格的宽度通常为 2 ~ 4 m。

第三，间歇修剪。按图形标记，隔行修剪，完成一半的修剪量。间隔数日以后，再修剪剩余的一半。间隔天数一般为 1 ~3 d，在能清晰地显示色差的前提下，间隔天数越短越好。

注意：同一条块草坪的修剪方向应保持一致，以免出现色差。

c. 修剪场地的检查。为了安全起见，每次修剪前要在修剪场地周围设立安全警示牌，将草坪内所有的石头、砖块、树枝等垃圾清捡出去，以免损伤剪草机，危害人身安全。

图 4.17　检查刀片

d. 剪草机的检查。对剪草机的部位应非常熟悉，尤其是应当知道如何迅速停止剪草机，以便发生意外时紧急停机。启动发动机之前，一定要检查汽油和润滑油是否充足，刀片是否锋利，螺栓是否锁紧（图 4.17）。

如果需要加油，一定要将剪草机移出草坪外，以免燃料溢出伤害草坪。剪草作业中途加油，需关闭发动机，冷却后方可加油。

刀片是否锋利直接影响剪草质量。钝刀片会撕裂或挤烂草坪叶片，使草坪修剪后表面发白；锋利的刀片能提高工作效率，降低能耗。所以，剪草机的刀片一定要保持锋利。刀片磨锋需要专业培训。如需更换刀片，一定要拔下火花塞，以防误启动。

e. 剪草高度的调节。根据 1/3 原则调节剪草高度，避免“脱皮”现象。

f. 着装要求。操作剪草机应穿戴较厚的保护工作服和鞋子，鞋子应该是防滑的（图4.18）。绝对不能赤脚！

图 4.18　草坪修剪着装

注意：一般应在草坪干燥时进行剪草作业。草坪潮湿时剪草，一方面操作者容易滑倒，另一方面草屑粘在一起，阻塞剪草机，造成收草困难。

②修剪时注意事项：

a. 草屑的处理。剪草机剪下的草坪草组织总体称为草屑(Clipping)。对草屑的处理，一般认为草屑应收集在集草袋(Grass Box)中运出草坪，集中处理为好。草屑可以做成堆肥，再施回草坪中。因为草屑留在草坪里，容易滋生杂草和病害，影响草坪景观和使用功能。但对普通草坪来讲，如果草屑量很小时，可以留下。一方面是营养物质的回归，另一方面可以减少草坪的蒸发。然而，高尔夫球场、运动场等草坪的草屑，由于运动的需要，则必须清除出去。

b. 草坪边缘的修剪。草坪边缘的修剪(Trimming)要视具体情况采用相应的方法。路牙旁、花坛边，越出边界的茎叶，可用切边机(Edger)、长柄修边剪刀(Long-handled Edging Shear)或圆头铲(Half-moon Edging Iron)等工具(图4.19)做垂直修剪(Vertical Trimming)，使之整齐。这项作业通常也叫作切边(Edging)，是草坪养护管理中经常性的一项工作。

(a)草坪切边机

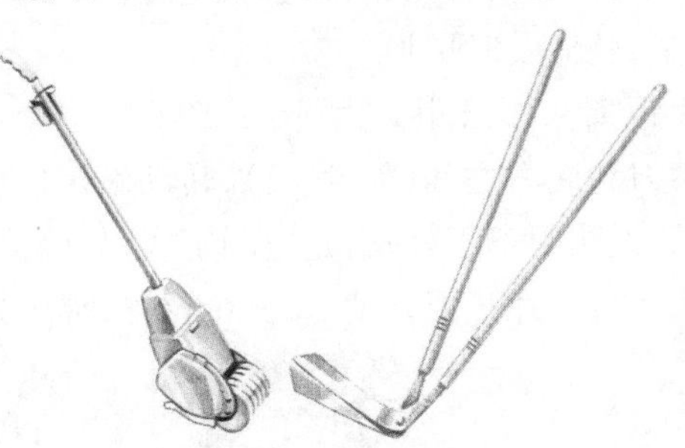
(b)长柄修边剪刀

(c)圆头铲

图4.19 垂直切边工具示意图

(引自 *The Lawn Expert*, Dr. D. G. Hessayon, 1996)

树干旁、毗邻栅栏或墙的地方，剪草机难以修剪到的边际草坪，可用草坪专用长柄剪刀(Long-handled Lawn Shear)、修边剪(Trimmer)等工具(图4.20)做水平修剪(Horizontal Trimming)，使之平整。

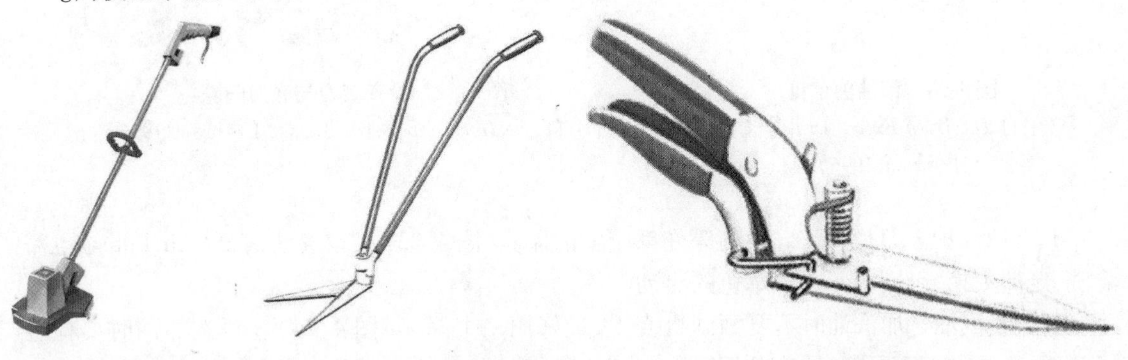
(a)草坪修边机　(b)长柄草坪剪刀　(c)短柄草坪剪刀

图4.20 水平切边工具示意图

(引自 *The Lawn Expert*, Dr. D. G. Hessayon, 1996)

c. 正确操作剪草机。操作剪草机前，需认真阅读使用手册，了解正确操作剪草机的方法、步骤和要求。启动时，手脚要离开刀片，在相对平坦的地方启动机器。剪草机工作时，不要移动集草袋。行走式剪草机应朝前行进，切忌向后拉，因为向后拉可能会伤害操作者的脚。在斜坡上剪草，行走式剪草机要横向行走，剪草车则顺着坡度上下行走。离开剪草机，哪怕是半分钟，都应关机。不要在剪草机工作状态的时候做任何调节操作,此举非常危险。

剪草后的景观效果好不好取决于操作者能否保持笔直的直线行走,行走歪歪扭扭,会留下难看的纹路。这需要多加练习,使技能娴熟。

③修剪后剪草机的保养。剪草机保养良好能延长寿命,提高效率。

a. 清洁剪草机。每次使用完毕,都要及时仔细清洁剪草机(图4.21)。首先,把剪草机推到一个平坦的地方,拔下火花塞。然后,把机身里里外外的泥土、杂物、碎草清洗干净,具体部位包括机壳、集草袋、刀片、滚筒、辊轴等。否则,这些东西干后,会聚集在机壳上,难以清除,并影响机器的正常功能。最后,用干毛巾把各个部位擦干,并用带油(轻机油或汽油机机油)的抹布抹一遍。

b. 检查刀片。如果刀片松了,要及时拧紧,否则会很危险,还会影响剪草效果。如果刀片钝了,要及时磨刀。如果刀片坏了,就应及时更换。

c. 调节滚刀式剪草机刀片距离。如果距离大了,尽管刀片很锋利,剪草效果仍不会理想。检查办法是把一张报纸放在滚刀和底刀之间(图4.22),转动滚筒(一定要注意手指安全)。如果报纸很利落地就被剪下来了,说明距离正好;否则应固定底刀,调整滚刀位置,或固定滚刀,调整底刀来调整二者之间的间隙。每一片滚刀刀片、每一个位置,都应如此检查调整。

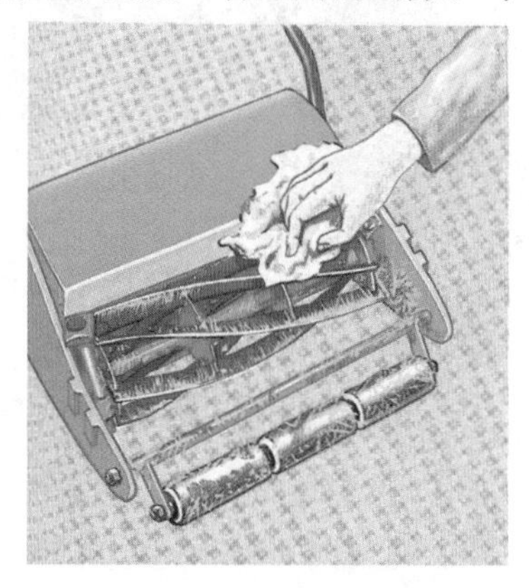

图4.21 清洁剪草机

(引自 *The Lawn Expert*, Dr. D. G. Hessayon, 1996)

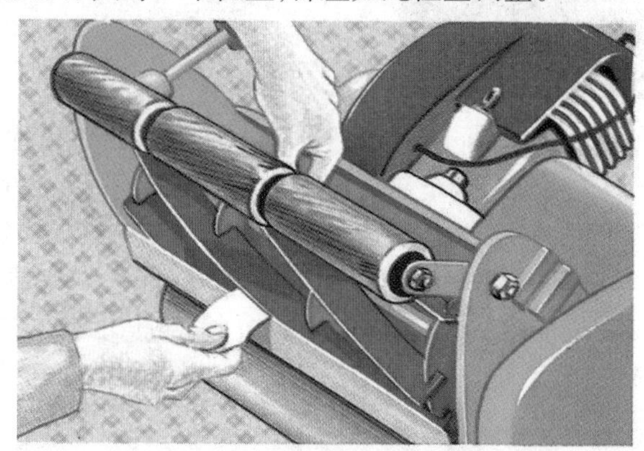

图4.22 检查滚刀与底刀间隙

(引自 *The Lawn Expert*, Dr. D. G. Hessayon, 1996)

d. 上油保护。刀片、辊轴、滚筒等处都应上油保养(图4.23)。空气滤清器(Air Filter)也需清洗,定期更换,否则会影响剪草机的启动。

e. 检查汽油。加汽油时不要洒到机壳上,最好用一个漏斗(图4.24)。每次加油时要检查机油线,机油油面不要超过"高位"标志。加油后,把机器上多余的机油擦掉。

f. 正确存放。正确存放是必要的。剪草机应置于室内通风干燥处,并罩上套子。气垫式剪草机应方便挂于墙上。

2)草坪施肥

频繁的修剪带走大量养分,要保持草坪旺盛的生长和诱人的绿色,就必须对草坪进行施肥(Feeding)。通过科学施肥,一方面,提高土壤肥力水平,为草坪草的生长提供充足的营养物质;另一方面,还可以提高草坪草的抗逆性,延长草坪绿期,维持草坪应有的功能。

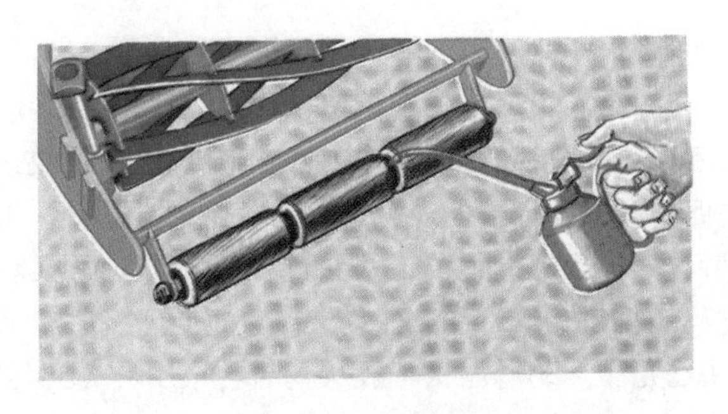

图4.23 上油保护
（引自 *The Lawn Expert*，
Dr. D. G. Hessayon，1996）

图4.24 加油示意图
（引自 *The Lawn Expert*，
Dr. D. G. Hessayon，1996）

草坪施肥方案的制订，首先要了解草坪草的营养特性，其次还要了解土壤肥力的状况。因土施肥、因草施肥，才能发挥施肥的最佳效果。为此，必须了解草坪营养基本知识。

(1)草坪草生长所需要的营养元素　在草坪草的生长发育过程中，有16种营养元素被认为是完成其生命周期所必需的，称为草坪草必需的营养元素。它们是碳(C)、氢(H)、氧(O)、氮(N)、磷(P)、钾(K)、钙(Ca)、镁(Mg)、硫(S)、铁(Fe)、锰(Mn)、铜(Cu)、锌(Zn)、硼(B)、钼(Mo)和氯(Cl)。其中，碳、氢、氧来源于空气和水，其他主要来自土壤。氮、磷、钾的需求量比其他元素要多，称为三大营养元素。

①氮。除碳、氢、氧以外，氮是草坪草生长需要量最多的营养元素。一般，正常生长的草坪草干物质中，氮素含量通常为3%～5%。在草坪草生长发育中，氮作为草坪草叶绿素、氨基酸、蛋白质、核酸等物质的组成成分，在植物的生命活动中占有首要地位，所以被称为生命元素。氮也成为草坪施肥项目中最关键、施用量最大的养分。

a.氮的吸收。草坪草从土壤中吸收的氮素形态主要是无机态氮，即铵态氮(NH_4^+)和硝态氮(NO_3^-)。此外，也可以吸收少量有机态氮，如尿素等。土壤pH、通气状况、伴随离子状况对氮的吸收影响较大。一般酸性环境有利于硝态氮的吸收，中性环境有利于铵态氮的吸收。良好的土壤通气状况能促进草坪草根系对氮的吸收。

b.氮对草坪草的影响。氮素营养水平高低直接影响草坪草的生长和抗性，进而影响草坪的密度和颜色，以及恢复能力等。草坪氮素营养充足时，草坪草叶片嫩绿，枝叶繁茂，草坪密度高，抗性强，绿化美化效果好。

c.氮过量症状。在一定范围内，提高氮素营养水平，草坪草的根系和枝叶生长加速。但超过这一范围后，如果氮素过多，会引起草坪草地上部分徒长，而地下根系生长受抑制；叶色加深，抗性和耐践踏性下降等。草坪易受机械损伤，感病性增强。

d.缺氮症状。如果氮素营养不足，草坪草生长受阻，植株长势变弱，分蘖减少，草坪密度明显下降。老叶首先褪绿，进而变黄。所以，草坪氮肥施用水平，决定着草坪质量的高低。而叶片分析是判断草坪氮素供应的一个重要指标。

②磷。磷是植物细胞核的重要成分，它对细胞分裂和植物各器官组织的分化发育特别是开花结实具有重要作用，是植物体内生理代谢活动必不可少的一种元素。通常情况下，正常发育的草坪草中，磷的含量占总干物质重的0.4%～0.7%。

a.磷的吸收。草坪草主要吸收正磷酸盐($H_2PO_4^-$)等无机态磷，此外也能吸收少量有机态磷，如核糖核酸等。土壤pH值对磷的吸收影响很大。一般中性土壤条件下，草坪草对磷的吸收效果最好。此外,良好的通气状况和沙质土壤也有利于磷的吸收。

b. 磷对草坪草的影响。磷素营养主要影响草坪草的根系生长和生殖生长,从而影响草坪的建植速度和成坪时间。由于磷的临界期较早,所以播种建坪时,磷应作为种肥施用,以确保快速成坪。磷可以促进草坪草根系的生长,特别是促进侧根和细根的发育,对提高草坪的抗旱性、抗寒性和抗病性具有良好作用,所以,在草坪建植和养护管理过程中,磷肥的施用具有特殊意义。

c. 缺磷症状。草坪草缺磷时,体内代谢过程受抑制,植株生长迟缓、矮小、瘦弱、直立,根系不发达,成熟延迟;叶片小,叶色暗绿或灰绿,缺乏光泽。缺磷症状一般从基部老叶开始,逐步蔓延到上部嫩叶。

d. 磷过量症状。磷素过多,能增强草坪草的呼吸作用,消耗大量碳水化合物,使繁殖器官过早发育,茎叶生长受抑制,引起植株早衰。同时,由于磷过多,会阻止硅的吸收,降低土壤中锌、铁、镁的有效性,造成草坪草中上述元素的缺乏。

③钾。钾是草坪草生长发育中需要量仅次于氮的元素,在植物体内含量较高。正常发育的草坪草中,钾的含量一般为总干物质的 1.5% ~4%。尽管钾不参加重要有机物的组成,但它是许多酶的活化剂,对植物的生长发育有独特的生理功效。钾对植物体内的养分运输和植物抗性都具有重要作用。

a. 钾的吸收。钾通常以钾离子(K^+)的形态被草坪草吸收,并以离子态水溶性无机盐的方式存在于细胞及组织中。由于钾盐易溶于水,钾在土壤中,尤其是沙性土壤中淋溶很严重,因此频繁地修剪之后,必须补充钾素。施钾的原则应该少量多次,以提高钾的利用率。

b. 钾对草坪草的影响。钾虽然不是活细胞的构成成分,但它在大量化合物的合成中起重要作用,在许多生理过程中起到调节和催化剂的作用。尤其是促进根与根茎的生长发育,提高草坪抗旱、抗寒、抗热和增强草坪抗病性和耐践踏能力等方面,作用重大。

c. 缺钾症状。当草坪草缺钾时,生长减缓,叶片发软,颜色暗绿。老叶和叶缘先发黄,进而变褐、焦枯,出现褐色斑点或斑块,表现出病态症状。草坪色彩变劣,抗性减弱,易受机械损伤,染病率高,修剪后的再生能力降低。实践证明,叶片组织内的氮钾比例为 2∶1时,是最佳的含量水平。过多的钾会影响植物对钙、镁和其他养分的吸收。

④钙。钙是草坪草重要的组成元素之一,主要分布于植物的叶片和茎中,是细胞壁的重要组成成分,对细胞壁的形成和植物根系的发育具有重要作用。

土壤中的钙常以 Ca^{2+} 的形式被草坪草吸收。草坪草体内大量的钙是以草酸钙结晶的形态存在的,不易移动。当植物缺钙时,钙不易从老组织转移到新生组织中,使新生组织生长受阻,植株矮小,组织柔软,幼叶卷曲畸形。缺钙时,草坪的抗病能力下降,易得枯萎病和红丝病。

草坪管理中常通过施石灰的方式增加土壤中钙的含量,调节土壤 pH 值。此外,石灰还有土壤消毒的作用。

⑤镁。镁是叶绿素的中心组成成分,与植物光合作用直接有关。镁离子是许多种酶的活化剂,在酶反应中起重要的催化作用。镁还是多种植物维生素的重要组成成分,对碳水化合物的代谢、移动起重要作用。此外,镁还有助于磷的吸收。

镁在土壤中以 Mg^{2+} 的形式被草坪草吸收。草坪草缺镁时,由于叶绿素的形成受影响,从而使叶脉间失绿,以后失绿部分逐渐由淡绿色转变为黄色或白色,还会出现大小不一的褐色或紫红色的斑点或条纹。镁在植物体内移动性较大,缺镁先发生于下部老叶。

⑥硫。硫主要以 SO_4^{2-} 的形式被草坪草根系吸收,少量以气态氧化物的形式通过叶片进入

植物体内。硫是某些重要的氨基酸和蛋白质的组成成分，在植物体内氧化和还原过程中起重要作用。没有硫，植物不能利用氮，植物体内缺硫，会使蛋白质合成和草坪草生长受阻。当缺硫时，蛋白质的合成受阻，叶绿素的形成也不良，表现出与缺氮一样的症状。

⑦微量元素。微量元素一词并不意味着这些元素不重要，而是植物所需要的量相对较少，主要有铁、锰、铜、锌、硼等。一般情况下植物不会出现缺乏症状，但环境条件的改变可能会导致这些元素有效性的下降。比如，土壤碱性条件下，铁、锰、硼等元素溶解度极低，很难被草坪草吸收利用。而在过酸的土壤中，这些元素又往往会浓度过高，甚至对草坪草产生毒害作用。不过，铁在酸性土壤中，当可溶性锰的浓度高时，其吸收被抑制，呈现出缺铁的症状。

在所有微量元素中，草坪草最容易表现出缺乏症状的是铁，尤其是假俭草。铁在土壤中很易被转换成无效态。频繁地移走修剪下的草屑，沙质土壤频繁灌溉、磷肥用量过多、施用石灰太多、根系分布较浅等都容易导致缺铁。

(2)常用草坪肥料　草坪养护管理实践中常用的草坪肥料有泥炭、堆肥、蘑菇肥、谷糠、花生麸、麦麸、秸秆、鸡粪、猪粪、骨粉等有机肥料，以及尿素、硫酸铵、硝酸铵、磷酸二氢钾、氯化钾、微肥、复合肥等化学肥料(图4.25)。常用草坪肥料的养分含量见表4.4。

表4.4　常用草坪肥料的养分含量

(引自《草坪科学与管理》，胡林等，2020)

肥料名称	分子式	养分含量/%		
		N	P_2O_5	K_2O
硝酸铵	NH_4NO_3	33	0	0
硫酸铵	$(NH_4)_2SO_4$	21	0	0
尿素	$CO(NH_2)_2$	45	0	0
磷酸铵	$(NH_4)H_2PO_4$	11	48	0
磷酸二铵	$(NH_4)_2HPO_4$	20	50	0
过磷酸钙	$Ca_n(H_nPO_4)_2+CaSO_4$	0	20	0
重过磷酸钙	$Ca_n(H_nPO_4)_2 \cdot H_2O$	0	45	0
氯化钾	KCl	0	0	60
硫酸钾	K_2SO_4	0	0	50
硝酸钾	KNO_3	13	0	44

①有机肥料：

a. 泥炭。泥炭(Peat)也称草炭、泥煤、草煤，是古代湖沼地带的植物被埋藏在地下，在淹水或缺少空气的条件下，经长期分解和合成而形成的一种特殊的有机物质，主要成分有矿物质和有机质等，pH值适中，为5.5~6.5。质地松软，吸湿力极强，保水性很好，含有多种营养成分，具有改土，对化肥增效和对植物生长刺激等作用，是草坪常用有机肥料。

b. 堆肥。堆肥(Compost)是杂草、皮壳、垃圾、灰土及部分粪尿等混合物堆积起来，通过微生物的分解作用制成的有机肥料，草屑是制作堆肥的良好材料。其肥效成分取决于掺土多少，养分含量近于厩肥，草坪施肥中多用作基肥及表施土壤。

(a)挪威进口复合肥

(b)花生麸 (c)椰糠

(d)鸡粪

(e)骨粉(球) (f)尿素 (g)泥炭

图4.25 草坪常用肥料

c. 厩肥。厩肥(Barnyard Manure)是最普通的有机肥料,包括家畜的粪尿和垫草等。厩肥是草坪中应用最多、肥效期最长的肥料,对改善土壤质地,形成团粒土壤结构,促进草坪植物旺盛生长有重大意义。目前市场上有加工处理后的猪粪和鸡粪等有机颗粒肥料,异味较小,可用于草坪建植和养护管理。

②化学肥料：

a. 氮肥。氮肥(Nitrogen)是草坪养护管理中用量最大的肥料，主要的速效氮肥(Quick-acting Form of Nitrogen)有硫酸铵、硝酸铵、碳酸铵、氯化铵、氨水和尿素等，多以铵盐存在，易溶于水，易被植物吸收，肥效快，宜少量多次施用。主要的缓效氮肥(Slow-acting Form of Nitrogen)有尿甲醛(UF)、塑膜包衣尿素(PCU)、异丁叉二脲(IBDU)等，水溶性较低，肥效缓慢。

b. 磷肥。大多数磷肥(Phosphates)源自磷灰石，如常用的磷肥：过磷酸钙、重过磷酸钙、钙镁磷肥等，此外，磷酸二氢钾、磷酸二氢铵也是常用的磷肥。由于磷在土壤中极易被固定，且难以移动，因此磷的施用常结合打孔来进行，以利于磷肥进入根际，减少固定，提高利用率。

c. 钾肥。钾肥(Potash)的主要种类有硫酸钾、氯化钾、硝酸钾等。氯化钾便宜，应用较广。硫酸钾供钾平稳，是最理想的钾源，但价格高。硝酸钾则应用较少，主要是储运不太方便。

d. 微肥。微肥(Micro Fertilizer)主要指微量元素肥料，用量少，应严格控制施用浓度，以免造成肥害。

e. 复合肥。目前，市场上的草坪专用肥多为复合肥料(Compound Fertilizer)，依照草坪草不同生长阶段的需求，合理调整氮磷钾比例，有的还含有适量的水溶性氮和一定量的非水溶性氮，以控制氮素的释放，保证草坪既有较快的肥效反应，又有较长的肥效。此外，有的复合肥还加有少量的微量元素，或一定量的杀菌剂、杀虫剂，应用起来特别方便。

③肥料选择。如何科学合理地选择肥料呢？可以考虑以下几点：养分含量与比例、撒施性能、水溶性、灼烧力、肥效快慢、残效长短、对土壤的影响、肥料价格、储运性能、安全性等。

(3)施肥计划　一个理想的施肥计划应该在整个生长季保证草坪草均匀一致地生长。一份完整的草坪施肥计划应该包括如下内容：施肥目的(预计达到的施肥效果)、草坪面积、草坪草种类、草坪用途，以及要求的草坪质量、肥料种类、施肥量、施肥时间、施肥次数、施肥方式、肥料成本、人工、机械设备等。

①草坪合理施肥的影响因素。一般草坪施肥是否合理以及效果是否显著，不仅取决于肥料本身，更主要取决于施肥技术。为此，了解草坪施肥的有关影响因素是非常必要的。

a. 养分的供求状况。草坪草对养分的需求和土壤可供给养分的状况是判断草坪是否需要施肥和施用什么肥料的基础。一般可以通过植株观察法和植物营养测试来分析判断草坪草的营养状况，通过土壤测试分析不同元素的供应状况，以此决定施用肥料的养分构成、元素间的适宜比例和肥料施用量。

b. 草坪草对养分的需求特性。不同种类或品种的草坪草对养分的需求存在差异，在保持理想草坪质量时，有的对养分要求高，有的则要求低。比如，结缕草在高肥力下表现更好，但也能忍受低肥力；狗牙根通常对氮素营养要求高；紫羊茅对氮需求较低，高氮水平下，草坪密度和质量反而下降。

c. 要求的草坪质量。草坪的用途常决定要求的草坪质量，草坪质量决定草坪肥料的施用量和施用次数。比如高尔夫球场的果岭和发球台草坪要求的质量高，施肥水平也高。

d. 土壤的物理性状。土壤状况尤其是土壤的物理状况对草坪施肥影响很大。比如，沙土的保肥能力差，肥效快，故施肥宜少量多次地施用缓效肥料，以提高肥料利用率。

e. 肥料成本。考虑肥料成本时，不但要考虑肥料的购买价格，而且还要考虑肥料对草坪叶片的灼烧情况、肥效长短以及肥料的撒施性能等。

此外还要考虑环境条件对草坪施肥的影响。比如夏季高温来临之前，冷季型草坪草的氮肥施用要相当小心,夏季氮肥用量过高常伴随严重的草坪病害的发生。因为氮素能促进草坪草生长,提高组织含水量,却降低了草坪对高温、干旱的胁迫和抗病能力。

②施肥量。草坪需要施用多少肥料取决于多种因素,包括草坪草种类和要求的草坪质量、草坪的用途、气候环境条件、生长季节长短、土壤肥力状况、践踏强度、灌溉强度、草屑的去留等。草坪管理者应根据土壤养分测定结果和草坪草营养状况以及施肥经验综合制定施肥量。

肥料三要素中氮是草坪施肥首先要考虑的营养元素。一般对普通园林草坪而言,每个生长季冷季型草坪草的需氮量为 20 ~ 30 g/m^2,暖季型草的需氮范围宽一些,改良狗牙根 20 ~ 40 g/m^2,假俭草、地毯草、巴蛤雀稗 10 ~ 20 g/m^2,结缕草和钝叶草居中。但在高质量要求的运动场草坪尤其是高尔夫球草坪中,氮的用量会翻倍。比如,高尔夫球场的狗牙根草坪施肥量可达 50 ~ 80 g/m^2。速效氮肥每次的用量应不超过 5 g/m^2,缓效氮肥可达 15 g/m^2。一次施用量过多,肥料利用率低,增加养护成本。表 4.5 列出了普通草坪的参考施氮量。

表 4.5 不同草坪草种形成良好草坪所需氮量比较

(引自《草坪科学与管理》,胡林等,2020)

冷季型草坪草	每年需氮量/(g · m^{-2})	暖季型草坪草	每年需氮量/(g · m^{-2})
细羊茅	3.0 ~ 12.0	美洲雀稗	3.0 ~ 12.0
高羊茅	12.0 ~ 30.0	普通狗牙根	15.0 ~ 30.0
一年生黑麦草	12.0 ~ 30.0	改良狗牙根	21.0 ~ 42.0
多年生黑麦草	12.0 ~ 30.0	结缕草	15.0 ~ 24.0
草地早熟禾	12.0 ~ 30.0	沟叶结缕草	15.0 ~ 24.0
普通早熟禾	12.0 ~ 30.0	假俭草	3.0 ~ 9.0
细弱翦股颖	15.0 ~ 30.0	野牛草	3.0 ~ 12.0
匍匐翦股颖	15.0 ~ 39.0	地毯草	3.0 ~ 12.0
冰草	6.0 ~ 15.0	钝叶草	15.0 ~ 30.0
1/3 仲春,1/3 初秋,1/3 仲秋		1/3 早春,1/3 晚春,1/3 仲夏	

备注:冷季型草坪建议用 2-1-1 ~ 3-1-2 或相近比例的肥料;暖季型草坪建议用 4-1-2 ~ 4-1-3 或相近比例的肥料。

草坪养护管理中,磷肥和钾肥的施用常根据土壤测试来确定,一般情况下,氮和钾的比例是 2∶1,有时为了增强草坪的抗性而加大钾的用量。磷的用量一般建议每年不要超过 5 g/m^2。但是建坪时可适当提高磷的用量以满足苗期草坪草根系生长发育的需求。为了防止微量元素的缺乏,最好的方法是保持适宜的土壤 pH 值范围,一般来讲,微酸至微碱条件下,土壤微量元素养分有效性较高。

③施肥时间。草坪什么时候施肥?一年施几次肥为宜?不同草坪管理者的观点常常会不一致,南北方的差异比较大。一般深秋施肥,能延长南方暖季型草坪的绿期,实现冬季保绿的目的,而对冷季型草坪来说则有利于其越冬,以及次年早日返青。大家比较公认的追肥时间是:当温度和水分状况都适宜草坪草生长的初期或期间是最佳的追肥时间,而当有环境胁迫或病虫害胁迫时应避免施肥。所以,南方地区的暖季型草坪,春夏秋三季均可以追肥,而北方地区的冷季型草坪仲夏通常不施肥,以提高草坪抗逆性。

高质量的草坪需肥量常常较大，施肥次数也多，在生长季节里，一个月甚至半个月就施用一次肥料。中等养护的草坪、冷季型草坪常春秋各1次，而暖季型草坪则春夏秋各1次。如果1年只施1次肥，冷季型草坪常在秋季施用，暖季型草坪则在初夏施用。

南北方秋季施肥都喜欢用有机肥作基肥施用，以进一步改善土壤状况，提供更完整丰富的营养元素。草坪专用复合肥能合理调整氮磷钾比例，控制氮素释放速度，正受到越来越多的草坪管理者青睐。

④施肥方式。不管采用何种施肥方式，总的要求都是均匀施肥。否则，有的地方绿、有的地方黄，草坪均一性大打折扣。要保证均匀施肥，一要有合适的机具，二要有娴熟的技术。目前最常用的草坪施肥方式是颗粒撒施，此外还有灌溉施肥、叶面喷施等方式。

a. 颗粒撒施。对颗粒肥料都可以用下落式或旋转式施肥机进行撒施（图4.26），之后灌溉，使肥料冲入草坪土壤中。颗粒撒施方法简单、操作方便，但造成的肥料浪费比较大，肥料利用率大约只有1/3。

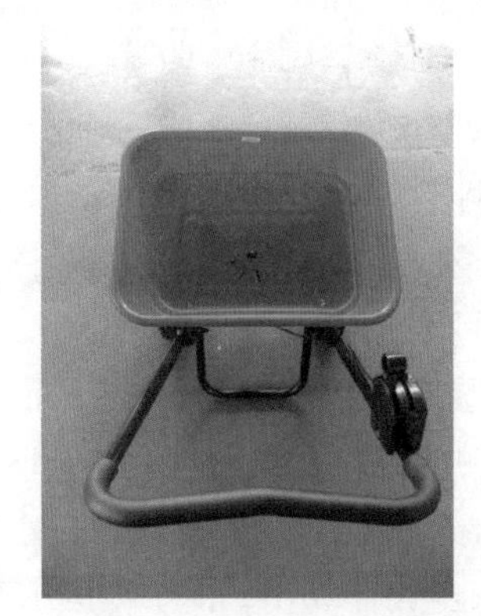

图4.26 施肥机具

下落式施肥机的优点是施肥较均匀，但工作效率低。其施肥原理是料斗中的肥料颗粒通过基部一列小孔下落到草坪中，孔的大小可以根据施用量的大小来调整。旋转式施肥机的工作幅度较宽，能提高效率，但对于颗粒大小不均匀的肥料，施肥的均匀性将受影响。因为旋转式施肥机的工作原理是料斗中的肥料颗粒下落到料斗下面的小盘上，再通过离心力将肥料撒到半圆范围内。当肥料颗粒大小轻重不同时，被甩出的距离远近就不一致，所以会影响施肥效果。

b. 灌溉施肥。灌溉施肥就是经过灌溉系统将肥料溶解在灌溉水中，喷洒在草坪上。目前，只在高尔夫球场上使用。因为灌水系统覆盖不均匀，所以肥料的分布也不均匀。灌溉后需少量清水冲洗叶片上的肥料以防叶片灼伤，漂洗灌溉系统中的肥料以减少肥料对设备的腐蚀。

c. 叶面喷施。将可溶性好的肥料与农药一起制成溶液进行叶面喷施可节省肥料，提高效率，但对大面积草坪不适用。

⑤施肥作业。理想的施肥天气应该是阴天，之后有小雨，这样可以避免施肥后的浇水。但这样做有一定的风险，遇到暴雨会使肥料损失严重。草坪草叶片干燥，土壤湿润是最佳的施肥状态。叶片湿润时施肥，肥料黏附在叶片上，容易造成叶片的灼伤。雨天是绝对不能进行施肥作业的。

施肥作业最关键的技术要领就是均匀施肥。为了保证肥料均匀施入草坪，每次施肥作业时都应事先划分作业区域，制订作业计划，分步骤进行草坪施肥。通常把肥料分成两份，一份南北

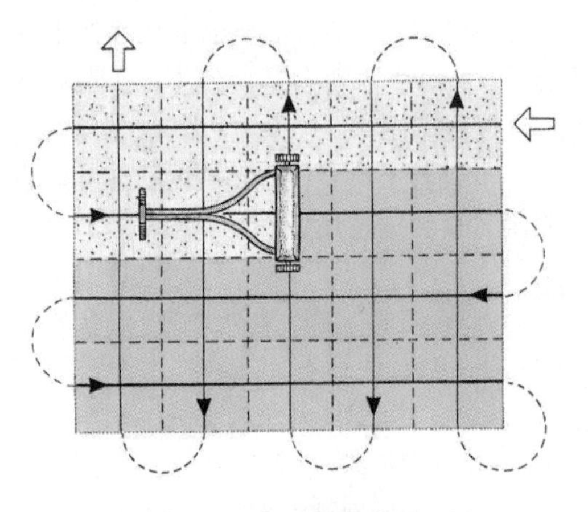

图 4.27 草坪施肥路线示意图
(引自《草坪建植与养护彩色图说》,王彩云,姚崇怀,2002)

方向来回施,另一份东西方向来回施,以保证肥料均匀施入草坪。之后浇水,将肥料冲进土壤中(图 4.27)。

3)草坪灌溉

草坪的三大日常养护管理措施中,浇水(Watering)可能是最频繁看似最简单而事实上又最不好掌握的措施。如何合理灌溉(Irrigation)、节约用水(Save water)呢?

(1)草坪需水诊断　如何知道草坪草缺水,需要灌溉?在草坪管理实践中这是一个十分复杂的问题,需要丰富的管理实践经验,还要对草坪草和土壤状况进行细心的观察和认真的分析。一般可用以下方法进行判断:

①植株观察法。草坪草缺水,叶片色泽会由亮变暗,进而萎蔫,卷曲,叶色灰绿,终至枯黄。有经验的草坪管理者常依据草坪草出现的缺水症状来判断灌水时间。一般,当草坪出现局部萎蔫时就需要及时灌溉。

②土壤目测法。土壤颜色随含水量不同而变化,一般干旱土壤的颜色较湿润土壤浅。用小刀或土钻分层取土,当 10 ~ 15 cm 深的土壤出现干旱时,草坪就需要灌水。

③仪器测定法。可用张力计(Tensiometer)测定。张力计的底部是一个多孔的陶瓷杯,连接一段金属管,另一端是一个能指示持水张力的真空水压表。张力计装满水后插入土壤,当土壤干燥时,水从多孔杯吸出,张力计指示较高的水分张力。草坪管理者依据这些测量,决定灌水时间。

④草坪耗水量测定法。在光照充足的开阔地,可安置蒸发皿来粗略判断草坪水分损失情况。除大风天气外,蒸发皿的失水量大体等于充分灌溉的草坪因蒸散而损失的水分,一般蒸发皿内损失水深的 75% ~85% 相当于草坪的实际耗水量。

(2)灌溉量　草坪灌水量的影响因素通常包括:草坪草种或品种、草坪养护水平、土壤质地及气候条件等。作为一般规律,通常在草坪草生长季节的干旱期内,每周需补充 30 ~ 40 mm水;在炎热而干旱的条件下,旺盛生长的草坪每周需补充 60 mm 或更多的水。

在草坪管理实践中,常采用检查灌溉水浸润土壤的实际深度来确定灌水量。一般在生长季节,草坪每次的灌水量以湿润到土层的 10 ~ 15 cm 为宜,因为草坪草根系主要分布在10 ~ 15 cm以上的土层中。在北方,冬季灌溉则增加到 20 ~ 25 cm。此外,草坪管理者还可以根据既定灌溉系统,测定灌溉水渗入土壤额定深度所需的时间,通过控制灌水时间来控制灌水量。

(3)灌溉时间　灌水时间的确定应满足下列条件:灌溉时应无风、湿度较高、温度较低,以尽量减少水分蒸发损失的要求。黄昏灌水虽然能有效地提高水的利用率,但草坪整夜处于潮湿状态,病原菌和微生物易于乘虚而入,侵染草坪草组织,从而引起草坪病害。在夏季的中午及下午灌水,水分蒸发损失大,还容易引起草坪的灼烧。所以综合考虑,清晨是一天中最佳的灌水时间。

在草坪管理实践中,由于用水或草坪使用的限制,不可能在清晨灌水时,许多草坪管理者也采用傍晚和夜间灌溉,补救的措施是定期喷洒杀菌剂以预防病害的发生。也有草坪管理者认为，在北方的晚秋至早春季节，以中午前后灌溉为好，此时水温较高，灌水后不致伤害草坪草根系。

(4)灌溉次数　一般灌溉应使土壤湿润到10～15 cm深处，减少灌溉次数，增加灌水量可获得最佳效果。每周2次较好，保水性好的土壤可每周1次，保水性差的沙土可每周3次。深根性草坪比浅根性草坪对灌溉的要求要低，但每次灌溉的需水量大，浅根性草坪则需要比深根性草坪频繁但强度小的灌溉。

一般应避免每天浇水(高尔夫球场的果岭及其他极高质量要求的草坪除外)，因为经常湿润的土壤会使草坪草的根系分布在很浅的土表，对各种不良环境缺乏抵抗力。而长期经受中等程度干旱逆境的草坪草，表皮加厚，根系分布更深更广，对不良环境的抵抗力也更强。

(5)灌溉方法　草坪浇水应在灌溉原则的指导下进行，包括：第一，灌溉必须有利于草坪草根系向土壤深层生长发育，应根据草坪草的需要，在草坪草缺水时进行灌溉；第二，单位时间灌水量(灌水强度)应小于土壤水分的渗透速度，总灌水量不应超过土壤的田间持水量；第三，对壤土和黏壤土而言，应"每次浇透，干透再浇"，但在沙土上，小水量多次灌溉更适合。

具体的灌溉方法常有人工管灌和草坪喷灌。人工拉水管浇水，完全凭经验、靠感觉，很不科学，已渐渐被淘汰。此外，道路绿化还常常采用水车喷灌(图4.28)。现代喷灌技术是大势所趋，计算机和水分电子探头已广泛使用，程控精确喷头可实现草坪的均匀高效喷灌，节约用水。

图4.28　水车喷灌

(6)草坪节水措施　如何实现节水型草坪呢？促使草坪根系往土壤深处生长，提高草坪草抗旱性是根本之路。为此，以下几点必须注意：

①建坪时，尽可能选用耐旱的草种或品种，增施有机肥和土壤保水剂，提高建坪土壤的保水能力。

②秋季对草坪进行打孔，清除枯草层，之后表施土壤，每年至少施用一次磷肥以提高草坪草根系活力。

③不要超过修剪留茬高度进行低修剪，干旱季节适当提高留茬高度，减少修剪次数，少量的草屑可留在草坪中。

④高比例的氮肥，使草坪草生长很快，叶片多汁，需水较多，更易萎蔫，所以干旱时期应减少施肥用量，并使用富含钾的肥料以增加草坪草的耐旱性。

⑤灌溉前，注意天气预报，看是否将要下雨。利用雨量器精确计算降雨量，当降雨充沛时，可延迟灌溉或减少灌溉量。

⑥少用除莠剂,有的除莠剂会对草坪草的根产生一定的伤害,影响草坪草生长,降低草坪草的抗旱能力。

4.1.2 草坪辅助养护技术(Additional Turf Care Tasks)

一般情况下,如果草坪品种选择得当,通过施肥、灌溉、修剪等常规养护管理措施,即可获得高质量的草坪。如果草坪中出现了枯草层过厚、土壤板结、草坪纹理等现象,则还需进行梳草、打孔、滚压、表施土壤等辅助养护管理作业。

1)草坪打孔

学习土壤学时,许多同学都会问:草坪里的土壤怎么疏松呢?草坪打孔能解决草坪土壤松土问题。那么,什么是打孔?什么时候该打孔?用什么机具来打孔?

草坪打孔

(1)打孔目的　打孔(Aerating)是用打孔机(Aerator)在草坪上打出许多孔洞的作业(图4.29)。打孔有实心的锥体(Solid-tine)和空心的尖齿(Hollow-tine)两种。空心的是从草坪地上打孔并挖出土芯的作业,也叫除芯土或芯土耕作(Coring)。用实心锥或刀片进行的浅深度的打孔通常也叫穿刺(Pricking)或划条(Scarifying or Slicing),而深度打孔英文中通常叫作 Spiking(图4.30)。

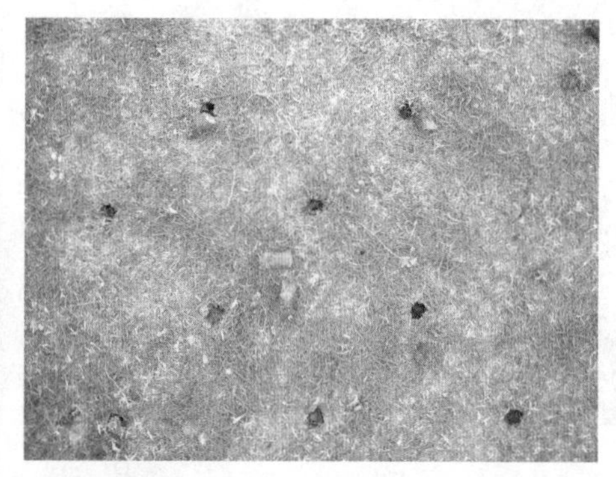

图4.29　草坪打孔作业

(a)取芯土

(b)穿刺

(c)划条

图4.30　不同形式的打孔作业

(引自《草坪建植与养护彩色图说》,王彩云,姚崇怀,2002)

打孔的主要目的是消除土壤板结,改善土壤物理性状,增强土壤的通气透水性,有利于草坪草根系对水分和养分的吸收,促进根系向土壤更深处生长,使草坪草抗旱性增强,生长发育更加旺盛,草坪更葱郁。但打孔会使草坪外观暂时受到影响,易造成草坪草脱水,还会带来杂草以及地下害虫的问题。

(2)打孔时间　打孔的最佳时间是草坪生长旺季、恢复力强而且没有逆境胁迫时。冷季型草坪最适宜的打孔时间是夏末秋初,暖季型草坪最好在春末夏初进行。盛夏应避免打孔。

对普通园林绿地草坪,如公园、住宅区、学校等地的草坪,如践踏严重,至少一年应进行一次打孔。南方地区的许多草坪管理者喜欢秋季和春季各进行一次打孔作业,秋季的打孔结合表施土壤,能有效延长草坪绿期,春季打孔并结合施肥则能达到草坪早日返青的效果。高尔夫球场的打孔常结合铺沙作业以保持坪床表面的光滑平整。

(3)打孔机械　打孔用什么机械来完成呢?草坪打孔机有手动打孔机和动力打孔机两种基本类型。

①手动打孔机。手动打孔机(Hand-driven Aerator)如图4.31所示,有两个轮、滚筒、滚筒上有打孔锥,上接一个手柄,用力推动进行打孔作业。在板结严重的土壤上作业非常困难,而且作业深度有限,一般打孔深度较浅。

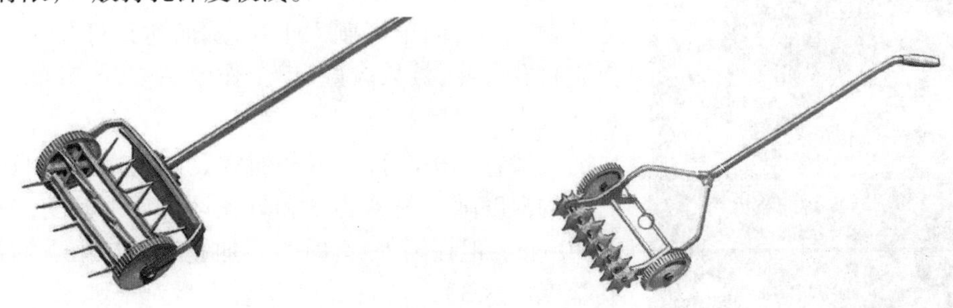

图4.31　手动打孔机

(引自《The Lawn Expert》,Dr. D. G. Hessayon,1996)

此外还有私家花园常用的叉(Fork),如图4.32所示,也可达到打孔目的。这种打孔叉通常是在一个金属框架上,上端装有手柄,下端装有3~5个打孔锥。作业时用脚踏压金属框,使打孔锥刺入草坪,然后将打孔锥拉出。这种打孔叉主要用于小面积草坪以及一般动力打孔机作业不到的地方,如树根附近、花坛周围及运动场球门杆周围。作业时一定要垂直插入土壤,轻轻地前后摇晃一下,再垂直取出。

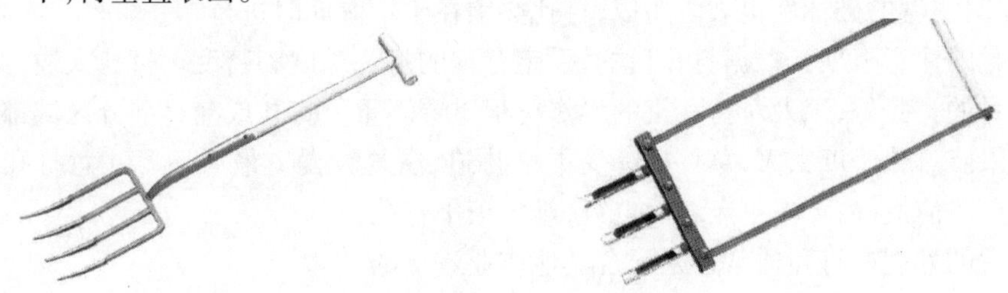

图4.32　打孔叉

(引自《The Lawn Expert》,Dr. D. G. Hessayon,1996)

②动力打孔机。动力打孔机(Mechanical Aerator)一般分为两种类型:旋转型打孔机和垂直运动型打孔机。其中,又有小型手扶自走式打孔机(图4.33)和大型坐骑式打孔机(图4.34)。小型手扶打孔机适用于各种草坪的打孔作业,大型坐骑式打孔机适用于大面积草坪的打孔作业。

图4.33 手扶自走式打孔机

旋转型打孔机是利用圆形滚筒上的针、齿或锥,在草坪上滚动时压入土壤,从而达到打孔的目的。这类打孔机的打孔深度通常较浅,但工作速度快。

垂直运动型打孔机是利用机械动力使垂直于地表的空心针管或实心的锥齿刺入土壤,从而达到打孔效果。其特点是打孔较深,效果较好,但工作效率较低,对草坪表面的破坏较大。

一般打孔机的打孔直径通常在几毫米至几厘米不等,打孔的深度随土壤紧实度和打孔设备功率而变,一般不超过10 cm。但在国外,有时为了加速草坪在雨季的排水,打孔深度可达30~40 cm。土壤含水量对土壤紧实度影响较大,增加土壤含水量可加深打孔深度。

图4.34 坐骑式打孔机

(4)打孔作业

①打孔前的准备。进行打孔作业之前,首先必须清除草坪内的杂物,如砖头、石砾、树枝、塑料瓶等,以免损坏打孔锥齿。其次,认真检查打孔机,如锥齿有无损坏、是否锋利等,以保证打孔质量。最后,检查草坪土壤湿度。太干,作业困难,达不到理想的深度,机器磨损严重,草坪易失水;太湿,打出的空洞壁太光滑,影响通气透水的效果,不好恢复,机器对土壤的破坏性也大。所以,打孔必须在土壤湿润时进行。

②打孔时的注意事项。根据打孔目的,设定合理的打孔深度和密度。打孔太浅、太稀疏,均达不到打孔目的。此外,工人对打孔机的操作也很重要。重复打孔或漏打部分区域都达不到最佳的打孔效果。打孔密度太大,草坪极易受干旱胁迫,恢复较慢。最后还要注意打孔的作业时间,上午10点以前最好,下午4点以后也行,避免正午打孔。

③打孔后的处理。打孔通常都是配合其他作业进行的。

a.打孔配合灌溉。打孔后的补水是必需的。为了保证打孔后能及时补水,大面积的草坪打孔都一定要分区、分块进行,以免补水不及时造成草坪失水。

b.打孔配合施沙。通常打孔后或打孔时都进行施沙等作业,如果打孔后不尽快用土壤或沙填充,草坪根系和附近的土壤会很快把孔洞填满,降低打孔的效果。而施沙则可以有效地改善打孔对草坪外观的破坏,同时也使打孔的效果更好更持久,故施沙作业应尽快完成。

c. 打孔配合拖耙。打孔产生很多土条，移走土条会带来很多问题，所以在大面积草坪上，人们常采用拖耙或垂直修剪等措施把土条原地破碎。这样，一部分土壤回到洞内，其余的土壤留在枯草层内，加速枯草层分解，促进草坪草生长发育。

d. 打孔配合施肥。打孔结合施肥作业时，应在打孔后即刻进行，通过灌溉，使肥料滚入洞中，提高肥效。

e. 打孔配合施用除草剂和杀虫剂，能有效地控制打孔后杂草和地下害虫的发生。

许多草坪管理者喜欢修剪后进行打孔，这样可以减少叶片蒸腾面积，降低草坪失水萎蔫的危害性。如果枯草层太厚，则先进行梳草、清除枯草层，以保证打孔效果。

打孔作业完成后，和剪草机的保养一样，必须清理干净打孔机，用干布抹干，并上油保护，存放在干燥通风的地方。

2）草坪梳草

草坪梳草

梳草（Combing）是用梳草机（Comber）清除草坪枯草层（Thatch）的一项作业（图4.35）。枯草层是由枯死的根茎叶组成的致密层，堆积在土壤和青草之间，日积月累，阻碍草坪草对水分和养分的吸收。

梳草机或垂直刈割机（Vertical Mower）上纵向排列的刀片能有效地清除枯草层，使空气、水分、养分、农药能进入土壤，有利于草坪草根系的吸收，有效地防治病虫害，促进草坪草的生长发育（图4.36）。

图4.35　草坪梳草作业

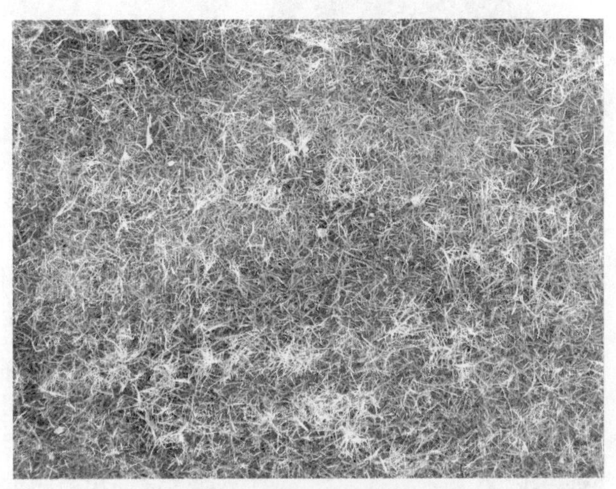
图4.36　梳草机梳出的枯草

普通草坪不用年年梳草，只有当枯草层厚度超过1 cm时才需进行梳草。许多草坪专家都认为，适度的枯草层有利于草坪草的旺盛生长以及提高草坪的坪用功能。过度梳草，将枯草层梳理得太干净，反而会降低草坪的抗性，加大肥料施用量，增加管理费用。

（1）梳草时间　什么时候梳草最好？最适合梳草的时间是草坪草生长旺盛，环境胁迫小，恢复力强的季节。冷季型草坪最适宜的梳草时间是夏末秋初，暖季型草坪最好在春末夏初进行。土壤和枯草层干燥时梳草作业较易进行。

（2）梳草机械　梳草可用梳草机（图4.37）、梳草耙（图4.38）或垂直刈割机来完成，小面积的梳草也可用钢丝制成的短齿铁耙（Rake，图4.39）。梳草机的工作宽度一般为46～50 cm，工作深度0～2.8 cm。垂直刈割机的工作宽度一般35～50 cm，工作深度0～7.6 cm。

垂直刈割机的刀片安装位置一般有上、中、下3种位置，能达到不同的垂直修剪（Vertical

Mowing)效果。当刀片安装在上位时,可切掉匍匐枝或匍匐枝上的叶,从而提高草坪的平齐性。当刀片安装在中位时,可粉碎打孔留下的土条,使土壤重新混合,有助于枯草层的分解。当刀片安装在下位时,能有效地清除枯草层,达到梳草的目的。刀片深度再深一些,使之刺入土壤中,则能达到划破草皮、打孔通气的目的。

图 4.37 **梳草机**

图 4.38 **梳草耙**

(引自上海绿亚景观工程公司广告资料)

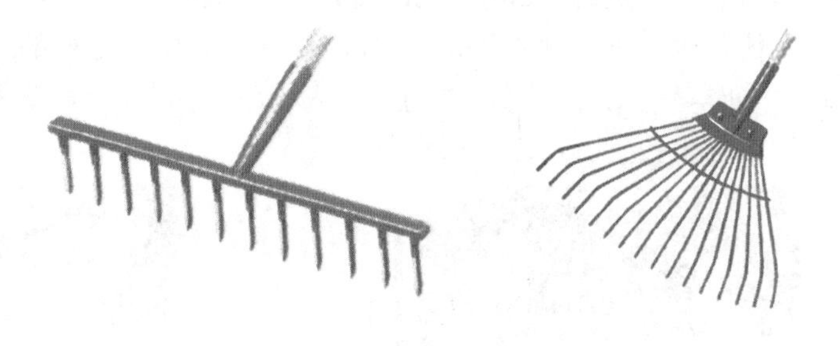

图 4.39 **细齿耙和钢丝扫帚**

(引自 *The Lawn Expert*, Dr. D. G. Hessayon, 1996)

图 4.40 **中间漏梳**

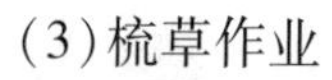

(3)梳草作业

①梳草前的准备。梳草最好在土壤和枯草层比较干燥时进行,场地中的石头等硬物要拣出,并检查梳草机的刀片是否牢固锋利,加满油料,准备梳草。

②梳草时的注意事项。根据草坪情况调节梳草深度。按说明书的要求,正确操作梳草机。和剪草一样,梳草作业要求来回直线行走,避免漏梳(图 4.40)、重复梳理,这是梳草作业的技术要领。

③梳草后的处理。梳草后要用铁耙清理碎屑,及时移出草坪外,以避免闭光的影响。随后应及时灌溉,补充水分,以免造成草坪脱水。和所有作业一样,梳草作业完成后,要马上清洁梳草机,并上油保护,放置于干燥通风之处。

3)表施土壤

表施土壤(Top Dressing)是草坪学的一个术语,许多人常问表施土壤是什么意思?草坪为什么要表施土壤?施沙是不是表施土壤?

草坪表施土壤是将沙、土壤和有机质适当混合,均匀施入草坪的作业(图 4.41)。其目的是使草坪表面平整,提高草坪的耐践踏力,促进枯草层分解,有利于草坪更新。

图4.41 表施土壤作业

(左图引自《草坪建植与养护彩色图说》,王彩云,姚崇怀,2002)

(1)表施土壤的作用

①控制枯草层。沙、有机质、土壤混入枯草层以后,能改善微生物的生存条件,加强微生物的活动,从而加速枯草层的分解。

②平整坪床表面。对于凹凸不平的坪床面,表施土壤可起到补低拉平,平整坪床表面的作用。此外,表施土壤还能改善草坪表层土壤的物理性状。

③促进草坪草的再生。表施土壤能促进草坪草的分枝、分蘖,使受伤草坪能尽快恢复。运动场草坪赛后进行表施土壤作业常常能达到良好的效果,许多公园对过度践踏的草坪也采用这种方法来使草坪尽快恢复。

④延长草坪绿期。在南方一些城市,每年秋季采用表施土壤的方法成功地延长了草坪的绿期。在北方,表施土壤能保护细弱草坪越冬,但这种方法费用较高。

⑤保护草坪。一些公园为了保护草坪,常常在游人高峰期前进行表施土壤作业,通常是施沙,以提高草坪的耐践踏能力。

(2)表施土壤的材料

①原材料选择。常用表施土壤的材料有泥炭、壤土、沙。购买高质量的泥炭能获得良好的施用效果。草屑制作的堆肥也是不错的有机质,但必须充分腐熟。肥沃的菜园壤土打碎后过筛(6 mm)是理想的材料。沙子要选用河沙,尽可能不要用海沙,不得已时,要反复清洗脱盐。地沙不及河沙干净,也不常用。一般选用中沙和细沙,很少用粗沙。

为了保证施用效果,所有材料必须过筛(6 mm)、消毒,以除去杂物,使材料不带杂草种子、病菌、害虫等有害物质。

②材料混合配方。根据表施土壤的目的,材料有不同的配方。比如,重壤土上的材料可用1份泥炭、2份壤土、4份沙的配方,壤土上可用1份泥炭、4份壤土、2份沙,沙壤上则可用2份泥炭、4份壤土、1份沙。

许多管理者倾向用纯沙,操作比较方便。但实践证明,纯沙施用时间长了以后容易出现沙层,影响草坪草生长。

(3)表施土壤的方法

①表施土壤的机械。小面积的表施土壤可用人力进行,用独轮车推送,铁铲撒开,再用扫把扫平。大面积的表施土壤应用铺沙机(图4.42)进行。

②表施土壤的时间。表施土壤的时间一般在草坪草萌芽期和生长期进行最好。冷季型草坪草通常在春季和秋季,暖季型草坪草通常在春末夏初和秋季。可结合修剪、梳草、打孔等作业

进行表施土壤作业,以提高施用效果。

图4.42 铺沙机

(右图引自深圳高夫公司广告资料)

③表施土壤的数量和次数。表施土壤的数量和次数应根据草坪使用的目的和草坪草生育特点而异。一般的草坪通常1年1次,高尔夫球场、运动场草坪等则1年2~3次或更多。施用量通常以不超过0.5 cm厚为宜,有时为了控制枯草层,施用量也达到1.5 cm厚。

④表施土壤作业。如何进行表施土壤作业呢?首先要准备表施土壤的材料,如前所述,材料一定要干燥,混合均匀,充分腐熟,并消毒、打碎、过筛。然后准备作业工具,如独轮车、铲、扫把或撒土机等。将表施土壤的材料均匀地施入草坪上,之后拖耙、灌溉,使其滚落下去,不要堆在草叶上,影响草坪生长。表施土壤的技术要领是施得均匀,施得不均匀会导致坪床不平整,影响草坪外观和坪用功能。所以和施肥、播种一样,大面积表施土壤时,为了施得均匀,可先计算好用量,把草坪划分为几个区域,每区域分两次施入草坪,比如南北方向来回施一次,再东西向来回施一次,以保证均匀施入。

⑤表施土壤的注意事项:

a. 严格控制表施土壤的深度,千万不要施得太厚。尤其是高尔夫球场果岭和发球台地带的施沙作业,深度以2~3 mm为宜,为了施沙后不影响草坪景观,沙子常被染成绿色。

b. 表施土壤的材料一定要干燥、过筛,否则很难施得均匀。一般材料越干燥,越散疏,越容易散开施得均匀。

c. 表施土壤前通常要先剪草,如果枯草层太厚要先梳草,以免草叶太长,被压在材料下面导致草坪枯黄甚至死亡。

d. 为了避免表施土壤带来的草坪土壤成层问题,可以结合垂直修剪或打孔进行表施土壤作业。

4)草坪滚压

滚压(Rolling)是用压辊(Roller)在草坪上边滚边压的一项作业。适度滚压对草坪是有利的,尤其在发生冻害的地区,要获得一个平整的草坪,在春季滚压是十分必要的。但滚压同时也导致土壤紧实等问题,所以要慎重,视具体情况而定。

一般草坪宜在生长季进行滚压。草坪建植时,滚压是常用的平整手段。比如铺植后滚压,使草皮根部与坪床紧密结合,易于吸收水分,产生新根,以利草坪的定植。播种后滚压,能起到平整坪床、改善种子与土壤接触的作用,提高种子萌发的整齐度。起草皮前滚压,可获得厚度一致的草皮,能降低草皮质量,节约运输费用。

(1)草坪滚压的作用　草坪滚压的作用主要表现在以下两方面：

①促进草坪草的生长发育。

a.滚压使草坪草的顶芽轻度受伤,生长延缓,促进侧芽活动,增加分枝、分蘖。

b.滚压能使匍匐茎的浮起受抑制,使节间变短,草坪密度增加。

c.生长季滚压,能使叶丛紧密而平整。

②修饰地面,改善草坪景观。

a.草坪土壤表层常因冬、春季节的冰冻,造成土面不平,表层过于疏松,影响草根与土壤的紧密接触,或因蚯蚓、蚂蚁等动物的活动而出现土堆,影响景观,通过滚压可使其得到有效改善。

b.对运动场草坪可增加场地硬度,使场地平坦,提高草坪的使用价值。

c.不同走向的滚压还可形成草坪花纹,提高草坪的景观效果。

(2)滚压机械　滚压可用人力推重滚(图4.43)或滚压机(图4.44)进行。重滚为空心的铁轮,轮内装水或装沙,以此来调节滚轮的质量。一般手推轮重为60～200 kg,机动滚轮为80～500 kg。滚压的质量依滚压的次数和目的而异,应避免强度过大造成土壤板结,或强度不够达不到预期效果。如为了修整床面则宜少次重压(200 kg),播种后使种子与土壤紧密接触则宜轻压(50～60 kg)。

图4.43　滚筒

(引自 *The Lawn Expert*, Dr. D. G. Hessayon, 1996)

图4.44　滚压机

(引自上海绿亚景观工程公司广告资料)

(3)滚压注意事项　草坪滚压一定不能过度,草坪弱小时不宜滚压。滚压通常都结合修剪、表施土壤、灌溉等作业进行,土壤黏重、太干或太湿时都不宜滚压。

5)草坪的修补

草坪的修补

当有草坪边缘受损、局部空秃、坪床凹凸不平等情况发生时,草坪修补(Turf Repairing)工作就在所难免。建坪时草种选择不当,或土壤改良不到位,或后期养护管理不善,都容易导致草坪退化,出现上述现象。

(1)边缘受损后的修补　如图4.45所示,首先取出受损边缘的草皮块,注意切割边缘平直;然后把草皮块向前移,切除受损边缘;最后把空隙用草皮块填补好,压实,使其平整。

(2)局部空秃后的修补　如图4.46所示,首先标出需要修补的草坪,用铲子铲除原有草皮;然后翻土、施肥、平整、滚压(紧实坪床)、铺草皮;最后灌溉、轻轻滚压,使草皮根系与土壤接触良好,之后加强水肥管理,几周后可恢复原有草坪景观。

(3)坪床凹凸不平时的修补　坪床凹凸不平时,可先将需修补的区域标记出来,用铲子把草皮块揭开,加土或取出多余的土壤,压实平整,再把草皮块铺回去,使其平整(图4.47)。

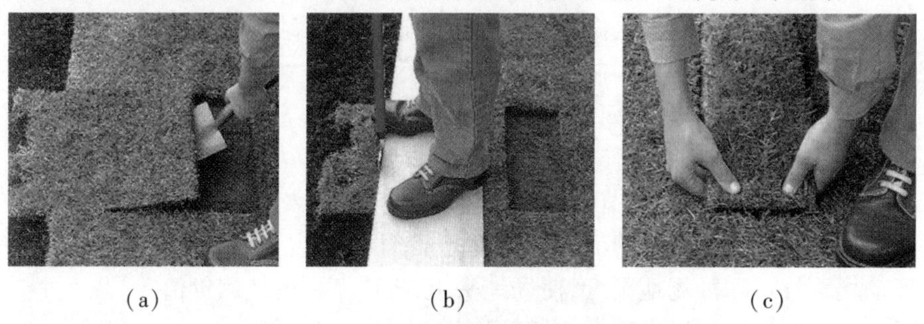

(a)　(b)　(c)

图4.45　受损边缘的修补示意图

(引自《草坪建植与养护彩色图说》,王彩云,姚崇怀,2002)

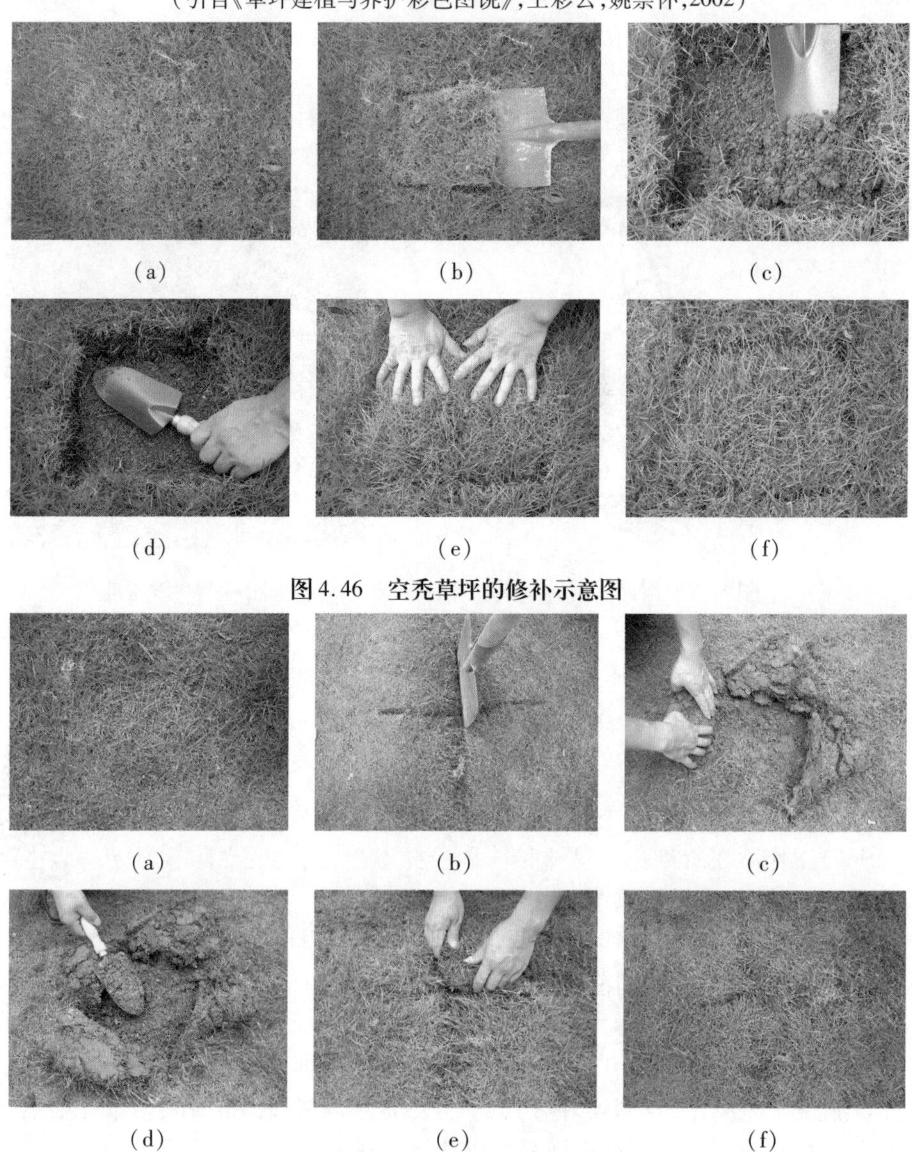

(a)　(b)　(c)

(d)　(e)　(f)

图4.46　空秃草坪的修补示意图

(a)　(b)　(c)

(d)　(e)　(f)

图4.47　下陷草坪的修补示意图

4.1.3 草坪质量评估(Turf Quality Evaluation)

草坪质量(Turf Quality)是评价草坪优劣的综合指标。无论是草坪品种评价,还是养护管理措施对草坪质量影响的田间试验,都涉及草坪质量评定。草坪质量的优劣似乎是一目了然的事情,而事实上并非如此。草坪质量评价实际上是一个复杂的、困难的问题,它和草种的生育时期、个人的主观喜好、草坪的使用目的等密切相关。比如水土保持草坪要求根系发达,固土能力强,养护管理粗放;运动场草坪则要求耐践踏,缓冲性能好,再生能力强,当然还要具备良好的外观。

尽管草坪质量评定方法在特定条件下重点不同,然而构成草坪质量的基本因素是一致的。评价一块草坪质量的高低,一般考虑外观质量或功能质量。外观质量比较公认的因素包括均一性、密度、质地、颜色等,功能质量有关的因素则包括刚性、弹性、平滑性和恢复力等。

1)草坪外观质量评价要素

草坪的颜色、密度、质地和均一性是评价草坪外观质量的4个要素(图4.48)。它们是4个相对独立的变量,从不同的方面反映了草坪的质量特征。通过给各个草坪质量要素分配权重系数而后加权平均的方法来得到草坪质量的总分的评价。权重系数的分配是根据各个要素的相对重要性而确定的,其分配方法取决于草坪建植和使用目的以及草坪生长环境。

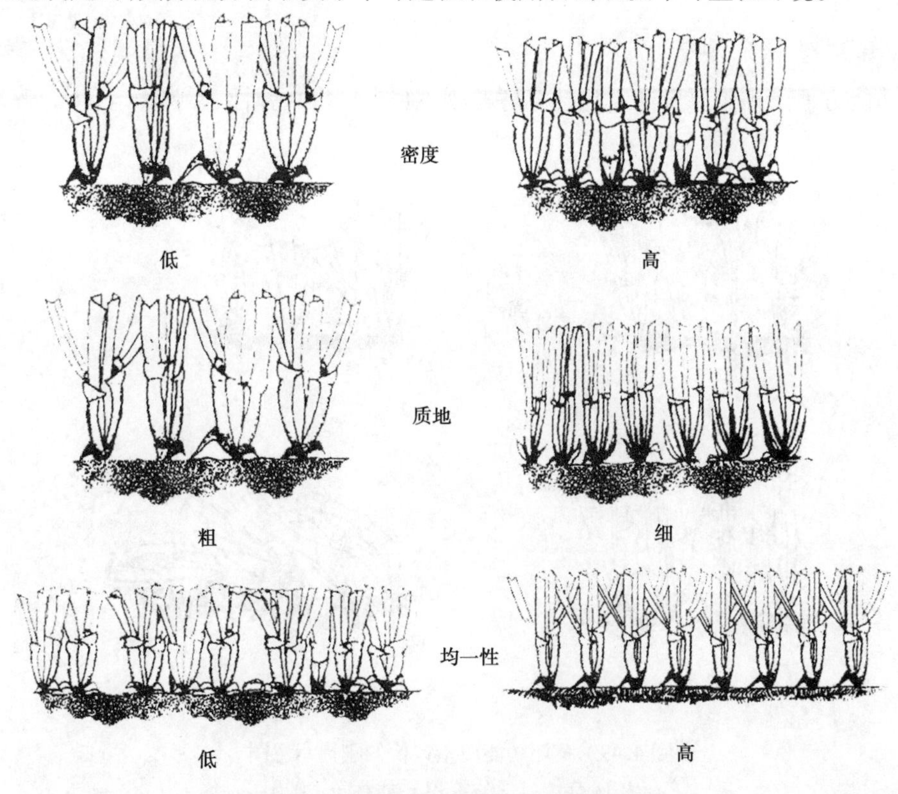

图4.48 草坪外观质量评价要素示意图
(引自《草坪科学与管理》,胡林等,2020)

(1)密度　密度(Density)表明小区内草坪植株的稠密程度,是草坪质量最重要的评价要素之一。草坪的密度可以通过测定单位面积上草坪植株或叶片的个数而定量测定。评估正在建植的草坪时,盖度和密度是紧密相关的。所谓盖度是指单位面积内草坪草茎叶覆盖地面的面积百分比。高密度的植株对优质草坪而言是很需要的,因为它可以增强草坪对杂草侵袭的竞争力。

(2)质地　质地(Texture)是表示草坪叶片的细腻程度,是人们对草坪叶片喜爱程度的评价要素,取决于叶片宽度和触感。通常认为叶片越细,质地越好。1.5 ~3 mm 宽是大多数人所喜好的草坪草质地。一般宽叶的草坪草通常触感硬,窄叶的质地较软。但是,羊毛属则叶细且硬,沟叶结缕草也有相同的倾向。

(3)颜色　颜色(Color)是人眼对草坪反射光的光谱特征做出的评价。当辐射能投射到草坪表面的时候,某些波长的辐射能被草坪草吸收,而其他一些波长的辐射能被反射。波长范围在 380 ~760 nm 的反射光谱作为草坪的颜色被人眼所感受。草坪颜色是表征草坪总体状况最好的指标之一,草坪草的颜色评价与个人喜好有关。一般大多数人比较喜欢深绿色。

(4)均一性　均一性(Uniformity)是草坪外观上均匀一致的程度,是对草坪颜色、生长高度、密度、组成成分、质地等几个项目整齐度的综合评价。高质量的草坪应是高度均一,不具裸露地、杂草、病虫害斑块,生育型一致的草坪。

上述的草坪质量要素中的任何一个都会随着草种、品种及栽培措施的不同而变化,任何单个的要素都不能反映草坪的整体质量。某个质量要素的相对重要性是随着草坪建植和使用目的而变化的。

2)草坪功能质量评价要素

草坪功能方面的评价要素通常包括草坪的刚性(图 4.49)、弹性、回弹力、再生力等。

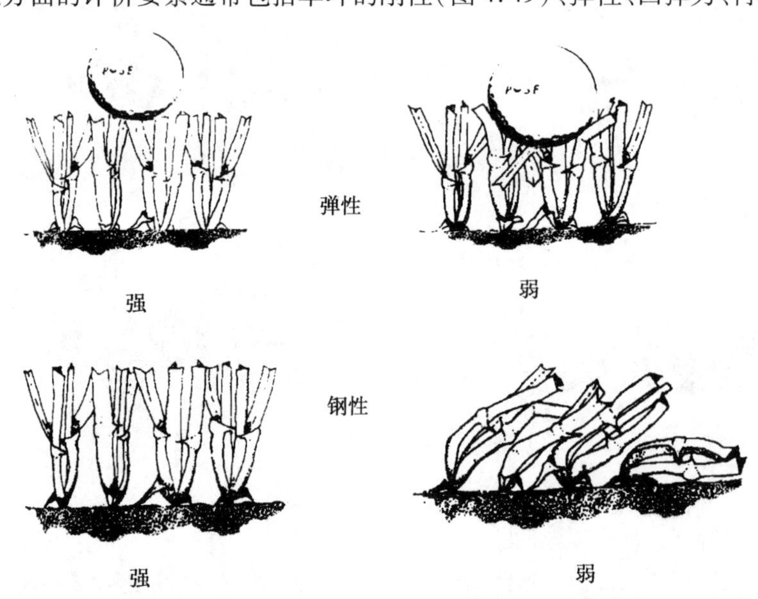

图 4.49　草坪功能质量评价的刚性示意图

(引自《草坪科学与管理》,胡林等,2020)

(1)刚性　刚性(Rigidity)是指草坪叶片对外来压力的抗性,它与草坪的耐践踏能力有关,是由植物组织内部的化学组成、水分含量、温度、植物个体的大小和密度所决定的。结缕草和狗牙根草坪的刚性强,可以形成耐践踏的草坪;草地早熟禾和多年生黑麦草草坪刚性则差一些;而匍匐翦股颖和一年生早熟禾草坪刚性更差;粗茎早熟禾最差。

(2)弹性　弹性(Elasticity)是指草坪叶片受到外力作用下变形、在消除应力后叶片恢复原来状态的能力。这是草坪的一个重要特性指标。因为大多数情况下,由于管护和使用等活动的原因,草坪不可避免地有不同程度的践踏。初冬季节,在清晨有霜冻发生时,草坪草叶片的弹性急剧降低,此时应禁止一切草坪上的活动,因为此时践踏草坪的脚印造成的损伤是无法恢复的。当温度升高以后,草坪草的弹性会得到恢复,早上喷灌可加快这一进程,尤其在高尔夫球场果领上。

(3)回弹力　回弹力(Resiliency)或韧性是草坪吸收外力冲击而不改变草坪表面特性的能力。草坪的回弹力部分受草坪草叶片和滋生芽的影响,但主要受草坪草生长介质特性的影响。如草坪上保留适当的枯草层能增加草坪的回弹力。土壤类型和土壤结构也是影响草坪回弹力的重要因素。高尔夫球场果领的草坪应具有足够的回弹力,以保持住一个恰当的定向击球。足球场草坪的回弹力对防止运动员受伤是非常重要的。

(4)再生力　再生力(Recuperative Capacity)是指草坪受到病害、虫害、踩压及其他因素损害后,能够恢复覆盖、自身重建的能力。它受植物遗传特性、养护措施、土壤与自然环境的影响。土壤板结,施肥、灌溉不足或过量,温度不适宜,光照不足及土壤存在有毒物质和病害,都可影响草坪草的再生能力。

由此可见,运动场草坪对功能质量如刚性、弹性、回复力和再生力有特殊要求。通常所说的耐践踏性是以上几个指标的综合反映。

3)NTEP 草坪外观质量评价法

NTEP 是美国国家草坪评比项目(The National Turfgrass Evaluation Program)的简称。NTEP 评分法是一种外观质量评分法,评分因素考虑草坪颜色、质地、密度、均一性和总体质量。NTEP 采用 9 分制评价草坪质量,9 代表一个草坪能得到的最高评价,而 1 表示完全死亡的草坪或休眠的草坪。

用 9 分制评分法,1 ~ 2 分为休眠或半休眠草坪,2 ~ 4 分为质量很差,4 ~ 5 分为质量较差,5 ~ 6 分为质量尚可,6 ~ 7 分为良好,7 ~ 8 分为优质草坪,8 分以上质量极佳。以上为 NTEP 评分法的一般原则,实际评分时可进一步参考以下标准。

(1)评分标准

①密度。从草坪上方垂直往下看,小区完全为裸地、枯草层或杂草组成时,为 1 分;盖度小于 50% 时,为 1 ~ 3 分;盖度 50% ~ 80% 时,为 3 ~ 5 分;盖度 80% ~ 100% 时,为 5 ~ 6 分;盖度达到 100% 时,由较稀到很稠密,为 6 ~ 9 分。

②质地。手感光滑舒适、叶片细腻的草坪质地最佳,手感不光滑、叶片宽、粗糙的草坪质地最差。对手感光滑舒适的草坪,叶片宽度为 1 mm 或更窄,为 8 ~ 9 分;1 ~ 2 mm,7 ~ 8 分;2 ~ 3 mm,6 ~ 7 分;3 ~ 4 mm,5 ~ 6 分;4 ~ 5 mm,4 ~ 5 分;5 mm 以上,1 ~ 4 分。虽然叶片较窄,但对手感不好的草坪,在以上评分的基础上,略减。

③颜色。颜色表明整个小区内草坪的绿色状况,是草坪表观特征的重要指标。枯黄草坪或裸地为 1 分;小区内有较多的枯叶,较少量绿色时,1 ~ 3 分;小区内有较多的绿色植株,少量枯叶或小区内基本由绿色植株组成,但颜色较浅时,为 5 分;草坪从黄绿色到健康宜人的墨绿色为

5～9 分。

④均一性。草坪草色泽一致，生长高度整齐，密度均匀，完全由目标草坪草组成，不含杂草，并且质地均匀的草坪为 9 分；裸地、枯草层或杂草所占据的面积达到 50% 以上时，均一性为 1 分。

⑤总分。在将各要素的评分综合成总分时，通常按以下的标准给不同的项目分配权重：颜色 2，密度 3，质地 2，均一性 2（表 4.6）。

表 4.6 草坪外观质量评分标准

指 标	分 等	评 分	指 标	分 等	评 分
草坪密度	<50%	1～3	叶片质地	5～10 mm	1～4
	50%～80%	4～5		3～5 mm	4～6
	80%～100%	5～6		1～3 mm	6～8
	盖度 100%，较稀疏到很稠密	6～9		<1 mm	9
颜色	休眠或枯黄	1	均一性	十分均匀	9
	较多的枯叶，少量绿色	1～3		50% 斑秃	1
	较多的绿色，少量枯叶	3～5			
	浅绿到深绿的颜色	5～7			
	深绿到墨绿	7～9			

（2）草坪质量评估的原则和技巧　由于目测法是主观评分方法，因此，如果要想获得有意义的评估结果，掌握一些原则和观测技巧对确保评估标准的一致性很重要。首先，观测者必须经常巡视需要评价的草坪，从总体上把握他们的质量变化。其次，在观测前，应该参照上一次的评分结果和巡视记录，确定颜色、质地、密度、均匀性等项目表现最佳、最差、中等的小区的得分，这样比较容易掌握好一致的标准。在阴天进行草坪评估最好，如小区很多，通常应集中 1 天评估以确保评估过程中的一致性。对草坪研究人员来讲，照相机也是很重要的工具。

此外，由于表观视觉评分具有一定的主观性，所以质量评定最好由几个评价者相对独立地做出。最终的评分等级取这几个评价者结果的平均分。这种方法的可靠性与评价者的经验和技艺有关。

剪草机的操作

4.2 基本技能训练（Basic Skills）

实训 1 剪草机的操作（How to Use Mower?）

1. 实训目的（Training Objectives）

（1）了解旋刀式剪草机的简单构造。

（2）熟悉旋刀式剪草机的操作步骤及注意事项。

（3）掌握草坪机械的清洁与保养。

2. **材料器材**(Materials and Instruments)

(1)场地 试验草坪500 m^2。

(2)器材 旋刀式剪草机、汽油、机油、毛巾、刷子等。

3. **实训内容**(Training Contents)

(1)学习旋刀式剪草机的主要构造。

(2)学习旋刀式剪草机的操作方法。

(3)学习草坪机械的日常清洁与保养。

4. **实训步骤**(Training Steps)

1)课前准备

教师提前1周下达实训任务书,强调实训着装;学生阅读教材相关内容,做好各项准备工作。

2)现场实训

(1)着装要求 操作剪草机,务必穿长裤、长袖衣服、防滑保护鞋,戴手套、防护眼镜、耳塞,绝对不可以穿短裤、凉鞋,或大裤脚裤子,影响操作,危及自身安全。

(2)教师讲解旋刀式剪草机的简单构造

①发动机部分:如发动机、汽油加入口、机油加入口、火花塞、空气滤清器、油门扳手、电路开关、燃油阀门、阻风门、启动绳等。

②机械操作部分:如刀片、集草袋、剪草高度调节装置等。

(3)操作步骤及注意事项

①检查场地及机器。

a. 剪草前,一定要先检查场地内是否有石头、砖块、树枝、电线、骨头等异物,如果有,务必要清理出场,否则它们可能被剪草机的刀片碰到后弹出,对操作者或被允许留在现场的其他人造成严重的人身伤害。

b. 启动剪草机之前,一定要先检查机油、汽油是否充足,空气滤清器是否干净,刀片是否损坏,螺栓是否锁紧、火花塞帽是否已装在火花塞上等。

c. 注意:必须先检查、后开机,否则,可能毁坏机器,危及人身安全。

机油油面不要超过“高位”标志;一般,首次操作2 h后更换机油,以后每工作25 h要更换机油一次。

加油需在停车状态下、通风良好的地方进行,不能在草坪上加油,以防油料泄漏在草坪上危害草坪生长。切勿在汽油机运转时加注燃油!加注燃油必须等汽油机彻底冷却之后进行。

刀片不锋利时务必及时更换,否则影响修剪质量。

在剪草作业周围,应立警示牌,提醒行人注意避让。

②启动剪草机。

a. 启动前,应根据草坪修剪的1/3原则调节剪草高度。

b. 剪草机启动的具体操作如下:首先,将化油器上的燃油阀门打开;再将节流杆(油门扳手)推至阻风门(CHOKE)位置;然后,提起启动索,快速拉动。

c. 注意:不要让启动索迅速缩回,而要用手送回,以免损坏启动索。启动后,要将节流器(油门)扳至“低速”(LOW),预热两三分钟,使发动机平稳运转。

③剪草。

a.将离合器杆靠紧手柄方向扳动时,剪草机会自动前进;将油门扳到“高速”(HIGH)位置,即可剪草;剪草时必须保持直线行走,当然弧线修剪例外;松开离合器杆时,剪草机会停止。

b.注意:若剪草机出现不正常震动或发生剪草机与异物撞击时,应立即停车。不小心跌倒时,记得立即松开剪草机的扶手。重新调节剪草高度须停止发动机。

剪草时,要将节流杆(油门)置于“高速”(HIGH)的位置,以发挥发动机的最佳性能。另外,剪草时,只许步走前进,不得跑步,不得退步。换挡杆有两种位置“快速(FAST)”和“慢速(SLOW)”可使剪草机的刀片以两种旋转速度切割草坪,但是,行进间不能进行换挡!

如果行走时歪歪扭扭,会留下难看的纹路。此外,不要漏剪,也不要重复修剪。

取集草袋时应等刀片完全停稳。

④关机。缓慢将节流杆推至“停止”(STOP)位置,再将化油器的燃油阀门关闭,即可关机。

⑤清洁机具。

a.剪草作业结束后,应用毛巾或刷子将剪草机里里外外清理干净。集草袋也务必清理干净,机身外壳一般倒是不会忽视。有风枪的单位,可用风枪对剪草机进行彻底清扫。比如底盘的刀片及刀片周围是容易被人忽视的地方,一定要清理干净,并将刀片等部位上油(轻机油或汽油机机油)保护。

b.每季度至少一次用轻机油或汽油机机油润滑皮带轮子及轴承。排草挡板和后排草盖两边的扭力弹簧和转动点也应用轻机油进行润滑,防止生锈并保持安全装置挡板始终正常工作。每季度至少一次用轻机油对刀片控制横杆、刹车钢索和剪草高度调节杆的转动部位进行润滑。

c.清理之前,首先一定要将火花塞帽取下来,以免误启动,伤害操作者。将剪草机转置于地面,空气滤清器一面朝上,固定好剪草机后进行清扫作业。

d.空气滤清器要拆下来清理,一般每工作100 h,应更换新的空气滤清器。工作满200 h要更换一次火花塞,机器每运转50 h要调整一次火花塞间隙(0.762 mm)。

e.剪草机一定要放在干燥通风阴凉处,以延长机器寿命。千万不能和化肥、农药等有腐蚀性的物品放在一起。

(4)故障分析　剪草机不能启动的原因可能有:

①是否汽油或润滑油没有了?是否汽油已失效?(加注汽油或润滑油,或将旧油放干净,换上新鲜汽油。)

②是否燃油器开关没打开?是否电路开关没打开?(打开燃油器开关,打开电路开关。)

③是否火花塞帽没有盖或没有拧紧?是否火花塞出现故障?(拧紧火花塞帽,清洁火花塞,调节火花塞间距,或更换火花塞。)

④是否空气滤清器太脏?(清洗或更换空气滤清器。)

⑤是否保险丝断了?(重新换保险丝。)

⑥是否离合杆没压下?(压下手杆。)

⑦是否化油器呛油了?(油门扳到最大位置,连续拉动汽油机。)

请严格按照操作规程进行操作,根据说明书进行故障分析与排除,千万不要自己进行维修,而要打电话请专业人员检修。

3)课后作业

牢牢记住剪草机的操作步骤及注意事项,高度重视机器的清洁与保养,这是中国工人的薄弱之处。

5. **实训要求**(Training Requirements)

(1)认真听老师讲解和示范剪草机的构造和操作,每个同学都要动手操作并熟练掌握。

(2)各组合理安排,如实记录小组成员的表现情况,作为实训表现评分依据。

(3)实训期间必须严格按操作规程使用剪草机,务必注意人身安全以及机具安全。

6. **实训作业**(Homework)

完成“剪草机的使用”实训报告,主要包括操作步骤和注意事项。

评分:总分(100 分) = 实训报告(30 分) + 实训表现(30 分) + 操作技术(40 分)

7. **教学组织**(Teaching Organizing)

(1)指导老师 2 名,其中主导老师 1 人,辅导老师 1 人。

(2)主导老师要求

①全面组织现场教学及考评;

②讲解实训目的、意义及要求;

③讲解剪草机的主要构造及工作原理;

④讲解剪草机的操作步骤及注意事项;

⑤现场指导,并随时回答学生的各种问题。

(3)辅导老师要求

①准备剪草机等实训用具;

②协助主导老师进行教学及管理;

③示范剪草机的操作步骤,强调有关注意事项和学生实训安全;

④现场随时回答学生的各种问题。

(4)学生分组

10 人 1 组,以组为单位进行剪草实训。

(5)实训过程

师生实训前的各项准备工作→教师现场讲解示范答疑、学生现场练习提问→学生完成实训报告

8. **说明**

旋刀式剪草机有很多种类型,教师可根据具体型号调整操作步骤。本款剪草机为日本本田 HRU215MSU 剪草机(草坪机)。

有条件的学校,可组织学生学习使用滚刀式剪草机,因为随着经济的发展,滚刀式剪草机的数量一定会越来越多。

二维码中有剪草机的操作录像,供老师、同学们参考。

割灌剪草机的操作

实训2 割灌剪草机的操作(How to Use Brush Cutter?)

1.实训目的(Training Objectives)

(1)了解割灌剪草机(割草机)的简单构造。

(2)熟悉割灌剪草机的操作步骤及注意事项。

(3)掌握草坪机械的清洁与保养。

2.材料器材(Materials and Instruments)

(1)场地　试验草坪 500 m^2。

(2)器材　割灌剪草机、汽油机油的混合油(本款机为25∶1)、毛巾、刷子等。

3.实训内容(Training Contents)

(1)学习割灌剪草机的主要构造。

(2)学习割灌剪草机的操作方法。

(3)学习草坪机械的日常清洁与保养。

4.实训步骤(Training Steps)

1)课前准备

教师提前1周下达实训任务书,强调实训着装;学生阅读教材相关内容,做好各项准备工作。

2)现场实训

(1)着装要求　操作割灌机,务必穿长裤、长袖衣服、防滑保护鞋,戴作业帽(在坡地作业时要戴头盔)、结实的手套、防护眼镜或面部防护罩、耳塞(特别是长时间作业时),如图4.50所示。绝对不可以穿短裤、凉鞋,或大裤脚裤子,这样会影响操作,危及自身安全。

图4.50　操作割灌剪草机着装

(2)教师讲解割灌剪草机的简单构造

①发动机部分:如发动机、汽油机油的混合油加入口、火花塞、空气滤清器、油门扳手、电路

开关、阻风门、启动绳等。

②机械操作部分:如刀片(或塑料绳)等。

(3)操作步骤及注意事项

①检查场地及机器。开机前,必须先检查各部位的螺丝是否拴紧,燃料是否漏出,刀片是否锋利,是否有裂痕、弯曲等现象,是否拴紧,火花塞帽是否已装在火花塞上。

此外,需清除场地内可以移动的障碍物,以作业者为中心,15 m 内为危险区域立警告牌。几个人同时作业时,要不时地相互打招呼,保持安全间隔。

注意:必须先检查、后开机。加油需在场外平坦通风良好的地方进行,不能在草坪上加油,以防油料泄漏在草坪上危害草坪生长。加油时切勿吸烟。使用过程中加油,一定要先把引擎停下来,确认周围没有烟火后再加油。加油时如果不小心把燃料洒在机子上了,一定要将机体上附着的燃料擦干净以后才可启动引擎。

②启动割草机。首先,把机组放置在平坦坚实的地方,保证割刀头周围没有任何物品。转动燃料箱的盖子,确认是否确实拧紧了;然后,打开燃油箱开关,把风门开关移动到关闭位置(重新启动则移动到打开位置),设定加油柄至启动位置。牢牢握住机组,快速拉出启动器拉绳。在引擎启动后,渐渐打开风门。让引擎转动 2 ~ 3 min 预热。

注意:启动时要确认刀片离开地面;启动索要快速拉起,轻轻用手送回,以免损坏启动索。

③佩戴肩背带(图 4.51)。打开引擎,把加油柄退回到最低速度位置,然后,把肩背带的挂钩扣在机体的吊环上。

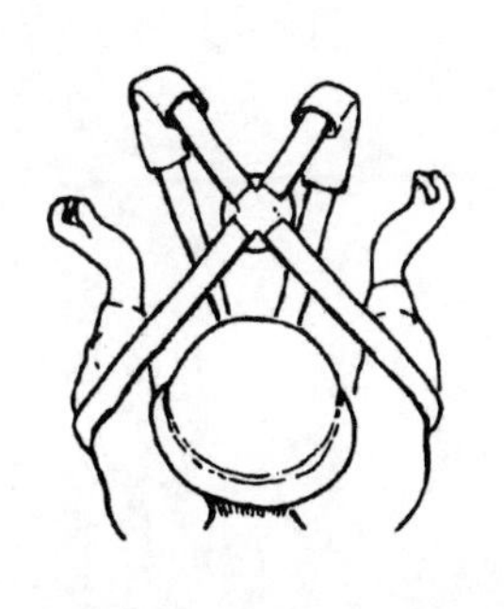
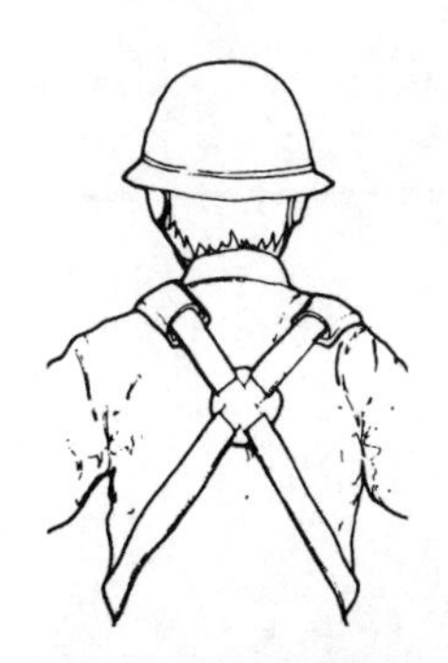

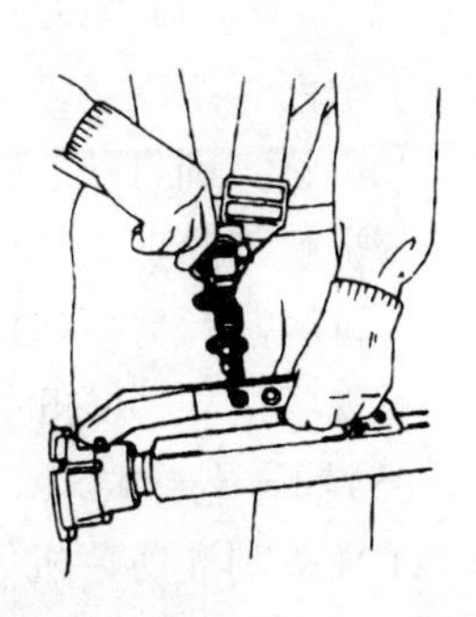

图 4.51 佩戴肩背带

④割草。割草时的动作是从右向左摇晃着机体来进行的。每次刀片吃进深度一般为刀片直径的 1/3 ~ 1/2。引擎的转速根据草的阻力大小随时调节,一般在中速位置。

注意:操作时,若撞到石块等硬物要停止,检查刀片是否异常。

补充燃料要把引擎停止,冷却后在没有火的地方进行。

引擎的转速要保持在作业需要的范围之内,不要随意提高或降低。引擎转速过低,不仅容易使草缠卷,还会导致离合器的早期消耗。

割草作业时要保持稳定的姿势。作业时,一定要紧握手把,不要握其他部位,眼睛要盯住刀片。千万勿将刀片靠近自己的脚或将其抬高至腰部以上位置。

中断作业时,要将加油柄扳回到"启动速度"位置后再松开手。作业中如听到后边有人打招呼时,一定要先关掉引擎后方可回头。

⑤停止引擎。先转动加油柄到无效位置,再按下引擎开关键,引擎停止后关闭燃料塞。

⑥清洁机具。割草作业结束后,应用毛巾或刷子将割草机清理干净,并将刀片等部位上油保护。

每次使用后,空气滤清器要拆下来清理。一般每工作 40 h,应更换新的空气滤清器。

清洁机具前,火花塞帽一定要取下来,以免误启动,伤害操作者。

割灌剪草机一定要放在干燥通风阴凉处,以延长机器寿命。

(4)故障分析　参见剪草机。

3)课后作业

牢牢记住割灌剪草机的操作步骤及注意事项,高度重视机器的清洁与保养工作。

5. 实训要求(Training Requirements)

①认真听老师讲解和示范割灌剪草机的构造和操作,每个同学都要动手操作并熟练掌握。

②各组合理安排,如实记录小组成员的表现情况,作为实训表现评分依据。

③实训期间必须严格按操作规程使用剪草机,务必注意人身安全以及机具安全。

6. 实训作业(Homework)

完成“割灌剪草机的使用”实训报告,主要包括操作步骤和注意事项。

评分:总分(100 分) = 实训报告(30 分) + 实训表现(30 分) + 操作技术(40 分)

7. 教学组织(Teaching Organizing)

(1)指导老师 2 名,其中主导老师 1 人,辅导老师 1 人。

(2)主导老师要求

①全面组织现场教学及考评;

②讲解实训目的、意义及要求;

③讲解割灌剪草机的主要构造及工作原理;

④讲解割灌剪草机的操作步骤及注意事项;

⑤现场指导,并随时回答学生的各种问题。

(3)辅导老师要求

①准备割灌剪草机等实训用具;

②协助主导老师进行教学及管理;

③示范割灌剪草机的操作步骤,强调有关注意事项和学生实训安全;

④现场随时回答学生的各种问题。

(4)学生分组

10 人 1 组,以组为单位进行割草实训。

(5)实训过程

师生实训前的各项准备工作→教师现场讲解示范答疑、学生现场练习提问→学生完成实训报告。

8. 说明

割灌剪草机也有不少类型,教师可根据具体型号调整操作步骤。本款割灌剪草机为日本小松牌割草机 BC3400FW。

二维码中有割灌剪草机的操作录像,供老师、同学们参考。

实训3 打孔机的操作(How to Use Aerator?)

打孔机的操作

1. 实训目的(Training Objectives)

(1)了解打孔机的简单构造。

(2)熟悉打孔机的操作步骤及注意事项。

(3)掌握草坪机械的清洁与保养。

2. 材料器材(Materials and Instruments)

(1)场地　试验草坪500 m^2。

(2)器材　打孔机、汽油、机油、毛巾、刷子等。

3. 实训内容(Training Contents)

(1)学习打孔机的主要构造。

(2)学习打孔机的操作方法。

(3)学习草坪机械的日常清洁与保养。

4. 实训步骤(Training Steps)

1)课前准备

教师提前一周下达实训任务书,强调实训着装;学生阅读教材相关内容,做好各项准备工作。

2)现场实训

(1)着装要求　操作打孔机,务必穿长裤、长袖衣服、防滑保护鞋,戴手套、防护眼镜、耳塞,绝对不可以穿短裤、凉鞋或大裤脚裤子,这样会影响操作,危及自身安全。

(2)教师讲解打孔机的简单构造

①发动机部分:如发动机、汽油注入口、机油加入口、火花塞、空气滤清器、油门扳手、电路开关、燃油阀门、阻风门、启动绳等。

②机械操作部分:如打孔锥、加压板等。

(3)操作步骤及注意事项

①检查场地及机器。打孔前,一定要先检查场地内是否有石头、砖块等硬物,如果有,务必要清理出场。

启动打孔机之前,一定要先检查机油、汽油是否充足,空气滤清器是否干净,打孔锥是否干净,螺栓是否锁紧、火花塞帽是否已装在火花塞上等。

注意:必须先检查、后开机。机油油面不要超过“高位”标志;一般,新机工作满20 h要更换机油一次,以后每工作满100 h要更换一次。加油需在停车状态下、通风良好的地方进行,不能在草坪上加油,以防油料泄漏在草坪上危害草坪生长。在打孔作业周围,应立警示牌,提醒行人注意避让。

②启动打孔机。首先,打开燃油开关、电路开关,阻风阀视情况可全关、半关、全开(但启动后则必须把阻风阀放在全开位置),然后,适当加大油门,迅速拉动启动手把,将汽油机启动。

注意:打孔机必须在手把拉起、孔锥脱离地面的状态下启动。不要让启动索迅速缩回,而要用手送回,以免损坏启动索。

③打孔。汽油机需在低转速下运转 2 ~3 min 进行暖机。然后,加大油门,使汽油机增速。慢慢放下打孔机手把,双手扶紧手把,跟紧打孔机前进,即可进行草坪打孔作业。

注意:若打孔机行走速度太快,操作者跟不上时,可适当将油门关小,以保证操作者安全。不要重复打孔,也不要漏打。直线行走以保证打孔质量和工作效率。

④关机。工作完毕,先将打孔机操纵手把拉起,减小油门,让汽油机在低速状态下运转 2 ~3 min后,再将电路开关关上,汽油机即熄火,最后,将燃油开关关上。

⑤清洁机具。打孔完后,要用毛巾或刷子将打孔机里里外外清理干净。空气滤清器要拆下来清理,一般每工作 40 h,应更换新的空气滤清器。火花塞帽要从火花塞上取下来,以防止误启动。火花塞每运转 100 h 要从汽油机上取下并清洁。打孔锥里的土条要清理干净,否则干硬后不好清理。打孔机一定要放在干燥通风阴凉处,以延长机器寿命。

(4)故障分析　打孔机不能启动的原因可能有:

①是否汽油或润滑油没有了?(加油)

②是否汽油已失效?(换油)

③是否燃油器开关没打开?(打开)

④是否电路开关没打开?(打开)

⑤是否火花塞帽没有盖或没有拧紧或太脏?(盖上、拧紧、清洁)

⑥是否空气滤清器太脏?(清洁)

请严格按照操作规程进行操作,根据说明书进行故障分析与排除,千万不要自己进行维修,而要打电话请专业人员检修。

3)课后作业

牢牢记住打孔机的操作步骤及注意事项,高度重视机器的清洁与保养。

5. 实训要求(Training Requirements)

(1)认真听老师讲解和示范打孔机的构造和操作,每个同学都要动手操作并熟练掌握。

(2)各组合理安排,如实记录小组成员的表现情况,作为实训表现评分依据。

(3)实训期间必须严格按操作规程使用打孔机,务必注意人身安全以及机具安全。

6. 实训作业(Homework)

完成"打孔机的使用"实训报告,主要包括操作步骤和注意事项。

评分:总分(100 分) = 实训报告(30 分) + 实训表现(30 分) + 操作技术(40 分)

7. 教学组织(Teaching Organizing)

(1)指导老师 2 名,其中主导老师 1 人,辅导老师 1 人。

(2)主导老师要求

①全面组织现场教学及考评;

②讲解实训目的、意义及要求;

③讲解打孔机的主要构造及工作原理;

④讲解打孔机的操作步骤及注意事项;

⑤现场指导,并随时回答学生的各种问题。

(3)辅导老师要求

①准备打孔机等实训用具;

②协助主导老师进行教学及管理;

③示范打孔机的操作步骤,强调有关注意事项和学生实训安全;

④现场随时回答学生的各种问题。

(4)学生分组

10 人 1 组,以组为单位进行打孔实训。

(5)实训过程

师生实训前的各项准备工作→教师现场讲解示范答疑、学生现场练习提问→学生完成实训报告。

8. 说明

打孔机有很多种类型,教师可根据具体型号调整操作步骤。本款打孔机为国产大隆本田动力打孔机(型号为 DALONG9903)。

二维码中有打孔机的操作录像,供老师、同学们参考。

实训4 梳草机的操作(How to Use Comber?)

梳草机的操作

1. 实训目的(Training Objectives)

(1)了解梳草机的简单构造。

(2)熟悉梳草机的操作步骤及注意事项。

(3)掌握草坪机械的清洁与保养。

2. 材料器材(Materials and Instruments)

(1)场地 试验草坪 500 m^2。

(2)器材 梳草机、汽油、机油、毛巾、刷子等。

3. 实训内容(Training Contents)

(1)学习梳草机的主要构造。

(2)学习梳草机的操作方法。

(3)学习草坪机械的日常清洁与保养。

4. 实训步骤(Training Steps)

1)课前准备

教师提前一周下达实训任务书,强调实训着装;学生阅读教材相关内容,做好各项准备工作。

2)现场实训

(1)着装要求 操作梳草机,务必穿长裤、长袖衣服、防滑保护鞋,戴手套、防护眼镜、耳塞,绝对不可以穿短裤、凉鞋或大裤脚裤子,这样会影响操作,危及自身安全。

(2)教师讲解梳草机的简单构造

①发动机部分:如发动机、汽油注入口、机油加入口、火花塞、空气滤清器、电路开关、燃油阀

门、阻风门、启动绳等。

②机械操作部分:如刀片、梳草高度调节装置等。

(3)操作步骤及注意事项

①检查场地及机器。梳草前,一定要先检查场地内是否有石头、砖块等硬物,如果有,务必要清理出场。

启动梳草机之前,一定要先检查机油、汽油是否充足,空气滤清器是否干净,刀片是否损坏,螺栓是否锁紧、火花塞帽是否已装在火花塞上等。

注意:必须先检查、后开机,否则,可能毁坏机器,危及人身安全;机油油面不要超过“高位”标志;一般,新机工作满 20 h 要更换机油一次,以后每工作满 100 h 要更换一次;加油需在停车状态下、通风良好的地方进行,不能在草坪上加油,以防油料泄漏在草坪上危害草坪生长;在梳草作业周围,应立警示牌,提醒行人注意避让。

②启动梳草机。首先,打开燃油开关、电路开关,阻风阀视情况可全关、半关、全开(但启动后必须把阻风阀放在全开位置)。适当加大油门,迅速拉动启动手把,将汽油机启动。

注意:梳草机必须在手把拉起、刀片脱离地面的状态下启动。不要让启动索迅速缩回,而要用手送回,以免损坏启动索。

③梳草。梳草深度可根据需要调节多孔板位置来决定:前面第一孔为最深,越向后梳草深度越浅,一般放在第三孔位置。

汽油机在低转速下运转 2 ~ 3 min 进行暖机,之后,加大油门,使汽油机增速。然后,慢慢放下梳草机手把,适当用力推动梳草机,即可向前移动工作。梳草机自动向前移动,若速度过快,可适当向后拉一下,以保证匀速前进。

注意:若梳草机出现不正常震动或发生梳草机与异物撞击时,应立即停车。重新调节梳草深度须停止发动机。梳草时,要将油门置于“高速”位置,以发挥发动机的最佳性能。此外,不要漏梳,也不要重复梳草。保持直线行走。

④关机。工作完毕,先将梳草机拉起减小油门,让汽油机在低速状态下运转 2 ~ 3 min 后,再将电路开关关上,汽油机即熄火,最后,将燃油开关关上。

⑤清洁机具。梳草作业结束后,应用毛巾或刷子将梳草机里里外外清理干净,空气滤清器要拆下来清理,一般每工作 40 h,应更换新的空气滤清器。火花塞帽要从火花塞上取下来,以防止误启动。火花塞每运转 100 h 要从汽油机上取下并清洁。刀片等部位需上油保护。梳草机一定要放在干燥通风阴凉处,以延长机器寿命。

(4)故障分析　参见打孔机。

3)课后作业

牢牢记住梳草机的操作步骤及注意事项,高度重视机器的清洁与保养。

5. 实训要求(Training Requirements)

(1)认真听老师讲解和示范梳草机的构造和操作,每个同学都要动手操作并熟练掌握。

(2)各组合理安排,如实记录小组成员的表现情况,作为实训表现评分依据。

(3)实训期间必须严格按操作规程使用梳草机,务必注意人身安全以及机具安全。

6. 实训作业(Homework)

完成“梳草机的使用”实训报告,主要包括操作步骤和注意事项。

评分:总分(100 分) = 实训报告(30 分) + 实训表现(30 分) + 操作技术(40 分)

7. **教学组织**(Teaching Organizing)

(1)指导老师2名,其中主导老师1人,辅导老师1人。

(2)主导老师要求

①全面组织现场教学及考评;

②讲解实训目的、意义及要求;

③讲解梳草机的主要构造及工作原理;

④讲解梳草机的操作步骤及注意事项;

⑤现场指导,并随时回答学生的各种问题。

(3)辅导老师要求

①准备梳草机等实训用具;

②协助主导老师进行教学及管理;

③示范梳草机的操作步骤,强调有关注意事项和学生实训安全;

④现场随时回答学生的各种问题。

(4)学生分组

10人1组,以组为单位进行梳草实训。

(5)实训过程

师生实训前的各项准备工作→教师现场讲解示范答疑、学生现场练习提问→学生完成实训报告。

8. **说明**

梳草机有很多种类型,教师可根据具体型号调整操作步骤。本款梳草机为国产大隆本田动力梳草机(型号DALONG9901)。

二维码中有梳草机的操作录像,供老师、同学们参考。

实训5 草坪肥料的施用(How to Use Turf Fertilizer?)

1. **实训目的**(Training Objectives)

(1)熟悉草坪常用肥料种类。

(2)掌握常用草坪肥料施用方法及技术。

(3)掌握肥料安全存放的基本知识。

2. **材料器材**(Materials and Instruments)

(1)化学肥料:尿素、氯化钾、过磷酸钙、复合肥等。

有机肥料:骨粉、花生麸、鸡粪、蘑菇肥等。

(2)天平、喷雾器、水桶等。

3. **实训内容**(Training Contents)

(1)了解当地常用草坪肥料的种类及价格。

(2)掌握常用草坪肥料的施用量和施用方法。

(3)学习肥料用量的计算方法。

4. 实训步骤(Training Steps)

1)课前准备

阅读教材及相关资料,准备肥料和相关工具。

2)现场教学

(1)化学肥料施用量计算　化肥的生产和销售通常是由国家按有关政策统一管理。化肥的成分一般都印在包装袋上,并按氮(N)、磷(P)、钾(K)的最低含量依次列出。如10-10-10表示该袋化肥含10%的N、10%的P_2O_5、10%的K_2O。有时也表示含10%的N、10%的P、10%的K,但通常会特别标出。计算时,按P_2O_5含44%的P,K_2O含83%的K来换算。有时,化肥的表示上也有第四个数据来表示铁(Fe)、镁(Mg)、硫(S)。如10-10-10-4S,表示该化肥还含有4%的硫。

草坪管理实践中,经过土壤成分分析,推算出各种有效成分的施用量后,草坪管理者还会遇到施用哪种化肥及各施用多少之类的问题。这时,就必须经过计算来确定各种肥料的施用量。下面,举例来说明这种换算方法。

土化实验室推荐在每100 m^2草坪上施用氮(N)1 kg、磷(P)1 kg、钾(K)0.5 kg。今有1 500 m^2的草坪需要施肥,仓库现有肥料:磷酸铵(11-52-0)100 kg、硝酸铵(35-0-0)5 kg、氯化钾(0-0-60)50 kg,上述表示按N-P_2O_5-K_2O排列。请问:每种肥料各施用多少?

解决思路:首先应该知道1 500 m^2的草坪,氮(N)、磷(P)、钾(K)的需求量是多少;然后,看氮(N)、磷(P)都含有的二元肥料(磷酸铵)能满足多少N、P的需求量;磷酸铵的用量确定后,再计算氮肥(硝酸铵)的施用量;最后计算钾肥(氯化钾)需要多少。

下面是具体的计算步骤:

①计算1 500 m^2草坪N、P、K的总需要量分别是多少。

N:$(1\ kg \div 100\ m^2) \times 1\ 500\ m^2 = 15\ kg$

P:$(1\ kg \div 100\ m^2) \times 1\ 500\ m^2 = 15\ kg$

K:$(0.5\ kg \div 100\ m^2) \times 1\ 500\ m^2 = 7.5\ kg$

②计算磷酸铵中P的含量。

由于每100 kg磷酸铵中含有52 kg P_2O_5,每千克(kg)P_2O_5含44%的P,所以,每100 kg磷酸铵肥料中含P:

$100\ kg \times 52\% \times 44\% = 22.88\ kg$

③计算肥料(磷酸铵)的施用量(X):

$X \div 15 = 100 \div 22.88$

$X = 65.56\ kg$

④计算磷酸铵中N的含量:

由于磷酸铵含N 11%,所以部分N也已补充,其补充量为:

$65.56\ kg \times 11\% = 7.21\ kg$

⑤计算还需补充多少N:

$15\ kg - 7.21\ kg = 7.79\ kg$

⑥计算肥料(硝酸铵)的用量(Y):

$Y \div 7.79 = 100 \div 35$

$Y = 22.26$ kg

⑦计算氯化钾的含 K 量：

由于每 100 kg 氯化钾中含有 60 kg K_2O，每千克(kg)K_2O 含 83% 的 K，所以每 100 kg 氯化钾肥料中含 K：

$100 \text{ kg} \times 60\% \times 83\% = 49.80$ kg

⑧计算肥料(氯化钾)需求量(Z)：

$Z \div 7.5 = 100 \div 49.80$

$Z = 15.06$ kg

所以，该草坪需施用磷酸铵 65.56 kg，硝酸铵 22.26 kg，氯化钾 15.06 kg。

(2)肥料施用

根据计算好的各肥料需用量，用天平准确称取各肥料，每种肥料均分成两份，待用。

①南北方向来回施：将称好的肥料，取一半，用施肥机南北方向来回均匀地施入草坪，或用手均匀地施入草坪。

②东西方向来回施：将另一半肥料，东西方向来回均匀地施入。

③浇水：所有肥料施用完毕后，适量浇水，避免肥料黏在叶片上灼烧草坪叶片。

(3)肥料存放

将未用完的肥料，捆扎好，按要求放回仓库。

3)课后作业

完成实训报告。

5. 实训要求(Training Requirements)

认真听老师讲解，细心操作，注意安全。

6. 实训作业(Homework)

完成实训报告。

7. 教学组织(Teaching Organizing)

(1)指导老师 2 名，其中主导老师 1 人，辅导老师 1 人。

(2)主导老师要求

①全面组织现场教学及考评；

②讲解肥料计算和施用方法；

③现场随时回答学生的各种问题。

(3)辅导老师要求

①课前准备好肥料和用具；

②协助主导老师进行教学及管理；

③现场随时回答学生的各种问题。

(4)学生分组　4 人 1 组，以组为单位进行各项活动，每人独立完成实训报告。

(5)实训过程　师生实训前各项准备工作→教师现场讲解示范答疑、学生现场操作提问→独立完成实训报告。

8. 说明

可提前布置施肥任务给学生，让他们自行制订施肥计划，选择肥料，计算好施肥量，再进行现场实训。

实训6　表施土壤材料的配制(How to Mix the Top Dressing Material?)

1. 实训目的(Training Objectives)

(1)通过配制表施土壤材料，熟悉表施土壤材料的要求及配方。

(2)掌握表施土壤材料配制的方法和技术要求。

2. 材料器材(Materials and Instruments)

(1)材料　泥炭、河沙、细土、土壤消毒剂等。

(2)用具　粉碎机、铁铲、锄头、桶、筛、塑料薄膜等。

3. 实训内容(Training Contents)

(1)学习表施土壤材料的种类及处理。

(2)学习表施土壤材料的配方及配制方法。

4. 实训步骤(Training Steps)

1)课前准备

教师提前一周布置实训任务，同学阅读相关资料，准备实训所需材料和用具。

2)现场教学

(1)材料准备

①泥炭。购买的泥炭有的比较粗糙，需经过粉碎机粉碎后才能过筛(6 mm)使用，否则颗粒太大，施入草坪后不易滚落到草坪下层，容易引起草坪蔽荫等问题，影响草坪生长。充分腐熟的草屑堆肥是不错的替代品。

②河沙。河沙通常选用中沙和细沙，一般不用粗沙。海沙必须经过反复清洗脱盐后方可使用。为了清除杂物，需过筛(6 mm)后再用。

③土壤。土壤不宜太黏重也不宜太沙，壤土比较理想。菜园土是比较理想的土壤材料，也需打碎过筛(6 mm)后使用。

(2)材料配方　配方一定要根据草坪土壤具体情况而定，不能照搬。有时纯粹只施沙，有时只用塘泥。一般情况下的推荐配方如下：

黏土草坪:1 份泥炭、2 份土壤、4 份沙；

壤土草坪:1 份泥炭、4 份土壤、2 份沙；

砂土草坪:2 份泥炭、4 份土壤、1 份沙。

(3)材料混合　材料过筛准备好后，即可按比例混合，配制表施土壤材料。可用桶作为量具，把材料量后堆放在一起，再用锄头、铲子等工具反复混匀。

(4)材料消毒　材料混匀之后，用配制好的杀菌液消毒备用。材料用塑料薄膜覆盖。

3)课后作业

口述表施土壤材料的配制方法步骤和要求。

5. 实训要求(Training Requirements)

(1)认真听老师讲解和示范表施土壤材料的处理、配方和配制要求。

(2)每个同学都要动手去做,不怕脏、不怕苦、不怕累。

(3)各组合理安排,如实记录小组成员的表现情况,作为实训表现评分依据。

(4)实训期间务必注意安全。

6. 实训作业(Homework)

完成一份"表施土壤材料的配制"实训报告,主要包括材料要求及处理、配方及配制方法步骤等。

评分:总分(100 分) = 实训报告(30 分) + 实训表现(30 分) + 实训成果(40 分)

7. 教学组织(Teaching Organizing)

(1)指导老师 2 名,其中主导老师 1 人,辅导老师 1 人。

(2)主导老师要求

①全面组织现场教学及考评;

②讲解实训目的、意义及要求;

③讲解表施土壤材料的要求和处理;

④讲解表施土壤材料的配方和配制;

⑤现场指导,并随时回答学生的各种问题。

(3)辅导老师要求

①协助同学准备锄头、铲子等实训用具,以及沙、泥炭等材料;

②协助主导老师进行教学及管理;

③示范材料配制和消毒过程,强调有关安全注意事项;

④现场随时回答学生的各种问题。

(4)学生分组　4 人 1 组,以组为单位进行各项实训活动。

(5)实训过程　师生实训前的各项准备工作→教师现场讲解示范答疑、学生现场配制提问→学生完成实训报告。

8. 说明

掌握了表施土壤的原理之后,可结合草坪实际情况,选择有针对性的配方,材料最好就地取材。

实训 7　草坪外观质量评估(Turf Quality Evaluation)

1. 实训目的(Training Objectives)

(1)熟悉草坪外观质量评估指标及其评分标准和方法。

(2)掌握草坪质量的 NTEP 评分法。

2. 材料器材(Materials and Instruments)

(1)场地　校园草坪若干块,或公园草坪若干。

(2)用具　方格网、直尺、笔、记录本、相机等。

3. 实训内容(Training Contents)

(1)学习草坪外观质量评价的 NTEP 评分法。

(2)学习草坪外观质量评价的四要素。

4. 实训步骤(Training Steps)

1)课前准备

教师提前一周布置实训任务,同学阅读相关资料,准备实训所需用具。

2)现场教学

(1)评价要素的确定

①密度。表明小区内草坪植株的稠密程度,是草坪质量最重要的评价要素之一。草坪的密度可以通过测定单位面积上草坪植株或叶片的个数而定量测定。没有满坪的草坪也可通过盖度来给密度打分。所谓盖度是指单位面积内草坪草茎叶覆盖地面的面积百分比。

②质地。是表示草坪叶片的细腻程度,是人们对草坪叶片喜爱程度的评价要素,取决于叶片宽度和触感。通常认为叶片越细,质地越好。

③颜色。是人眼对草坪反射光的光谱特征做出的评价。一般,大多数人比较喜欢深绿色。

④均一性。是草坪外观上均匀一致的程度,是对草坪颜色、生长高度、密度、组成成分、质地等几个项目整齐度的综合评价。高质量的草坪应是高度均一,不具裸露地、杂草、病虫害斑块,生育型一致的草坪。

(2)评价方法的确定　通常采用美国 NTEP 评分法对草坪进行外观质量评价。NTEP 是美国国家草坪评比项目(The National Turfgrass Evaluation Program)的简称,它其实是一种外观质量评分法,评分因素考虑草坪颜色、质地、密度、均一性和总体质量,采用 9 分制评价草坪质量,9 代表一个草坪能得到的最高评价,而 1 表示完全死亡的草坪或休眠的草坪。

(3)评分标准的确定

①密度:

从草坪上方垂直往下看,小区完全为裸地、枯草层或杂草组成时,为 1 分;

盖度 <50% 时,为 1 ~3 分;

盖度 50% ~80% 时,为 3 ~5 分;

盖度 80% ~100% 时,为 5 ~6 分;

盖度达到 100% 时,由较稀到很稠密,为 6 ~9 分。

②质地:

手感光滑舒适、叶片细腻的草坪质地最佳,手感不光滑、叶片宽、粗糙的草坪质地最差。

对手感光滑舒适的草坪,叶片宽度为 1 mm 或更窄,为 8 ~9 分;

1 ~2 mm,7 ~8 分;

2 ~3 mm,6 ~7 分;

3 ~4 mm,5 ~6 分;

4 ~5 mm,4 ~5 分;

5 mm 以上,1 ~4 分。

虽然叶片较窄,但对手感不好的草坪,在以上评分的基础上,略减。

③颜色:

颜色表明整个小区内草坪的绿色状况,是草坪表观特征的重要指标。

枯黄草坪或裸地为1 分;

小区内有较多的枯叶,较少量绿色时,1 ~3 分;

小区内有较多的绿色植株,少量枯叶或小区内基本由绿色植株组成,但颜色较浅时,为5 分;

草坪从黄绿色到健康宜人的墨绿色为5 ~9 分。

④均一性:

草坪草色泽一致,生长高度整齐,密度均匀,完全由目标草坪草组成,不含杂草,并且质地均匀的草坪为9 分;

裸地、枯草层或杂草所占据的面积达到50% 以上时,均一性为1 分。

(4)总分的计算　在将各要素的评分综合成总分时,通常按以下的标准给不同的项目分配权重:颜色2,密度3,质地2,均一性2。

比如某草坪,颜色得分7.2 分,密度得分8.5 分,质地得分6.8 分,均一性得分7.6 分。其总分计算方法如下:

$$总分 = (颜色得分 \times 2 + 密度得分 \times 3 + 质地得分 \times 2 + 均一性得分 \times 2) \div 9$$
$$= (7.2 \times 2 + 8.5 \times 3 + 6.8 \times 2 + 7.6 \times 2) \div 9$$
$$= 7.6$$

(5)评分结果说明　用9 分制评分法:

1 ~2 分为休眠或半休眠草坪,

2 ~4 分为质量很差,

4 ~5 分为质量较差,

5 ~6 分为质量尚可,

6 ~7 分为良好,

7 ~8 分为优质草坪,

8 分以上质量极佳。

比如上例,7.6 的总分,属优质草坪。

3)课后作业

(1)思考一下,NTEP 是否完美?

(2)查询一下,除了 NTEP 以外,还有没有别的草坪外观质量评价方法?

5. 实训要求(Training Requirements)

(1)认真听老师讲解评价指标、标准、程序、方法等。

(2)每个同学都要独立评分。

(3)各组如实记录小组成员的表现情况,作为实训表现评分依据。

6. 实训作业(Homework)

完成一份“某草坪外观质量评价”报告,主要包括评价依据、方法等。

要求:500 字以上,图文并茂。

评分:总分(100 分) = 实训报告(60 分) + 实训表现(40 分)

7. **教学组织**(Teaching Organizing)

(1)指导老师2名,其中主导老师1人,辅导老师1人。

(2)主导老师要求

①全面组织现场教学及考评;

②讲解实训目的、意义及要求;

③讲解草坪外观质量评价要素;

④讲解 NTEP 评分法:标准、步骤、方法等;

⑤现场指导,并随时回答学生的各种问题。

(3)辅导老师要求

①协助同学准备照相机、方格网等实训用具;

②协助主导老师进行教学及管理;

③现场随时回答学生的各种问题。

(4)学生分组　10人1组,以组为单位进行各项实训活动。

(5)实训过程　师生实训前的各项准备工作→教师现场讲解示范答疑、学生现场评价提问→学生完成实训报告。

8. **说明**

本次实训应在课堂学习的基础上,现场练习,加强学生的感性认识,进一步掌握 NTEP 草坪外观质量评价方法。

实训8　草坪养护管理社会调查(Social Investigation of Turf Management)

1. **实训目的**(Training Objectives)

(1)了解不同单位草坪养护管理方式。

(2)掌握草坪养护管理计划的制订。

2. **实训地点**(Training Site)

当地公园、住宅区、机关、学校、企业等单位草坪。

3. **实训内容**(Training Contents)

(1)学习草坪养护管理主要内容及方式方法。

(2)学习草坪养护管理计划(方案)的制订。

(3)学习社会调查方法。

4. **实训步骤**(Training Steps)

1)制订调查方案

教师提前一周布置实训任务,同学搜集相关资料,提前完成调查方案。

(1)确定调查地点　建议可根据调查目的,按公园、住宅区、道路、工厂、飞机场、运动场草坪等类型分组进行调查,也可按片区分组进行调查。

(2)确定调查方法　一般多采用实地调查法、询问法、网上调查法等。

2)实地调查

学生提前做好社会调查相关准备,以组为单位,独立进行社会调查。主要调查内容如下:

①基本情况。地点、草种、草坪面积、管理人数、草坪类型、质量要求等。

②草坪质量。草坪生长状态描述,外观质量评价。

③草坪管理计划。管理方式方法、主要内容、工作安排、管养月历、草坪质量标准、操作规程、草坪养护管理注意事项等。如表4.7至表4.12所示的各类草坪质量的国家标准。

表4.7 开放型绿地草坪等级标准

(引自国家标准《主要花卉产品等级》,2000)

检测指标	一 级	二 级	三 级
盖度/%	≥90	80~90	70~80
草坪高度/cm	≤4	4~7	7~10
均一性	叶片生长整齐一致,每个草种在草坪中出现频率≥90%	叶片生长基本整齐一致,每个草种在草坪中出现频率≥80%	有少数叶片生长不齐,每个草种在草坪中出现频率≥70%
色泽	颜色均匀一致,色墨绿或深绿	颜色欠均匀一致,色浅绿或淡绿	颜色不均一,色黄绿,黄色<20%
病虫侵害度/%	≤2	2~5	5~10
杂草率/%	≤2	2~5	5~10

表4.8 封闭型绿地草坪等级标准

(引自国家标准《主要花卉产品等级》,2000)

检测指标	一 级	二 级	三 级
盖度/%	≥95	90~95	85~90
草坪高度/cm	≤4	4~7	7~10
均一性	叶片生长整齐一致,每个草种在草坪中出现频率≥90%	叶片生长基本整齐一致,每个草种在草坪中出现频率≥80%	有少数叶片生长不齐,每个草种在草坪中出现频率≥70%
色泽	颜色均匀一致,色墨绿或深绿	颜色欠均匀一致,色浅绿或淡绿	颜色不均一,色黄绿,黄色<20%
病虫侵害度/%	≤1	1~3	3~5
杂草率/%	≤1	1~3	3~5

表4.9 足球场草坪等级标准

(引自国家标准《主要花卉产品等级》,2000)

检测指标	一 级	二 级	三 级
盖度/%	≥95	90~95	85~90
草坪高度/cm	2.0~2.5	2.5~3.0	3.0~3.5
均一性	叶片生长整齐一致,每个草种在草坪中出现频率≥90%	叶片生长基本整齐一致,每个草种在草坪中出现频率80%~90%	有少数叶片生长不齐,每个草种在草坪中出现频率70%~80%
色泽	颜色均匀一致,色墨绿或深绿	颜色欠均匀一致,色浅绿或淡绿	颜色不均一,色黄绿,黄色<20%
病虫侵害度/%	偶见,侵害度≤1	可见,侵害度1~5	较多见,侵害度5~10
杂草率/%	少见,杂草个体盖度≤2	杂草个体较多,盖度2~3	杂草个体多,盖度3~4
草坪弹性/%	40~45	45~50 35~40	50~55 30~35
草坪滚动阻力/m	6.0~8.0	8.0~10.0 4.0~6.0	10.0~12.0 2.0~4.0
草坪旋转阻力/(N·m)	30~40	40~50 20~30	50~80 10~20
草坪平整度/cm	≤1.0	1.0~2.0	2.0~3.0

表4.10 公路草坪等级标准

(引自国家标准《主要花卉产品等级》,2000)

检测指标	一 级	二 级	三 级
盖度/%	≥85	80~85	75~80
草坪高度/cm	≤10	10~20	20~40
色泽	颜色均匀一致,色墨绿或深绿	颜色欠均匀一致,色浅绿或淡绿	颜色不均一,色黄绿,黄色<20%
病虫侵害度/%	≤2	2~5	5~10
杂草率/%	≤10	10~15	15~20
地下生物量/($g \cdot m^{-2}$)	≥1 500	1 000~1 500	700~1 000

表4.11 水土保持草坪等级标准

(引自国家标准《主要花卉产品等级》,2000)

检测指标	一 级	二 级	三 级
盖度/%	≥85	80~85	75~80
病虫侵害度/%	≤4	4~9	9~15
地下生物量/$(g \cdot m^{-2})$	≥1 500	1 000~1 500	700~1 000

表4.12 飞机场跑道区草坪等级标准

(引自国家标准《主要花卉产品等级》,2000)

检测指标	一 级	二 级	三 级
盖度/%	≥90	80~90	70~80
草坪高度/cm	≤10	10~15	15~20
色泽	颜色均匀一致,色墨绿或深绿	颜色欠均匀一致,色浅绿或淡绿	颜色不均一,色黄绿,黄色<20%
病虫侵害度/%	≤2	2~5	5~10
杂草率/%	≤2	2~5	5~10

3)调查总结

整理调查记录,完成调查报告。

4)汇报交流

以组为单位进行交流,制作PPT文稿,向全班同学汇报调查情况,回答同学提问。

5.实训要求(Training Requirements)

(1)认真听老师讲解调查方法和要求。

(2)至少询问一名管理人员及一名一线工人。

(3)一定要有现场记录,并拍照。

(4)实训期间务必注意安全。

6.实训作业(Homework)

完成一份调查报告,题目自拟,主要包括调查时间、地点、人员,调查内容、方法,质量评价、养护方案评价,改进建议等内容。

评分:总分(100分)=现场记录(20分)+调查单位意见、评语(20分)+调查报告(60分)

7.教学组织(Teaching Organizing)

(1)教师提前下达调查任务,指导学生完成调查方案,帮助学生联系好调查单位,开具调查联系函(学校介绍信)。

(2)学生4人为1组,以组为单位独立进行社会调查。每人独立完成社会调查报告,以组为单位进行课堂交流。

8. 说明

社会调查可以锻炼学生的社交能力,演讲可以锻炼学生的口才,这个实训对学生自信心的培养很有帮助。

复习与思考(Review)

1. 观察当地不同草种的各类草坪修剪情况,列出本地不同草种不同类别的草坪合理的修剪高度和频率。

2. 留意校园草坪的灌溉情况,提出草坪管理节水措施。

3. 观察当地草坪何时返青、何时进入枯黄期,提出延长草坪绿期的方法,并说明理由。

4. 对学校的草坪进行质量评价,分析草坪生长情况,找相关人员了解情况,发现问题、分析原因、寻找对策。

5. 请完成一份当地游憩草坪的养护月历。

单元测验(Test)

1. **名词解释**(8 分,每题 2 分)

(1)草坪修剪的 1/3 原则

(2)表施土壤

(3)草坪修剪高度

(4)草坪打孔

2. **填空题**(10 分,每空 1 分)

(1)一天中,最佳的灌水时间是________。

(2)目前,常用的剪草机有________和________两种基本类型。

(3)修剪频率越高,修剪周期越________________,修剪次数越________________。

(4)大面积的表施土壤应用____________________(填机械名称)进行。

(5)____________________是草坪外观上均匀一致的程度。

(6)NTEP 是____________________(The National Turfgrass Evaluation Program)的简称。

(7)NTEP 采用 9 分制评价草坪质量,________________代表一个草坪能得到的最高评价,而________________表示完全死亡的草坪或休眠的草坪。

3. **判断题**(对的打“√”,错的打“×”,12 分,每题 1 分)

(1)光照不足,草坪草会出现徒长现象。 ( )

(2)低温下,草坪草会出现枯黄现象,高温下则不会。 ( )

(3)失绿是草坪草缺氮的典型症状,首先从幼叶开始。 ( )

(4)北方地区的冷地型草坪仲夏通常不施肥,以提高草坪抗逆性。 ( )

(5)缺磷会导致草坪草根系的发育不良。 ( )

(6)一般,深秋施肥,能延长南方暖地型草坪的绿期。 (　　)

(7)据研究,在一定范围内,草坪修剪次数与枝叶密度成反比。 (　　)

(8)当有环境胁迫或病虫害胁迫时应加强施肥。 (　　)

(9)综合考虑,一天中最佳的草坪灌溉时间傍晚优于早晨,因为更有利于节水。 (　　)

(10)提高留茬高度可以增强草坪的抗旱能力。 (　　)

(11)草坪修剪得越低,草坪根系分布越浅。 (　　)

(12)生长季前的低刈有利于草坪的返青。 (　　)

4. 单项选择题(20 分,每题 1 分)

(1)一般,________施肥有利于草坪草早发芽、早返青。

A. 早春　　B. 初夏　　C. 秋末　　D. 冬季

(2)一般,________施肥有利于草坪草越冬。

A. 早春　　B. 初夏　　C. 秋末　　D. 冬季

(3)________剪草机的工作原理如同剪刀的剪切。

A. 电动式　　B. 手推式　　C. 滚刀式　　D. 旋刀式

(4)________剪草机的工作原理如同大镰刀剪草。

A. 电动式　　B. 手推式　　C. 滚刀式　　D. 旋刀式

(5)________剪草机修剪质量最高,常用于高尔夫球场等高水平养护的草坪。

A. 电动式　　B. 手推式　　C. 滚刀式　　D. 旋刀式

(6)________剪草机是目前最流行的,常用于公园、庭园等大部分绿地及低养护水平的草坪。

A. 电动式　　B. 手推式　　C. 滚刀式　　D. 旋刀式

(7)在中国,陡坡和边角地带,常用________剪草机修剪草坪。

A. 滚刀式　　B. 旋刀式　　C. 割灌　　D. 手推式

(8)剪草机剪下的草坪草组织总体称为________。

A. 草屑　　B. 草叶　　C. 草茎　　D. 草根

(9)由于磷的临界期较早,所以播种建坪时,磷应作为________施用,以确保快速成坪。

A. 种肥　　B. 追肥　　C. 苗肥　　D. 基肥

(10)冷季型草坪最适宜的打孔时间是________。

A. 春末夏初　　B. 夏末秋初　　C. 秋末冬初　　D. 冬末春初

(11)暖季型草坪最适宜的打孔时间是________。

A. 春末夏初　　B. 夏末秋初　　C. 秋末冬初　　D. 冬末春初

(12)冷季型草坪最适宜的梳草时间是________。

A. 春末夏初　　B. 夏末秋初　　C. 秋末冬初　　D. 冬末春初

(13)暖季型草坪最适宜的梳草时间是________。

A. 春末夏初　　B. 夏末秋初　　C. 秋末冬初　　D. 冬末春初

(14)南方地区________季打孔结合表施土壤,能有效延长草坪绿期。

A. 春　　B. 夏　　C. 秋　　D. 冬

(15)南方地区________季打孔并结合施肥则能达到草坪早日返青的效果。

A. 春　　B. 夏　　C. 秋　　D. 冬

(16)为了保证施用效果,所有表施土壤材料必须过________ mm 筛。

A. 1　　B. 6　　C. 10　　D. 12

(17)表施土壤的厚度一般以________ mm 为宜。

A. 5　　B. 15　　C. 25　　D. 35

(18)________表明小区内草坪植株的稠密程度。

A. 密度　　B. 盖度　　C. 稀度　　D. 稠度

(19)________是指单位面积内草坪草茎叶覆盖地面的面积百分比。

A. 密度　　B. 盖度　　C. 稀度　　D. 稠度

(20)含量最高的氮肥是________。

A. 硫酸铵　　B. 硝酸铵　　C. 氯化铵　　D. 尿素

5. 多项选择题(20 分,每题 2 分)

(1)一般,表施土壤的材料有________。

A. 泥炭　　B. 壤土　　C. 沙　　D. 肥料

(2)草坪修剪频率的影响因素包括________ 。

A. 草坪草种类　　B. 用途　　C. 季节　　D. 环境

(3)草坪修剪高度的确定,主要受________等因素的影响。

A. 草坪草种类　　B. 用途　　C. 1/3 原则　　D. 环境

(4)草坪草生长发育必需的 16 种营养元素中,________来源于空气和水,其他主要来自于土壤。

A. 碳　　B. 氢　　C. 氧　　D. 氮

(5)草坪草生长发育所需的三大营养元素是________。

A. 碳　　B. 钾　　C. 磷　　D. 氮

(6)草坪养护管理实践中常用的草坪有机肥料有________。

A. 蘑菇肥　　B. 微肥　　C. 秸秆　　D. 泥炭

(7)草坪养护管理实践中常用的草坪化学肥料有________。

A. 猪粪　　B. 鸡粪　　C. 尿素　　D. 复合肥

(8)草坪功能质量有关的评价因素包括________等。

A. 刚性　　B. 弹性　　C. 均一性　　D. 再生力

(9)草坪需水诊断可用以下方法进行判断:________。

A. 土壤目测法　　B. 仪器测定法　　C. 草坪耗水量测定法　　D. 植株观察法

(10)比较公认的草坪外观质量评价因素包括________等。

A. 均一性　　B. 密度　　C. 质地　　D. 颜色

6. 问答题(30 分,每题 6 分)

(1)写出剪草机修剪完毕后的保养工作内容。

(2)写出 6 条草坪节水措施。

(3)谈谈对表施土壤的材料的要求。

(4)说出草坪灌溉的基本原则。

(5)草坪为什么要打孔?

参考答案

课后阅读

1. 草坪养护管理实例(北京)(引自《草坪建植与养护》,孙晓刚,2002)

草坪养护管理
实例(北京)

2. 草坪养护管理实例(深圳)(引自《草坪建植与养护》,孙晓刚,2002)

草坪养护管理
实例(深圳)

单元5 草坪保护(Turfgrass Protection)

【单元导读】(Guided Reading)

你是否为草坪杂草犯愁？你是否为草坪病害烦恼？你是否为草坪虫害困惑？草坪病虫草害问题容易被人忽视,事实上,草坪保护是草坪日常管理不可缺少的重要部分。

本单元将主要介绍草坪常见病虫草害的类型及防治方法,目的在于了解病虫草害的一般预防知识,掌握病虫草害综合防治的理论基础。

【学习目标】(Study Aim)

会进行一般性的草坪病虫草害防治。

理论目标:

①了解草坪病虫草害一般预防知识;

②了解草坪病虫草害综合防治理论知识。

技能目标:

①能识别草坪常见杂草;

②会使用常用草坪除草剂;

③能诊断常见草坪病害类型;

④会使用常用草坪杀菌剂;

⑤能诊断常见草坪虫害类别;

⑥会使用常用草坪杀虫剂。

5.1 基本理论知识(Basic Theories)

5.1.1 草坪杂草(Turf Weed)

草坪作为园林景观的最大特点就是统一，为此草坪中不允许有非目标草种的存在，非目标草种植物将被视为草坪杂草(Weed)。所谓草坪杂草是指草坪上除栽培的草坪草以外的其他植物，所以，也有人说杂草是长错了地方的植物。

草坪杂草对草坪影响的最直接表现就是与草坪草争夺水分、养分、光照和空间，影响草坪草生长发育，降低草坪质量(图5.1)。草坪杂草还是一些病虫害的转主寄主，容易使草坪滋生病虫害。另外，有些杂草的毒素、花粉、针刺等会威胁到人们安全，给人们对草坪的管理和观赏造成极大的不便。如香附子、马唐、狗尾草等杂草侵入草坪后，能形成旺盛的株丛，粗糙的叶片不仅降低了草坪的景观效果，而且还与草坪草争夺营养和生存空间，抑制草坪草生长。再如车前、蒲公英等阔叶杂草，其宽大的叶片对草坪的均一性破坏很大，必须予以灭除。还有华南地区常见的鬼针草，粘在人的衣物上，极大地降低了草坪的使用功能。所以，草坪杂草问题不容忽视。

图5.1 被杂草入侵的草坪

1)草坪杂草的类型

为了有效防除杂草，有必要了解杂草分类。一般，依据植物的生活周期，可以把草坪杂草分为三种类型：一年生、两年生和多年生杂草。而从草坪杂草防除的角度，人们又常将草坪杂草分为一年生、多年生和阔叶杂草几个类型。

(1)一年生杂草　一年生杂草从种子开始，在一年内完成生活周期。一年生杂草可按种子正常发芽的季节分为冬型(图5.2)和夏型(图5.3)两类。冬型一年生杂草在夏末或秋天发芽，植株处于未成熟的状态度过冬季的几个月，在来年春天进一步进行营养生长、开花和结籽，如早熟禾、独行菜等。夏型一年生杂草春季发芽，一般秋后第一次寒霜后死亡，如马唐、牛筋草、反枝苋等。

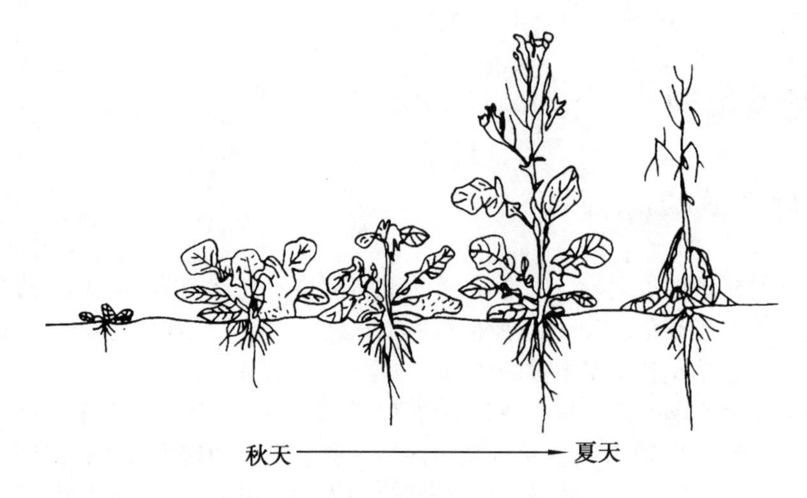

图5.2 冬型一年生杂草生活史示意图
（引自《草坪建植与养护》，孙晓刚，2002）

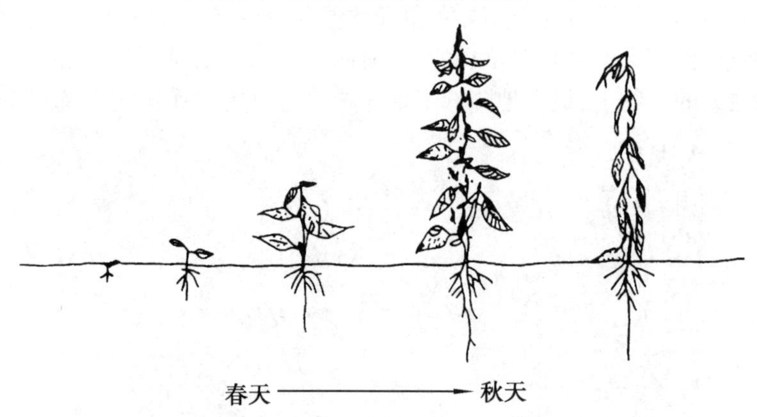

图5.3 夏型一年生杂草生活史示意图
（引自《草坪建植与养护》，孙晓刚，2002）

（2）二年生杂草　二年生杂草的种子在春、秋两季都可能发芽，一般生活一年以上但不超过两年，如球茎田蓟等。其生活史如图5.4所示。

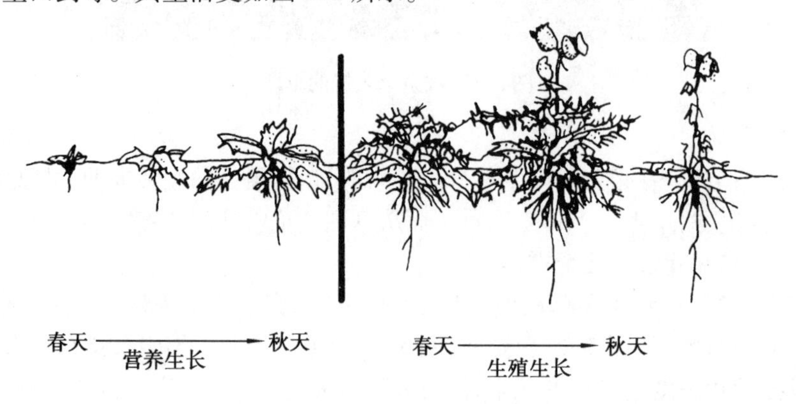

图5.4 二年生杂草生活史示意图
（引自《草坪建植与养护》，孙晓刚，2002）

(3)多年生杂草　多年生杂草可存活两年以上,不但可以利用种子繁殖,还可以通过匍匐枝、根状茎等进行营养繁殖,生活力极强,防除难度大(图5.5),如蒲公英、车前等。

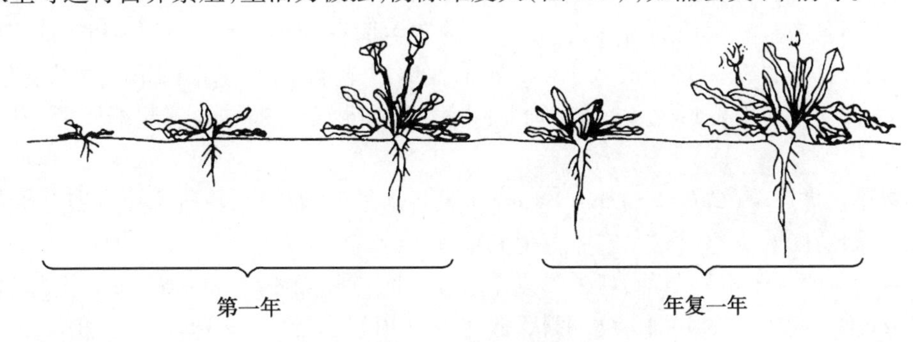

图5.5　多年生杂草生活史示意图

(引自《草坪建植与养护》,孙晓刚,2002)

(4)阔叶杂草　阔叶杂草种类很多,包括双子叶杂草和部分单子叶杂草。主要形态特征为叶片宽大,有柄,茎多为实心,如车前、蒲公英、藜等。大多数阔叶杂草都有颜色各异的花朵,虽然用花来鉴别很方便,但在草坪上,杂草不常出现花,所以鉴别时就要综合考虑,常常依靠茎、叶的形态和生长方式进行鉴别。

2)常见的草坪杂草

(1)一年生杂草

①野稗。野稗(*Echinochloa crusgalli*(L.)Beauv.),又名水稗、稗子、稗草(图5.6)。原产欧洲,我国各地均有分布,多生长于湿润肥沃处,为世界十大恶性杂草之一。

野稗为一年生禾本科杂草,春季萌发。种子繁殖,苗期4—5月,花果期7—10月。在低修剪的草坪中,可以在地面上平躺且以半圆形向外扩展。秆斜生,光滑无毛,高50~130 cm。叶鞘疏松裹茎,光滑无毛;叶片条形,长10~40 cm,宽5~20 mm,光滑,边缘粗糙;无叶舌是稗草区别于许多类似禾草的特征。圆锥花序,近塔形,长6~20 cm;小穗卵形,长约5 mm,有硬疣毛,密集在穗轴一侧。颖果卵形,长约1.6 mm,米黄色。

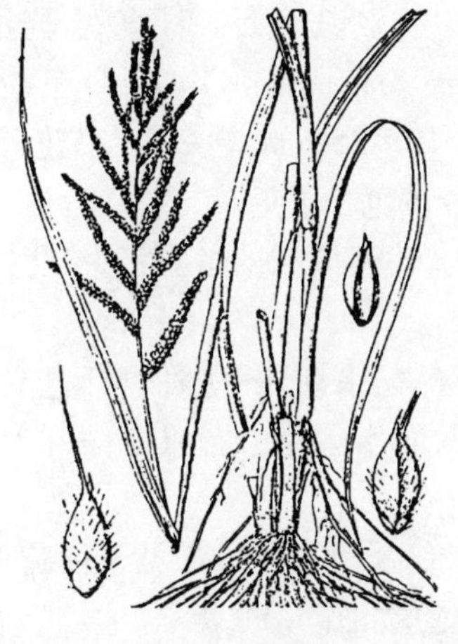

图5.6　稗

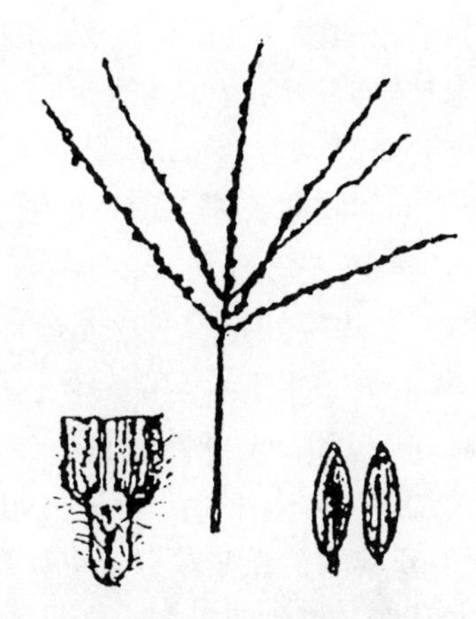

图5.7　马唐

②马唐。马唐(*Digitaria sanguinalis*(L.)Soop.),遍布全国各地,尤以北方最为普遍。多生于河畔、田间、田边、荒野湿地、宅旁草地及草坪等处。

马唐为一年生禾本科杂草,春末和夏季萌发,春天土温变暖后,在整个生长期都可以发芽。在每次灌溉和下雨之后便能发芽,需要不断予以防治。种子繁殖,花果期6—10月。在草坪中竞争力很强,而且有扩展生长的习性,使草坪草的覆盖面积变小。秆高10~100 cm,无毛。叶片粗糙,条状披针形,长5~15 cm,宽3~12 mm,浅绿或苹果绿色,基部圆形。总状花序5~18 cm,3~12枚指状排列于长1~2 cm的主轴上;小穗椭圆形,长约3 mm。颖果椭圆形,淡黄色(图5.7)。

③虎尾草。虎尾草(*Chloris virgata* Swartz.)又名刷子头,如图5.8所示。遍布全国各地,多生于草原、荒野、沙地、田边、路旁、宅旁草地和草坪等处。

虎尾草为一年生禾本科杂草,春末和夏季萌发,种子繁殖,秆高20~60 cm。上部叶鞘常膨大,叶舌具纤毛。穗状花序4~10枚,羽状,簇生于茎顶呈刷帚状。小穗排列在穗轴的一侧,长3~4 mm,含2小花,第2小花退化。内颖有短芒,外稃顶端以下生芒,具3脉,二边脉生长柔毛。

图5.8 虎尾草

图5.9 野燕麦

④野燕麦。野燕麦(*Aveneae fatua* L.)分布于我国南北各省区,为一年生禾本科杂草(图5.9),春季萌发。种子繁殖,花果期4—9月。通过常规修剪可以抑制其存活。秆直立,光滑无毛,未被修剪过的植株高达30~120 cm。叶舌透明、膜质,长1~5 mm;叶片扁平,微粗糙,长10~30 cm,宽4~12 mm。圆锥花序开展,长10~25 cm;小穗长18~25 mm,含2~3小花,花有与众不同的膝曲长芒。颖果矩圆形,长7~9 mm,米黄色,密生金黄色长柔毛。

⑤雀麦。雀麦(*Bromus japonicus* Thunb.)分布于东北及长江、黄河流域的各省区,多生在山坡草地、林边等处。

雀麦为一年生禾本科杂草(图5.10),春季萌发。种子繁殖,花果期4—9月。秆直立,丛生,高30~100 cm。叶鞘闭合,被白色柔毛;叶片宽2~8 mm,两面生柔毛。圆锥花序开展、下垂,长达30 cm;小穗含7~14小花。颖果长椭圆形,棕褐色。

⑥蒺藜草。蒺藜草(*Sandbur*,*Cenchrus* calyculata.)分布于广东、台湾等地,常见于稀疏草坪中,尤其在贫瘠砂质土壤上多见。可结出坚硬刺球,常贴到衣服上,如图5.11所示。

蒺藜草为一年生禾本科杂草,春季萌发。种子繁殖。秆高约50 cm,压扁,基部膝曲或平卧并于节上生根,下部各节常有分枝。叶片条形粗糙,宽4~10 mm。花序呈穗状,由多数有短梗的刺苞所组成,内有2~4段簇生的小穗,小穗披针形,含2小花。

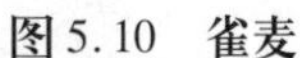

图 5.10 **雀麦**

图 5.11 **蒺藜草**

⑦金狗尾草。金狗尾草(*Setaria glauca*(L.)P. B.)又名黄狗尾草、黄毛毛狗,分布于全国各地。常见于新播的草坪,在已建植好的草坪中不常见,适应性很强,喜干燥的沙地,普遍见于田间、荒地、路旁和草坪等处。在土壤肥沃、草坪稀薄时占优势,通常在成坪后不会成为问题,但在苗期是一种值得注意的严重草害。

金狗尾草为一年生禾本科杂草(图 5.12),春末和夏季萌发。种子繁殖,花果期 6—10 月。秆直立,分枝,高 20 ~ 90 cm,光滑无毛,基部扁平。叶舌有一圈长约 2 mm 的纤毛;叶片条形,长 5 ~ 40 cm,宽 2 ~ 10 mm,上边粗糙,下边光滑。圆锥花序紧密呈圆柱状,长 3 ~ 8 cm,带金黄色侧毛;小穗长 3 ~ 4 mm,单独着生。

图 5.12 **金狗尾草**

图 5.13 **蟋蟀草**

⑧蟋蟀草。蟋蟀草(*Eleusine indica*(L.)Gaertn.)也叫牛筋草,分布于全国各地,如图5.13所示。为一年生禾本科杂草,春末和夏季萌发。它在马唐萌发几周后开始萌发,外观上与马唐相似,但颜色较深,中心呈银色,穗呈拉链状,常见于暖温带及更热气候区的板结、排水不良的土壤上。耐刈割,在板结土质或较差的土壤中旺盛生长,特别是在灌溉的草坪中。种子繁殖,花果期 6—10 月。根系极发达。秆丛生,高 10 ~ 90 cm。叶片条形,长 10 ~ 15 cm,宽 3 ~ 7 mm,穗状花

序2~7枚着生于秆顶,长3~10 cm;小穗长4~7 mm,密集于穗头一侧成两行排列,含3~6朵小花。囊果;种子卵形,长约1.5 mm,黑棕色,有明显的波状皱纹。

⑨一年生早熟禾。一年生早熟禾(*Poa* annua)为一年生禾本科杂草,在潮湿遮阴的土壤中生长良好。枝条疏丛型或匍匐茎型,株体高度不超过20 cm,在北方较凉爽的草坪中能形成绿色稠密株丛,开花早结实快,死亡后留下枯黄斑块。

⑩碎米莎草。碎米莎草(*Cyperus* iria)为一年生莎草科杂草,多分布在温暖多雨潮湿的草坪中。秆扁三棱形,丛生,成株高10~25 cm。叶线形状,叶面横剖面呈三角形或"V"字形。聚伞花序,叶状总苞2~3片,小穗球状。

(2)多年生杂草

①无芒雀麦。无芒雀麦(*Bromus inermis* Leyss.)分布于东北、西北地区。喜冷凉干燥的气候,适应性强,耐干旱、耐寒冷,也能在瘠薄的砂质土壤上生长,在肥沃的壤上或黏壤土上生长茂盛。

无芒雀麦为多年生禾本科杂草(图5.14),秋季萌发。种子及根茎繁殖,花果期5—7月。有根状茎。秆光滑,高50~100 cm。叶鞘闭合;叶片光滑,宽5~8 mm。圆锥花序长10~20 cm;小穗近于圆柱形,长12~25 mm,含4~8朵小花,花无芒。颖果披针形,长7~9 mm,棕色。

图5.14 无芒雀麦

图5.15 狗牙根

②狗牙根。狗牙根(*Cynodon dactylon* (L.)Pers.)常见于暖温带气候区内,分布于黄河以南地区,也常用作草坪草(图5.15)。

狗牙根为多年生禾本科杂草,春末和夏季萌发。侵染力极强,适应能力强,是草坪中生长最为迅速的禾草之一。根系深,耐旱。种子及匍匐茎繁殖,花果期5—10月。低矮草本,具根状茎或匍匐枝,直立部分高10~30 cm,平卧部分长达1 m,并于节上分枝及生根。叶舌短小,具小纤毛;叶片条形,长1~12 cm,宽1~3 mm。穗状花序2~6枚指状排列于茎顶,长2~6 cm;小穗灰绿色,长约2 mm,含1小花。颖果矩圆形,长约1 mm,棕褐色。

③翦股颖。翦股颖(*Agrostis Palustris* Huds.)分布于华北、西北、东南地区,如图5.16所示。

翦股颖为多年生禾本科杂草,春秋都可以萌发。通过地上匍匐茎蔓延,可形成松散致密的斑块,中至高肥的土壤中生活力很强。在有利环境条件下,翦股颖扩展迅速,最终可占据整个草坪。修剪低矮,管理适当,可形成很好的草坪,否则可视为严重的杂草。种子及根茎繁殖,具匍匐茎,直立部分高 20 ~ 50 cm。叶鞘无毛,稍带紫色;叶舌长约 3 mm;叶片条形,宽 3 ~ 5 mm;具小刺毛。圆锥花序卵形矩圆形,长 11 ~ 20 cm,老后呈紫铜色,每节 5 分枝;小穗长2 ~ 3 mm,含 1 小花颖片比花长。

图 5.16 翦股颖

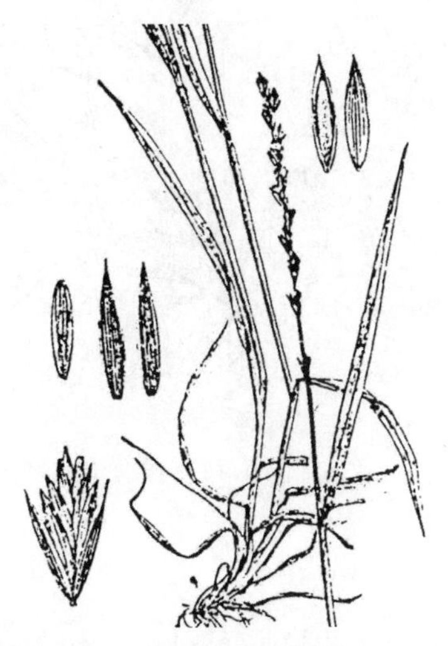

图 5.17 偃麦草

④偃麦草。偃麦草(*Elytrigia* (L.)Nevski.)分布于内蒙古及西北诸省区,为多年生禾本科杂草(图 5.17),春秋都可以萌发。一旦在草坪中生成,并维持 2 cm 高度,则很难根除。种子及根茎繁殖,花果期 6—8 月。蓝绿色,具横走根状茎。秆成疏丛,高 40 ~ 80 cm,光滑无毛。叶片扁平,长 10 ~ 20 cm,宽 5 ~ 10 mm,叶耳膜质,长爪状,细小。穗状花序直立,长 10 ~ 18 cm,宽 8 ~ 15 mm;小穗含 5 ~ 10 朵小花,长 10 ~ 18 cm;芒长约 2 mm。颖果矩圆形,长 3 ~ 4 mm,褐色。

⑤白茅。白茅(*Imperata* cylindrica)为多年生禾本科杂草,有长匍匐根状茎横卧地下,蔓延很广,黄白色,节具鳞片及不定根,有甜味。叶片条形或条状批针形,主脉明显突出于背面。圆锥花序紧缩成穗状,成熟后小穗易随风传播。

⑥香附子。香附子(*Cyperus* rotundus)为多年生莎草科杂草(图 5.18),常分布于全国各地的草坪中。茎匍匐,根状茎三棱无节,黄绿色。无花被,复伞形花序。以种子、根茎及果核繁殖,主要靠无性繁殖,所以能迅速繁殖形成群体。

(3)阔叶杂草

①酢浆草。酢浆草(*Oxalis* corniculata)为一年生或多年生酢浆草科杂草(图 5.19),常生长于肥沃较干旱的土壤中。叶心形,淡绿色,互生,茎、叶被疏毛,有酸味。种子长扁卵圆形,五瓣黄色小花。

②牻牛儿。牻牛儿(*Erodium stephanianum* willd.),又称太阳花(图 5.20),牻牛儿苗科,牻牛儿苗属。分布于东北、华北、西北及长江流域。生长于山坡、沙质草地、河岸、沙丘、田间、路旁等处。

牻牛儿为一年生草本,春季萌发,种子繁殖。根直立,单一细长,侧生须根少。茎平卧或斜生,通常多株簇生。叶长卵形或矩圆状三角形,二回羽状全裂,叶片 5 ~ 9 对,最终裂片条形。花蓝紫色。蒴果,成熟时 5 果瓣由下而上呈螺旋状卷曲。

图5.18 香附子

图5.19 酢浆草

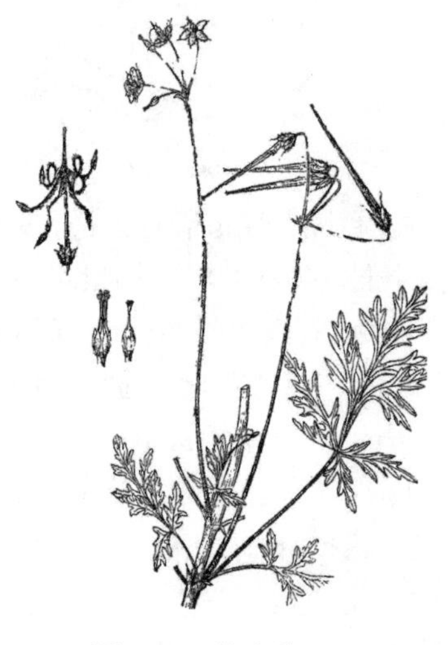

图5.20 牻牛儿

图5.21 萹蓄

③萹蓄。萹蓄(*Polygonum macrophyllum* D. Don.),蓼科,蓼属(图5.21)。分布于全国各地,以东北、华北最为普遍。

一年生草本,春季萌发。长主根,抗干旱。在板结土壤上生长良好,可以作为板结土壤或常磨损地区的优良指示植物。种子繁殖,花果期5—10月。阶段不同,外观有所不同。幼苗时有细长、暗绿色叶片,生长后期叶小,淡绿色。茎平卧或直立,多分枝,高10~40 cm。叶互生,长椭圆形;长0.5~4 cm,深绿色,托叶鞘膜质。花腋生,1~5朵簇生,花被绿色,边缘淡红色或白色。瘦果三棱状卵形,黑褐色。

④藜。藜(*Chenopodium album* L.)又叫灰菜(图5.22),藜科,藜属。分布于全国各地。

一年生草本,春季萌发。种子繁殖,花果期5—10月。耐盐碱、耐寒、抗旱。茎光滑,直立,粗壮有棱,带绿色或紫红色条纹,多分枝,高60~120 cm,叶互生,长3~6 cm,叶形多种,幼时被白粉。花小,绿色,无花瓣,顶生或腋生,排列成圆锥状花序。胞果扁圆形。种子横生,双凸镜形,黑色。

⑤马齿苋。马齿苋(*Portulaca oleracea* L.),马齿苋科,马齿苋属(图5.23)。分布于全国各

地。由于有储藏水分的能力,所以能在常热和干燥的天气里茂盛生长,在温暖、潮湿肥沃土壤上生长良好,在新建草坪上竞争力很强。

图5.22 藜

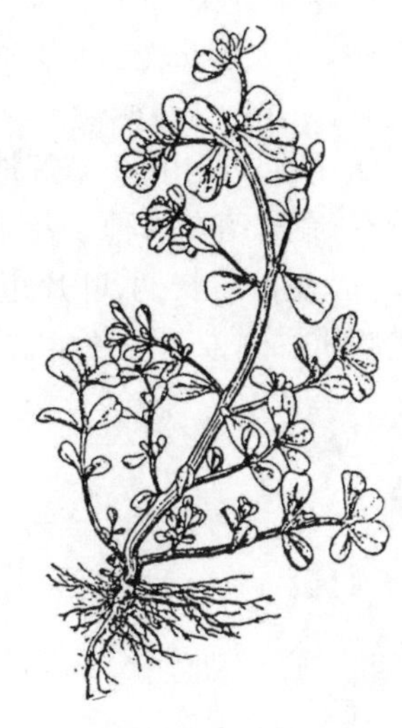

图5.23 马齿苋

常为一年生肉质草本,春季萌发。种子繁殖,花果期5—9月。平卧或斜生,全体光滑无毛,有须根系,茎常略显紫红色,能形成直径30 cm或更大的草垫。叶互生或对生,厚而肉质,倒卵形,长1~2.5 cm,叶上所覆盖的蜡质使得用除草剂也很难有效防治马齿苋。花小,黄色,3~8朵腋生,花瓣5片。盖裂蒴果,圆锥形。种子扁,肾状卵形,黑色,能在土壤中休眠许多年。

⑥田旋花。田旋花(*Convolvulcs arvensis* L.),旋花科,旋花属。分布于东北、西北、华北、西南、华东等地区,是农业生产中的一种严重的杂草。

一年生草本(图5.24),春季萌发。种子及匍匐根繁殖,花果期6—9月。有非常广、深、多分枝的根系,植株无毛,根状茎横走,茎蔓生或缠绕,具条纹和棱角。叶互生,箭头形,但形状和大小有变化。花腋生,花冠漏斗形。蒴果卵圆形。种子三棱状卵圆形,黑褐色。

图5.24 田旋花

图5.25 蒲公英

⑦蒲公英。蒲公英(*Taraxacum mongolicum* Hand.-Mazz.),菊科,蒲公英属(图5.25)。广布于东北、华北、华东、华中、西北、西南等地,是我国常见草坪杂草。

多年生草本,春季萌发。根再生能力强,因而不易根除。种子及根繁殖,花果期3—6月。根肥厚而肉质,圆锥形。株高10~40 cm,全草有白色乳汁。叶莲座状平展,倒披针形,长5~15 cm,逆向羽状深裂。头状花序,全为舌状花组成,黄色。瘦果,褐色,冠毛白色。

⑧酸模。酸模(*Rumex acetosa* L.),蓼科,酸模属(图5.26)。分布于吉林、辽宁、河北、山西、新疆、江苏、浙江、湖北、四川、云南等地,多生于潮湿肥沃土壤,是酸性、低肥力土壤的指示植物。

多年生草本,春季萌发。种子及不定芽繁殖,花果期6—10月。茎直立,通常单生不分枝,高30~80 cm。基生叶有长柄,叶片矩圆形,长3~11 cm,宽1.5~3.5 cm,茎生叶较小,披针形无柄。托叶鞘膜质。圆锥花序顶生,花小。瘦果椭圆形,具三棱,暗褐色且有光泽。

图5.26 酸模

图5.27 车前

⑨车前。车前(*Pantago asiatica* L.),车前科,车前属(图5.27)。分布于全国各地,是草坪常见杂草。

多年生草本,春秋萌发。种子或自根部发出新茎繁殖,花果期6—10月。矮生,根状茎短粗,有须根。叶基生成莲座,叶片椭圆形,叶脉几乎平行,基部成鞘状,无托叶。穗状花序,生于花葶上部;花小,花冠干膜质,淡绿色。蒴果,种子小。

⑩独行菜。独行菜(*Lepidium apetalum* Willd.),十字花科,独行菜属(图5.28)。分布于东北、华北、华东、西北及西南等地,抗旱、抗寒,各种土壤都能生长。

一年或二年生草本,春秋萌发。种子繁殖,花果期4—7月。主根白色,幼时有辣味。植株高5~30 cm。茎直立,多分枝,被头状腺毛。基生叶一回羽状浅裂或深裂,茎生叶狭披针形或条形。总状花序顶生,萼片呈舟状,花瓣退化。短角果近圆形,种子卵形,平滑,棕红色。

⑪荠菜。荠菜(*Capsella Medic* (L.)Medic.),十字花科,荠属(图5.29)。分布几乎遍及全国,对新建草坪影响较大,常生长于山坡、荒地、田边。

一年或二年生草本,春秋都可以萌发。种子繁殖,花果期4—6月。全株稍被毛,高10~50 cm。茎直立,单一或下部分枝。基生叶莲座状,大头羽状分裂,具叶柄;茎生叶披针形,边缘有缺刻或锯齿,抱茎。总状花序顶生及腋生,花瓣白色,有短爪。短角果倒三角形,无毛。种子两行,长椭圆形,浅棕色。

⑫繁缕。繁缕(*Stellaria media*)为石竹科冬季一年生杂草(图5.30),分枝匍匐茎一侧具绒毛,向外扩展生长能力强。叶小卵形,对生,淡绿色,冬季产生白的星状花。

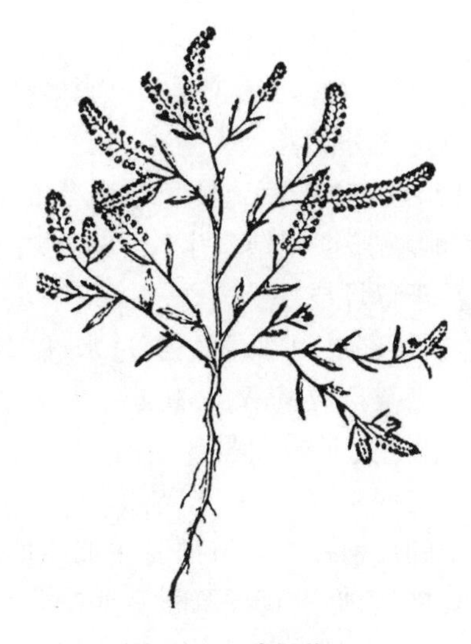

图5.28　独行菜

图5.29　荠菜

图5.30　繁缕

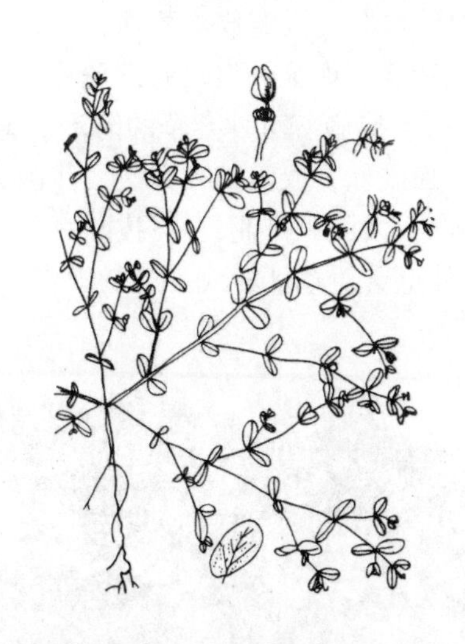

图5.31　地锦

⑬地锦。地锦(*Euphorbia humifusa*)为大戟科一年生杂草(图5.31)。匍匐状卧生,茎细,红色,多叉状分枝,全草有白汁。叶通常对生,无柄或稍具短柄。叶片卵形或长卵形,全缘或微具细齿,叶背紫色,下具小托叶。杯状聚伞花序,单生于枝腋或叶腋,花淡紫色。

3)草坪杂草的防除

杂草防治是草坪建植和养护中非常重要的一项长期而艰巨的日常管理工作,对草坪建植的成功与否、草坪的使用价值、观赏效果等都有着深刻的影响。必须坚持“预防为主、综合防治”的基本原则,对草坪杂草进行全面综合治理。在了解杂草的生物学和生态学特性基础上,从草坪建植的材料准备、草种选择,到成坪养护管理的全过程,因地制宜地运用一切可利用的防治措施,包括预防措施、栽培措施、生物防治、物理防治、化学防治等,以控制杂草对草坪的危害。

(1)预防措施

①草坪建植时的预防工作。在草坪播种前应对土壤进行杀灭杂草种子的处理,防止由于杂草的萌发对新建草坪的影响。在草坪草品种的选择上,要因地制宜地选择优质、竞争力强的草

坪品种,适地适草,培育优质健康的草坪以增强与杂草的竞争力。在种子使用前,应该加强种子检疫,防患于未然。可以将杂草排除于栽种的草坪以外,而且事半功倍,降低成本。如果是用营养繁殖法建坪,也要将草皮或草茎等材料中的杂草拒之于草坪之外。

播种时应选择好播种时间。适宜的播种时间可以创造出适宜的温度、湿度等环境条件,使草坪草生长整齐,利用水肥优势,占领空间,对杂草产生竞争优势,抑制杂草生长。同时在播种时可以考虑用加大播种量的办法来提高草坪草的竞争力,益于草坪成坪。

②新草坪养护中的防除工作。在新草坪栽培和日常养护管理过程中,可以通过水、肥、修剪等方面的措施来提高草坪质量,以提高草坪草的竞争能力。当杂草数量不多,尚处于发展初期,主根不深的时候,就要及时进行防除。常用的方法是人工拔除,这种方法虽然费时、费工、不够经济,但对环境保护十分有利。此外,有些杂草不耐修剪,可定期修剪,控制其生长。

③草坪养护时的预防工作。草坪建成以后,在草坪养护的任何一个环节都要注重杂草入侵问题,切实做好各项预防工作。通过合理浇水、施肥、修剪等措施,促进草坪草旺盛生长,形成致密的草毯,减少杂草入侵机会。比如表施土壤或有机肥施用时,表施材料不要带杂草,有机肥料要充分腐熟。合理设置修剪留茬高度,避免脱皮,防止草坪退化,定期修剪,减少杂草种源,有效控制阔叶杂草。如草坪出现局部斑秃,要及时补植。

(2)防治措施　草坪杂草的防治措施通常有人工拔除、生物防治、化学防治等。

①人工拔除。人工拔除方法在我国大部分地区被广泛使用(图5.32)。其特点是见效比较快,但不适合大面积作业,且在拔除过程中会松动土壤,给杂草的继续萌发制造条件,促使杂草分蘖,另外也会对草坪造成一定的损伤。

图5.32　人工除草

人工拔除最好选择晴天进行。在拔除前最好在草坪上用线绳等划定出工作区,工作区宽度不宜过大,以0.5~1 m为宜,调配好人员,安排好工作区域,避免疏漏和重复。草坪专用拔草工具(图5.33)能提高拔草效率,拔除的杂草要及时运离草坪,避免复活。

②生物防治。目前我国草坪杂草的生物防治技术还不够成熟,很多问题有待解决。但从长远发展来看,生物防治方法是很有前途的,正在不断受到人们的重视。所谓生物防治就是指利用有益昆虫、病原微生物等生物来控制和消灭杂草的方法,同时也包含利用植物种间竞争特性,用某种植物的良好生长来控制另一种植物生长的方法。

③化学防治。化学除草就是利用化学除草剂进行草坪杂草防治。化学防治费用低,劳动强度不大,适于机械化大面积作业,但是除草剂选择或剂量控制不当时,会给草坪草的正常生长发育造成危害,也会造成环境污染。

图5.33 拔草工具

不管采用什么防治方法，都应在杂草结籽之前进行，杂草种子一旦成熟散播，防治效果会大打折扣。

(3)除草剂

①除草剂的类型。

a. 依据除草剂使用时间，可以把除草剂分为芽前除草剂(Preemergence Herbicide)和芽后除草剂(Emergence Herbicide)两类。芽前除草剂是指在目标杂草发芽前施用的除草剂，如氟草胺、地散磷、呋草黄等。芽后除草剂是在杂草发芽后使用的除草剂，如甲胂钠、拿草特等。这类除草剂使用时要控制好时间。

b. 依据除草剂对杂草的作用范围，可以分为选择性除草剂(Selective Herbicide)和灭生性除草剂(Non-selective Herbicide)两类。选择性除草剂是指只伤害杂草，而不伤害草坪草，甚至只能杀死某一种或某类杂草，不损害其他植物或杂草，把这种具有选择性作用的药剂，称为选择性除草剂。如拿扑净、稳杀得、苯达松、敌稗等。灭生性除草剂是指对植物没有选择性，草苗不分，只要喷洒全部植物都将被杀死的除草剂，如草甘膦、硫酸铜等。

c. 依据植物对除草剂的吸收状况，可分为触杀型除草剂(Contact Herbicide)和传导型除草剂(Systemic Herbicide)两类。触杀型除草剂是指在接触植物后，只伤害接触部位，而不在植物体内进行传导，起到局部触杀作用的一种除草剂，如敌稗、杂草焚等。传导型除草剂是指能够被植物茎、叶或根部吸收并能在植物体内传导的一种除草剂，如2,4-D丁酯、拿扑净、稳杀得、草甘膦等。

②除草剂的选择。

a. 除草剂选择的原则。由于草坪植被的特殊性，目前所有除草剂中只有约10%可用于草坪除草。除了应用非选择性除草剂进行局部处理或草坪重建，草坪除草剂必须在草坪群落内能有效地控制杂草而不伤害草坪植物。尽管某些除草剂在草坪上可以应用，但对特殊的草坪品种来说，由于抗性差，使用的限制性很大。因此正确选择除草剂是草坪化学除草的关键。

草坪除草剂的选择原则是针对不同杂草，选用高效、低毒、无残留、环境污染低的除草剂，并结合正确的施用方法防除杂草。在选择除草剂时主要根据草坪种类、草坪不同生育期、杂草种类、杂草不同生育期及环境的要求选用不同的除草剂。

b. 常见的除草剂。常见草坪除草剂如表5.1所示。

表5.1　常见草坪除草剂

除草剂名称	除草剂类别	防治的杂草	耐药的草坪草
氟草胺	芽前除草剂	马唐、稗、金色狗尾草、蟋蟀草、芒稷、石茅高粱、多花黑麦草、蒺藜草、粟米草、萹蓄、早熟禾、马齿苋等	草地早熟禾、黑麦草、假俭草、草地羊茅草、细叶羊茅草、结缕草、狗牙根、钝叶草、邵氏雀稗等
地散磷	芽前除草剂	马唐、金狗尾草、稗、早熟禾、黎属、荠菜、宝盖草等	草地早熟禾、结缕草、粗早熟禾、匍匐翦股颖、黑麦草、钝叶草、苇状羊茅、细叶羊茅、小糠草、狗牙根、邵氏雀稗、匍匐马蹄金、假俭草等
呋草黄	芽前除草剂	马唐、稗、金色狗尾草、繁缕、马齿苋等	黑麦草、休眠狗牙根等草坪草
灭草隆	芽前除草剂	一年生禾草、白车轴草、酢浆草、马唐等	马蹄金
恶草灵	芽前除草剂	牛筋草、马唐、早熟禾、稗、芒稷、碎米荠、粟米草、马齿苋、藜、婆婆纳等	黑麦草、草地早熟禾、狗牙根、钝叶草、草地羊茅、结缕草等
五氯酚	芽前除草剂	马唐、看麦娘、稗、芒稷、早熟禾、狗牙根、繁缕、蓼等	草地早熟禾、黑麦草、羊茅草、钝叶草、假俭草、邵氏雀稗、结缕草等
环草隆	芽前除草剂	马唐、看麦娘、稗等	草地早熟禾、草地羊茅、无芒雀稗、黑麦草、鸭茅、细叶翦股颖、匍匐翦股颖等
敌稗	芽前除草剂	稗、马唐、马齿苋、看麦娘、蟋蟀草、苋、蓼等	美洲雀稗、草地早熟禾、多花黑麦草、野牛草、假俭草、苇状羊茅、钝叶草、结缕草等
甲胂纳	芽后除草剂，选择性除草剂	马唐、止血马唐、毛花雀稗、香附子、莎草等杂草	不能用于钝叶草、假俭草、翦股颖、细叶羊茅
拿草特	芽后除草剂，选择性除草剂	莎草、早熟禾、野燕麦等杂草	狗牙根
莠去津	芽后除草剂，选择性除草剂	一年生禾本科草和阔叶杂草	钝叶草、假俭草、结缕草
2,4-D丁酯	选择性除草剂	猪殃殃、水苏、田旋花、碎迷荠、肉根毛茛、野胡萝卜、菊苣、委陵菜、车轴草、蒲公英、野芝麻、马蹄金、皱叶酸模、牻牛儿、老鹳草、宝盖草、藜、天蓝苜蓿、蒺藜、马齿苋、荠菜、婆婆纳、独行菜、车前、酢浆草等阔叶杂草	单子叶草坪草
苯达松	选择性除草剂	荠菜、苋、婆婆纳、碎米莎草等阔叶杂草	单子叶草坪草

续表

除草剂名称	除草剂类别	防治的杂草	耐药的草坪草
二甲四氯丙酸	选择性除草剂	猪殃殃、水苏、田旋花、碎迷荠、肉根毛茛、野胡萝卜、繁缕、卷耳、菊苣、委陵菜、车轴草、蒲公英、野芝麻、马蹄金、老鹳草、荠菜、独行菜等阔叶杂草	单子叶草坪草
麦草畏	选择性除草剂	猪殃殃、水苏、田旋花、碎迷荠、肉根毛茛、野胡萝卜、菊苣、委陵菜、车轴草、蒲公英、野芝麻、马蹄金、皱叶酸模、牻牛儿、老鹳草、宝盖草、藜、天蓝苜蓿、蒺藜、马齿苋、荠菜、婆婆纳、独行菜、浆草等阔叶杂草	单子叶草坪草
杀草强	非选择性除草剂	所有植物	—
茅草枯	非选择性除草剂	所有植物	—

③除草剂的使用。化学除草剂的使用方法有两种:叶面喷施和土壤处理。

a. 叶面喷药。叶面喷药是将药剂直接喷洒到植物体表面上,通过植物体表的吸收起到杀灭的作用。一般在杂草出苗后进行,处理时药剂要均匀喷洒到叶片、茎秆上。除草剂选用时要选择对人畜安全选择性强的内吸传导剂。喷药时应选择晴朗无风的天气进行,喷药后如遇下雨应考虑重新喷药。

b. 土壤处理。对于大多数杂草,进行土壤药物处理防治效果更好,土壤处理就是将各种除草剂通过不同的方法施放到土壤中,使一定厚度的土壤含毒,并通过杂草种子、幼苗等吸收而杀死杂草。土壤处理可与建坪前的坪床整地、播种一起进行,具有省工、减少污染、操作简便等优点,是草坪杂草防除的主要方法。土壤处理一般在草坪播种前或刚播种时进行,这时杂草正处于萌动时期,易吸收药剂且生命力弱,所以防治效果更好。

5.1.2　草坪病害(Turfgrass Disease)

草坪病害是由病原体感染而导致的草坪草生长异常。草坪病害是严重危害草坪的自然灾害之一。严重的草坪病害会破坏草坪草的正常生长,造成草坪质量变差,草坪病害的流行,不仅影响到外观,而且导致草坪局部或大面积的衰败,甚至会毁灭整个草坪。

1)草坪病害概述

(1)草坪草病害的症状　症状(Symptom)是指草坪草生病后肉眼可见的不正常表现(或病态)。症状由病状和病征两部分组成。草坪草本身的不正常表现称为病状,发病部位病原物的表现称为病征(Sign)。

草坪草生病后都一定会出现病状,但不一定有病征。非传染性病害和病毒病就只有病状而无病征。真菌和细菌病害往往有比较明显的病征。

①病状。常见的病害病状可归成5大类型,即变色、坏死、腐烂、萎蔫和畸形。

a.变色。病部发生颜色变化,但细胞并未死亡。变色又分均匀变色和不均匀变色,前者如褪绿、黄化、白化、红化、银叶等,后者如花叶、斑驳、明脉等。变色症多发生在草坪草的叶片上。

b.坏死。发病部位的细胞和组织死亡,但仍保持原有细胞和组织的外形轮廓。最常见的是斑点(或称病斑),其形状、颜色、大小不同,一般具有明显边缘。根据形状可分为圆斑、角斑、条斑、环斑、网斑、轮纹斑等,或根据颜色分为褐(赤)斑、铜色斑、灰斑、白斑等。坏死类病状是草坪草病害病状的主要类型之一。

c.腐烂。指发病部位较大面积的死亡和细胞解体。植株各个部位都可发生腐烂,幼苗或多肉的组织更容易发生。如禾草芽腐、根腐、根颈腐和雪腐病等。

d.萎蔫。各种原因如茎基坏死、根部腐烂或根的生理功能失调引起的草坪草萎蔫,匍匐翦股颖细菌性萎蔫等。

e.畸形。整株或部分细胞组织的生长过度或不足,表现为全株或部分器官呈不正常状态。如禾草线虫病可导致植株生长矮小、根短、毛根多、根上有小肿瘤等。

②病征。病征类型有:霉状物(如霜霉病)、粉状物(如白粉病、黑粉病)、锈状物(如禾草锈病)、点(粒)状物(如炭疽病病部的黑色点状物)、线(丝)状物(如禾草白绢病)、溢脓(如细菌性萎蔫病病部的溢脓)等。

(2)草坪病害发生的原因　引起草坪草病害的直接原因都可以称为病原。按病原的性质可以分为生物性病原和非生物性病原两大类。

①生物性病原。生物性病原主要有真菌、细菌、病毒、类病毒、线虫等。由生物性病原引起的草坪草病害能够相互传染。

②非生物性病原。非生物性病原则指除生物性病原以外的一切不利于草坪草正常生长发育的因素,主要包括土壤、气候等因素。

(3)草坪病害的主要类型　造成草坪病害的原因很多,如不利的环境因子、不正常的操作管理、人类及动物的破坏、生物侵染,等等。依据草坪病害的引发原因可以把草坪病害分为非传染性病害和传染性病害两大类。

①非传染性病害。非传染性病害(No-infection Diseases)是指由土壤、水分、气候等不利的环境因素引发的病害。引发的原因主要有缺乏营养元素、水分供应失调、不利的气候条件、有毒有害物质对草坪环境的污染等。主要表现如下症状:

a.变色。草坪生长所必需的营养元素缺少,或某种营养元素供应不足时,草坪就会失去正常的绿色。如:缺氮时叶片发黄或颜色变淡无光泽;缺磷叶片则变成深绿色,灰暗无光泽,具有紫色素;缺钾时叶片往往会出现棕色斑点;缺镁时则会发生黄化或白化现象。

b.畸形。畸形是由于草坪草感病后,细胞或组织因过度生长或发育不良而形成的,叶片出现皱缩、萎蔫、局部坏死等现象。当土壤中水分缺少或过量时,草坪的正常生长就会受到影响,发生不正常的生理现象。

c.萎蔫枯死。水分供应及温度变化不正常,土壤中有害盐类的含量等原因引起草坪草急剧失水,细胞膨压下降而发生的凋萎现象。进一步影响到草坪草的正常生长,使草坪生长缓慢,叶片变色、枯死,严重时导致全株死亡。

②传染性病害。传染性病害(Infection Diseases)是指由生物侵害引起的,具有相互传染性

质的病害。能够引发传染性病害的生物主要有真菌、细菌、病毒、线虫及其他病原体等。主要症状表现如下：

a. 出现特征性病症。由于病原体不同感病部位会出现白色粉末层、黄色或锈色及黑色的粉堆、毛状物、泡沫状物等症状。

b. 变色或出现异常色斑。草坪草受到不同病原体的侵染后，叶片出现的变色或色斑的颜色、形状也不同。

c. 萎蔫。引发萎蔫的原因很多，如根部腐烂、茎部坏死等，典型的萎蔫是由于真菌和细菌侵染根、茎部位的维管束组织，使水分输导受到阻碍，引起植株急剧失水，细胞膨压下降而出现凋萎现象。

d. 坏死和腐烂。主要是由寄主植物细胞或组织死亡、腐败引起的，因受害组织的性质不同还会表现出不同的症状，叶片坏死会表现为叶斑和叶枯，茎部则会出现溃疡斑，而腐烂则多出现在根茎或根部。

e. 畸形。常见的畸形症状有矮缩、丛枝、发根、叶片皱缩及肿瘤等。

2）常见的草坪病害及防治

(1)褐斑病(丝核菌病)

①病原。褐斑病(Brown Patch)病原为丝核菌。菌丝褐色，呈直角分枝，分枝处缢缩，附近形成隔膜，老熟后常形成粗壮的念球状菌丝。菌核小，褐色至黑色，常附在叶鞘病斑上，易脱落，病斑中常可发现此菌核。不产生分生孢子，有性世代少有出现。

②寄主。褐斑病所引起的草坪病害，是草坪上最为广泛的病害。由于其土传习性，所以寄生范围比任何病原菌分布要广。寄主主要有早熟禾、邵氏雀稗、狗牙根、假俭草、细弱翦股颖、匍匐翦股颖、细叶羊茅、草地早熟禾、牛尾草、黑麦草、钝叶草、苇状羊茅、欧翦股颖、结缕草等。

③症状。被侵染的叶片首先出现水浸状，叶片上病斑梭形，边缘红褐色，内部白色，当水分呈饱和状态或清晨有露时在枯草圈周围出现紫或灰黑色烟环，阳光曝晒后可消失。发病10天后，数斑可能合并形成不规则大斑。枯斑颜色不定，随草坪情况、发病地点和湿度情况不同而异。病叶变褐并枯萎，然后症状蔓延至根冠和根部。在草坪上的危害过程是从中心点呈圆形向外扩展蔓延，常形成直径30~130 mm的枯草圈，然后迅速扩大，颜色变为浅褐色。受害范围内的草坪草出现根、茎、叶腐烂现象。另外，该病的突出特点是枯草圈中间的病株复原较快，结果形成中间绿色、边缘枯黄色的呈圆环形状枯草斑。在该病严重发生前一天能闻到麝香气味，有时在发病后仍有气味。

④发生规律。该病在我国分布广泛。所有草坪均易感染此病，为草坪常见病。致病真菌首先侵染草根，致死根毛和根尖薄壁组织。此病在早夏的高温和高湿时期开始发生，发病的最适温度为21~32 ℃，在持续高温季节迅速发生，可持续发展到晚夏秋初。这些季节，气候潮湿或浇水频繁时，真菌就会从较下部的草叶和茎向上蔓延，感染整株。

⑤防治。适当浇水，避免浇水过度；注意修剪高度，留茬不宜过低；修剪后应及时处理草屑；保持氮肥营养水平以保证茎叶的中等生长速度；施用杀菌剂可有效防治此病，主要防治褐斑病的杀菌剂有代森锰锌、百菌清、敌菌灵、苯菌灵、甲基托布津、乙基托布津、放线菌酮、福美双等。发病早期整个草坪都应喷药，局部或点喷都不足以防治此病。如症状重新出现，则应反复喷药。

(2)炭疽病

①病原。炭疽病(Anthracnose)病原是禾生刺盘孢菌所引起的。此病原菌很常见，常在湿热

的气候条件下侵染。在染病茎叶组织内形成小、圆或长圆的黑色分生孢子盘，有黑色刚毛，刚毛由分生孢子盘内长出，黑色，具分隔，基部略膨大。刚毛顶端尖或圆，有时色略浅。分生孢子单胞无隔，无色透明，镰刀形或梭形，两端尖，在单胞无色透明的、圆柱状的瓶梗分生孢子梗上产生。在自然条件下有性世代很少发生。

②寄主。寄主范围广，侵染对象比较多，主要有一年生早熟禾和羊茅等，其次还有匍匐翦股颖、狗牙根、雀稗、羊茅、高羊茅、匍匐紫羊茅、多年生黑麦草、一年生黑麦草、日本结缕草等。

③症状。炭疽病的病症随环境条件和栽培方式的不同而有不同表现，但主要表现是叶部枯萎和茎基腐烂。在单个叶片上产生圆形至长形的红褐色病斑，被黄色晕圈所包围。病斑可发展变大，数斑可合并使整个叶片枯萎。叶片在枯萎前变成黄色，然后变成古铜色至褐色。在感病叶片上用放大镜可见到黑色针状子实体，在发病盛期幼叶上的子实体也很明显。病原在茎上侵染后会导致茎被病斑环绕，呈不规则状，进而形成大小不等的黄或铜色枯斑，枯斑形状不规则。草坪草在感病区内越来越稀疏，感病植株上的根所存无几。老叶易感病，如果阴雨天气里发生炭疽病则会造成茎基腐烂。茎上病斑最初水浸状，不久即转成深色。一旦根冠被侵染，即形成不规则的枯死斑。侵染后期深褐色或黑色的凸起分生孢子盘产生在茎叶上。在感病茎基部产生灰黑色菌丝体团和附着枝。病原侵染叶鞘基部、茎、根冠和根部，使其颜色转黑。整个植株易被从根冠中拔出，特别是植株中部的茎秆。

④发生规律。炭疽病多在春至早夏期间发生，也可在秋季发病。在 15 ~ 25 ℃的条件下危害尤重。主要由于土壤排水不良，同时遇有雨量大、雨期长和空气湿度高的情况下发病严重。另外，极端温度和土壤板结也是致病的主要因素，磷钾肥和浇水不足也易发病。根叶上水膜的存在是造成侵染的必要条件。

炭疽病的病原通常通过伤口侵入寄主组织。特别是当草坪刈割后或在草坪受到恶劣条件(如高温、高湿等)，损害后侵害最为严重。

⑤防治。在建植时要选择抗病品种；在栽培管理过程中轻施氮肥可以防止炭疽病严重发生；应用平衡的施肥方案，根据土壤分析施用磷钾肥，避免磷钾肥不足；修剪时，提高留茬高度，修剪后及时去除过厚的枯草层；浇水以缩短叶面水膜保持时间，浇水应浇透，但避免草坪过湿或过干；高温天气可在午时前后进行叶面喷水，以降低叶面温度避免高温威胁；感病后可以利用化学药剂进行防治，氯苯嘧啶醇、丙环唑、甲基立枯磷或三唑酮对炭疽病有效。

(3)钱斑病(币斑病、银元斑病、钱枯病)

①病原。钱斑病(Dollar Spot)病原菌属子囊菌亚门核盘菌。这种病害的侵染范围很广。

②寄主。在草坪上主要侵染匍匐翦股颖、细羊茅、狗牙根，对早熟禾、高羊茅、结缕草、雀稗、假俭草、钝叶草、黑麦草等也有侵染性。

③症状。典型症状为出现微陷的小圆斑，病斑圆形，枯草色。单个病斑大小与银元相似，从而得名为银元斑病。在草坪的凹陷处病斑尤为明显，危害严重时数斑会合并成不规则大斑，并毁坏大批草坪草。在早晨，当草坪有露水时，新鲜的病斑上可见到灰白色、绒毛状的真菌菌丝。

④发生规律。通常初发于早春，晚春到初夏发病严重，盛夏时发病率一般会下降，但晚夏时又会上升，并持续到中、晚秋。盛夏高温抑制此病，故发病率会下降，但处于阴凉地的感病草上病症可能会继续发展。在昼夜温差大、露水多的情况下最易发病。氮肥和土壤水分不足时病害发生尤为严重。病原侵染叶部，因此在留茬低的草叶片冠部，利于菌丝体通过叶端伤口进入组织造成侵染，当叶片夜间分泌溢泌物时侵染尤重。

休眠菌丝在被侵染的植株、土壤中越冬。可在 15 ~ 32 ℃温度下活动，其最适温度为 20 ~ 32 ℃。在 10 ℃情况下此菌即可造成侵染。主要以染病植株残体由机械方式传播扩散，如修剪、草坪建植、垂直修剪等。

⑤防治。建植时要选择抗病品种；保持足够的氮肥水平和一定的水分以保证茎叶的中等生长速度，要轻施勤施氮肥，及时浇水，避免植物缺水，浇水应浇透，应干湿交替，避免少浇勤浇；清晨除掉留在草坪上的露水和植物吐出来的水，改善草坪冠部的空气流通性；及时进行化学防治，许多接触性杀菌剂和内吸性杀菌剂可以防治银元斑病，主要有以下几种杀菌剂：苯菌灵、甲基托布津、乙基托布津、百菌清、敌菌灵、镉类化合物、朴海因、涕必灵、放线菌铜加福美双或五氯硝基苯、托布津加福美双或代森锰锌等。有些杀菌剂混合使用会提高药效，而且局部施药即可有效。但在阴雨天气情况下，如此病发生严重，则需全面施药，阴雨天过后可改回局部喷药。发病轻的草坪，使用腐熟的有机肥作覆土材料可抑制此病。

(4)仙人环病(蘑菇圈病)

①病原。仙人环病(Fairy Ring)的病原菌很多，大约有 50 多个担子菌，主要包括伞菌目(蘑菇)和马勃目。

②寄主。所有草坪草均能感染仙人环病。

③症状。蘑菇圈通常出现于春季、早夏和早秋，呈环状，也可见弧状或带状。随症状的发展，可出现同心环状的旺草、枯草、萎蔫草圈。旺草圈可出现于蘑菇圈环的内侧或外侧。蘑菇圈内外两侧的旺草为深绿色，比正常草的颜色深并稍高。蘑菇圈或病斑随病原子实体向外缘发展而出现，蘑菇圈一旦形成会逐年向外发展。当天气条件适宜时，大量子实体会在雨后或透彻灌溉后突然呈环状出现于蘑菇圈旺草区的内缘，表现出典型的蘑菇圈症状。症状因种和环境而异。在蘑菇圈上的草坪下面土壤中有白色菌丝体，充满菌丝体的土壤带有非常明显的蘑菇气味。

④发生规律。多发生在夏秋季，晚春也有发生。蘑菇圈由病原单孢子或带菌土壤引起，病原真菌在土壤中形成致密、白色的菌丝体网络，并分解有机物质，如枯草层混合植物残体，作为营养源；真菌分解土壤和枯草层中有机物质而释放氮(以氨的形式)，从而被草坪草根系吸收作为营养；部分土壤细菌也可将氨转化为亚硝酸盐，进而转化为硝酸盐作为植物养分，所以形成幼嫩深绿色旺草圈。真菌在土壤中形成疏水性的密实菌丝体，阻碍水分的渗透，草坪草因缺水而死，导致枯草圈出现。

⑤防治。由于蘑菇圈真菌基本上是腐生菌，所以无抗病品种可言。新建草坪时应清除树桩、老根、建筑木材和其他大块的有机物质，以减少病原真菌的营养源。对新植草坪应定期浇透水、施足肥。浇水时应保证浇透，浅浇水有利于蘑菇圈真菌萌发。对整个发病范围打孔，随后浇透水施足肥，可抑制蘑菇圈。若大面积发生时还可以通过土壤熏蒸或挖掘换土后重新播种；若零星发生，可及时把它挖出来。另外，可以用超饱和的水量浸泡 48 h 或更长时间，以此来降低其发病。化学防治主要是用挖洞熏蒸进行治疗，但效果不是很好。化学防治只能用在土壤熏蒸和草皮卷苗床熏蒸。使用的化学药剂有溴甲烷、氯化苦、威百亩、敌线酯等。

(5)白粉病

①病原。白粉病(Powdery Mildew)病原菌为禾谷类白粉病菌，属子囊菌白粉菌科。分生孢子呈链状产生，椭圆形。闭囊壳深褐色或黑色，埋生于菌丝体中，内生 15 ~ 20 个子囊。附丝体菌丝状。子囊孢子椭圆形。

②寄主。感病草坪草主要有草地早熟禾、细叶羊茅、翦股颖、黑麦草、小糠草和狗牙根等。

③症状。染病初期叶表出现白色菌丝或小菌落。菌丝体和菌落会扩大合并,覆盖大部或整个叶表面。病原菌在叶表形成的菌丝体白色或灰白色。菌丝体上产生的分生孢子使菌丝体表面呈粉笔末状,看起来像喷了面粉。发病严重时叶片失绿变黄或棕色。染病植株变弱,如受其他因子胁迫病株有可能死亡。侵染严重时草坪会变得稀疏。发病程度高的草坪会成片呈白色。

④发生规律。白粉病菌不耐高温。病菌以子囊孢子在闭囊壳内越冬。子囊孢子在春天或夏初发芽并侵染草坪草。在 15 ~22 ℃可以生长,最适温度为 18 ℃,并且在弱光、高湿度、通风不良等条件下病菌不需自由水即可侵染寄主。大约在侵染 4 天后,产生大量的分生孢子(进行再侵染)。在草坪整个生长期,只要条件适宜,均可进行再侵染。在庇荫处,此病在春、夏、秋季均可见。

⑤防治。合理地选择抗病品种,遮阴处的草坪应播混合种,应以抗病品种为主,如匍茎羊茅和细叶羊茅在遮阴地的草坪中表现出较强的抗性;在管理过程中尽量避免遮阴,定期修剪绿篱和小灌木,改善草坪的通风条件;施肥要合理,避免过多施用氮肥,注意氮、磷、钾肥配合;注意改善排水状况,适时浇水,使草坪健康生长,增强抗病能力;提高草坪修剪留茬。可以采用氯苯嘧啶醇、粉锈宁、放线菌酮等化学药剂进行防治,且较为有效。

(6)锈病

①病原。锈病(Rust)病原菌为丙锈菌,属担子菌亚门、冬孢子纲、锈菌目、丙锈菌属。夏孢子球形或椭圆形,单胞,表面有尖凸起,淡黄色。冬孢子棍棒状,双胞,黄褐色。

②寄主。可在所有草坪草上发生,但草地早熟禾、苇状羊茅、黑麦草、狗牙根、结缕草是主要寄主。

③症状。染病初期在叶片的上下表皮出现疱状小点,逐渐在病叶、叶鞘上形成浅黄色斑点,随后病斑变大,扩展成圆形或长条形橙红色斑,椭圆或棒状小突起破裂后散布褐锈色菌粉——夏孢子堆。叶片从叶顶端开始变黄,然后向叶基发展,使草坪成片变成黄色。有时在发育后期会产生黑褐色冬孢子堆。危害严重时,病斑连接成片或成层,使叶片变黄,干枯纵卷,造成茎叶死亡,草坪稀疏。

④发病规律。病原菌的菌丝或冬孢子堆在病株叶、植株残体上或根冠内越冬。一般在 5—6 月开始造成初侵染,在叶片上出现色斑。可直接侵入或从气孔侵入寄主植物,发病缓慢。9—10 月发病严重,草叶枯黄。9 月底 10 月初产生冬孢子堆。病原菌生长发育适温为 17 ~22 ℃,空气相对湿度 80% 以上时有利于侵染。光照不足、土壤板结、土质贫瘠、偏施氮肥、病残体多的草坪上易发病。

⑤防治。建坪时最好混合播种,避免品种单一,选择抗病品种;适时浇水、施肥,晚秋施肥应针对草坪的越冬休眠特点,施用适量的磷钾肥;定期修剪草坪,避免夏孢子形成,降低病原菌种群数量;草坪修剪时应同时收集剪下的草叶,及时集中烧毁、埋掉或堆肥处理,以清除病原菌;尽可能提高留茬高度,避免留茬过低;避免枯草层过厚,可通过垂直修剪来降低其厚度;冬前最后一次修剪后,应将剪下的草屑清除处理掉,如烧掉、埋掉或堆肥处理,以减少越冬病原菌数量。可以通过喷洒硫酸锌、代森锰锌、放线菌酮等杀菌剂进行有效的化学防治。

5.1.3 草坪虫害(Turf Insect)

昆虫是生物中种类最多的类群,在生物圈里起着非常重要的作用。昆虫同人类有着密切的关系。个别昆虫会传播疾病,如蚊子传播疟疾、脑炎;有些则为经济昆虫,如紫胶虫、蚕、柞蚕、蜜蜂;部分昆虫则为人们桌上的美味,如蚕蛹、蝗虫等;部分昆虫为益虫,如熊蜂用来为植物(特别是温室作物)传粉,寄生蜂用来防治虫害;有些则危害农作物或森林,从而影响人类生存的生态环境,如蝗虫、粘虫、蚜虫和松毛虫等。这些植食性昆虫可分食茎叶类和食根类。部分植食性昆虫危害草坪,它们取食草坪草、污染草地、传播疾病,在个别地区会对草坪造成严重危害,严重影响草坪的质量。准确鉴定草坪害虫,了解其生活习性以及生活史对草坪虫害进行有效综合防治有着重要的意义,消灭害虫是草坪养护管理的重要措施之一。

1)草坪害虫类型

根据害虫对草坪草的危害部位,可以把草坪害虫分为危害草坪草根部及根茎部的地下害虫、危害草坪草茎叶部的地上害虫。

(1)地下害虫　地下害虫是指一生中大部分时间在土壤中生活,危害植物地下部或地面附近根茎部的害虫,亦称土壤害虫。在草坪害虫中,地下害虫具有种类多、分布广且危害严重的特点,因此是防治的重点所在。其主要种类有蝼蛄类、金针虫类、金龟甲类、地老虎类、拟步甲类、根蝽类、根天牛类、根叶甲类等。

(2)地上害虫　地上害虫是指以茎叶为食的害虫。由于草坪草处于经常修剪的状态,造成草坪不稳定的上层环境,因此,与地下害虫相比,茎叶部害虫的危害要小一些。但是,茎叶部害虫的咬食常与传播禾草疾病相联系。因此,对茎叶部害虫的防治也是不可忽视的。其主要种类有蝗虫类、蟋蟀类、夜蛾类、叶甲类、秆蝇类、蚜虫类、叶蝉类、飞虱类、蝽类、盲蝽类、蓟马类等。

2)常见草坪害虫

(1)蛴螬　蛴螬(Grubs),如图5.34所示,属鞘翅目金龟甲科。蛴螬是金龟子的幼虫,是地下害虫中分布最广、危害最严重的一大类群。许多植食性种类是草坪主要地下害虫。主要种有铜绿丽金龟、黄褐丽金龟、蒙古丽金龟、华北大黑鳃金龟、暗黑鳃金龟、黑绒鳃金龟、鲜黄鳃金龟、小黄鳃金龟、亮绿彩丽金龟、回纹丽金龟等。

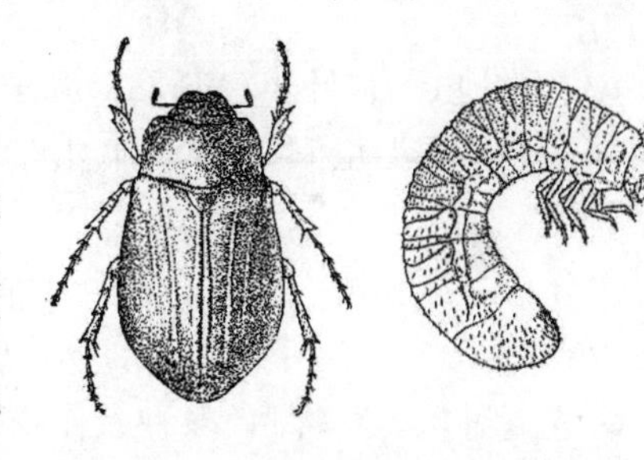

图5.34　金龟子的成虫与幼虫(蛴螬)

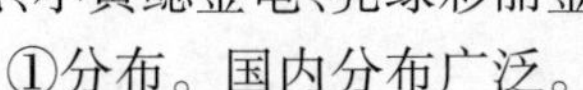

①分布。国内分布广泛。

②危害对象。食性杂,危害草坪和多种大田作物、蔬菜、牧草、花卉和苗木等。

③形态特征。成虫,体略凸,大小随种有很大差异,体色有赤、蓝、绿、褐、棕、黑等色。触角鳃叶状为其突出特征。前足宜于掘土。腹末常不被鞘翅覆盖。卵,初产乳白色,表面光滑,椭圆至长圆形。孵化前卵膨大,色变深呈淡黄或橙黄色。卵壳透明。幼虫蛴螬大小随种而异,多为白色、黄色或淡黄色,体柔软肥胖,多弯曲呈"C"字形。头大而圆,黄褐或赤褐色。臀节(第十腹节)上刺毛的种类、数目和排列是区别种类的重要特征。仅靠蛴螬的形态特征不易鉴定到种。准确而常规鉴定多依赖成虫的形态特征。蛹,裸蛹,黄或橙黄色。

④危害。金龟子为杂食性,成虫咬食叶片,蛴螬在地下咬食草坪草根,造成断根、死根。因根部受损受害草易被拔起,蛴螬连续和大面积取食会造成草坪成片死亡。

⑤防治。蛴螬长期在土壤中栖息、危害,故为较难防治的害虫之一。可以通过农业、化学、生物等方法进行防治。农业防治可以通过秋末进行冬灌,致使蛴螬大量死亡;清除地边、沟里杂草,可消灭金龟子成虫;在成虫发生盛期用火把、白炽灯、日光灯、汞灯、黑光灯诱杀等方法进行

防治；还可以进行性诱，把盛有水的容器放入地里挖好的坑内，容器内放5个“处女雌虫”，进行诱杀。化学防治主要是在成虫发生盛期用敌百虫、亚胺硫磷、敌敌畏1 000倍液喷杀。蛴螬发生危害时，用恶虫威、氯吡磷、辛硫磷，甲基异柳磷等药剂可防治此虫。进行生物防治有效的病原微生物主要是绿僵菌，防治效果达90%。也可用芽孢杆菌粉剂施入土中，使之感病致死。

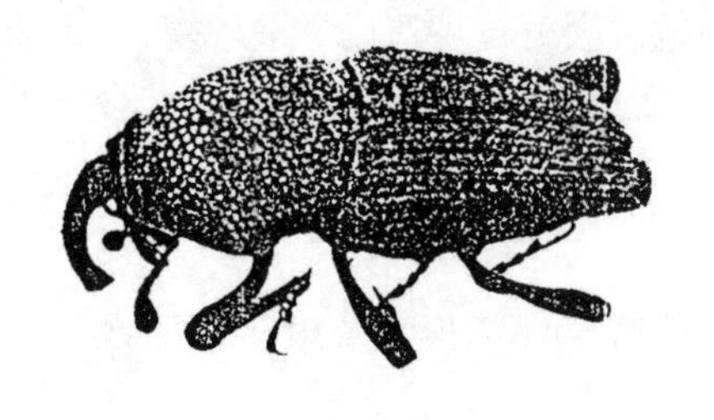

图5.35 象鼻虫

(2)象鼻虫　象鼻虫(图5.35)属于鞘翅目象鼻虫科，是鞘翅目中最大的科之一。在草坪中这一害虫种类很多，因各地气候、植被等自然条件不同，种类间也有所差异。

①分布。全世界已记述的象鼻虫种类超过6万种，在我国也很普遍，种类可达6 000余种。

②危害对象。象鼻虫的种类很多，主要危害狗牙根、结缕草、草地早熟禾等草坪草。

③形态特征。成虫喙很显著。各种类之间喙的长短差异较大，有的粗短，有的细长，甚至超过体长。多数种类被覆鳞片。幼虫通常白色，肉质，弯成“C”字形，没有足和尾突。

④危害。象鼻虫为杂食性害虫，植物的根、茎、叶、花、种子、果实、幼芽、嫩梢等无不受其危害。大部分象鼻虫蛀食植物内部，不仅危害严重，而且防治较难。

⑤防治。可用化学防治。春天将药喷洒在草垫上消灭成虫，防止成虫产卵。幼虫的防治与蛴螬相同，在仲夏将药喷洒在有幼虫的土壤中，防治新孵化的幼虫。所用药剂与防治蛴螬用药相同。

(3)金针虫　金针虫(Wire Worms)，如图5.36所示。金针虫属鞘翅目，叩头虫科。为叩头虫幼虫，是常见的主要地下害虫。

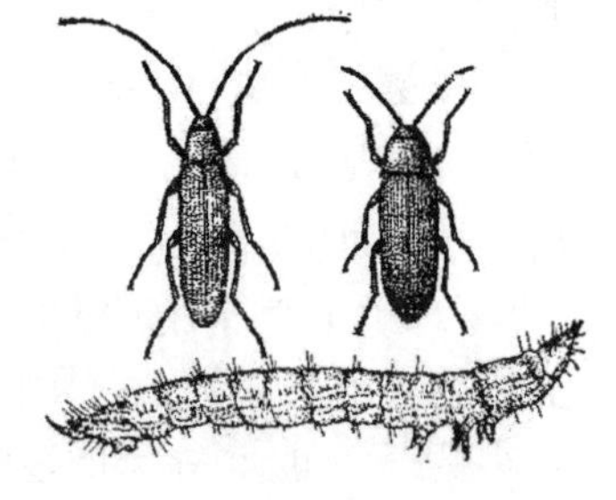

图5.36 金针虫的成虫与幼虫

①分布。在我国南北分布有所不同。以沟金针虫和细胸金针虫分布最广。

②危害对象。草坪草、多种农作物和苗圃作物。

③形态特征。成虫，体细长，两侧平行，头尾圆形，多扁平。前胸背板两后端角尖或刺状后伸。细胸金针虫体长8～9 mm，细长，密被淡黄色短毛，有光泽。沟金针虫体长16～18 mm，密被金黄色细毛。体宽面扁平，深褐色或棕红色。卵，多为圆或椭圆形，乳白色。细胸金针虫的老熟幼虫长23 mm。腹部最后一节不分叉，圆锥形，两近基部背面侧各具一褐色圆斑。沟金针虫的老熟幼虫长20～30 mm，金黄色，有细毛。最后一节分叉，叉内侧各具一小齿。蛹为裸蛹，黄色。

④危害。食性杂，可危害多种植物，为主要地下害虫之一。啮食多种幼苗的根、嫩茎和萌芽初期的种子。多在农作物和苗圃作物上造成危害，但也危害草坪。在草坪上的危害主要是取食草根和蛀入地下肉质茎，使根部逐步受损，形成斑块，造成枯萎斑，致使草坪草死亡。

⑤防治。因各种金针虫种发生规律不同，防治方法也有所不同。对于细胸金针虫来说，秋季处于6～7龄虫有一个食量大增的暴食阶段，为防治重点。播种草坪时可药剂拌种，亦可用药液灌根。如果在生长期每平方米有虫40头以上，则可以使用甲基异柳磷乳油1 000～1 500倍药液浇灌，10多天后才可见其防治效果。防治沟金针虫主要是药剂处理土壤。用3%呋喃丹颗粒剂或5%辛硫磷颗粒剂直接施入土中根际，与覆土拌匀，薄覆一层。在幼虫危害期可用药液

灌根。此虫有春季暴食习性,所以要加强春季的防治。

(4)蝼蛄 蝼蛄(Mole Crikets),如图5.37所示。蝼蛄属直翅目,蝼蛄科。蝼蛄是危害最严重的地下害虫之一。发生初期因为危害症状不明显不易被发现。到晚夏或早秋草皮开始死亡时被发现已为时太晚,因若虫进入高龄,体大,取食量大,难以防治。

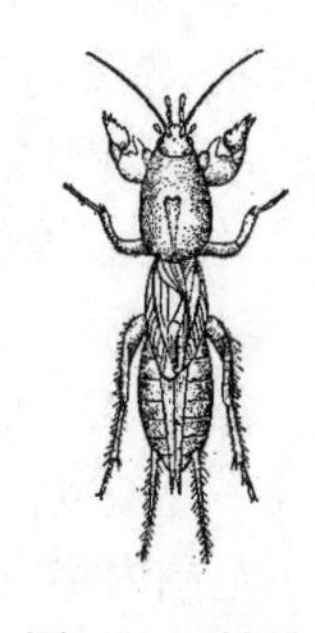

图5.37 蝼蛄

①分布。全世界约有40种,有6种分布在我国,常见的有华北蝼蛄、非洲蝼蛄、台湾蝼蛄和普通蝼蛄。其中华北蝼蛄分布于北纬32°以北地区;非洲蝼蛄遍及全国;台湾蝼蛄分布于台湾、广东、广西等地;普通蝼蛄分布于新疆地区。

②危害对象。各种草坪,农作物和苗圃等。

③形态特征。成虫,体长30~66 mm。全身密生细毛。复眼椭圆形,大。单眼3个。触角丝状。前胸背板盾形,前缘内弯,后缘圆钝。前翅平叠,比腹部短。后翅卷缩于前翅下,伸出腹末端外。其前足发达坚硬,爪子似小铲;中后足细小。卵,为椭圆形,初产乳白色,逐渐变为黄褐色。若虫,初孵时乳白色,复眼淡红色。体色后渐变深。

④危害。蝼蛄夜间离开其洞穴,取食茎或叶,有时会将其咬断的茎叶拖回洞穴食用。蝼蛄可在任何时间取食草根。主要位于地表下边,随吃随前移,可将草坪草一片片地齐根咬断,造成大面积的草坪死亡。发生严重的草坪几乎无根系存在,极易因人员活动、高尔夫车和其他娱乐活动造成进一步危害。蝼蛄还可因其在土壤表面下广筑穴道造成严重危害。修筑穴道使草坪草根系同土壤分离(拔秧),从而使根系干死,草坪死亡。在新建植(特别是用匍匐茎繁殖)或新播种的草坪上,筑穴活动造成的危害尤重。被蝼蛄危害的草皮难以移植成活。在高尔夫球场的球洞区,草坪上穴道使土表凸起不平,影响球的滚动速度和方向。

⑤防治。有效的防治取决于对生活史的理解、全年详尽的测报工作和综合防治。因其栖于土内,一般杀虫剂难以奏效,施药对土壤中的卵无效果。根据蝼蛄发育阶段选择适时施药时间对有效防治非常重要。龄期越高抗药性越强,对老龄若虫和成虫的防治通常是事半功倍。化学防治首先是拌种,在新建或改建草坪播种时可用药剂拌种,可以用50%辛硫磷乳油500~800倍液拌种。其次是毒饵防治,饵料一般选择多汁的鲜草,鲜菜及蝼蛄喜食的块根、块茎炒香的麦麸、豆饼和煮过的谷子。药剂:50%对硫磷乳油,20%甲基异柳磷、40%水胺硫磷、50%甲胺磷。用药量不要太大,以免有异味引起蝼蛄拒食。如将麸皮或谷糠炒熟,用辛硫磷药液拌匀,傍晚撒放田间,进行诱杀。还可以用灯光诱杀成虫。

(5)小地老虎 小地老虎(*Agrotis jpsilon Hufnagel*),如图5.38所示,又名黑地老虎,属鳞翅目,夜蛾科,切根夜蛾亚科。我国有几个地老虎种可危害草坪,但小地老虎分布最广。

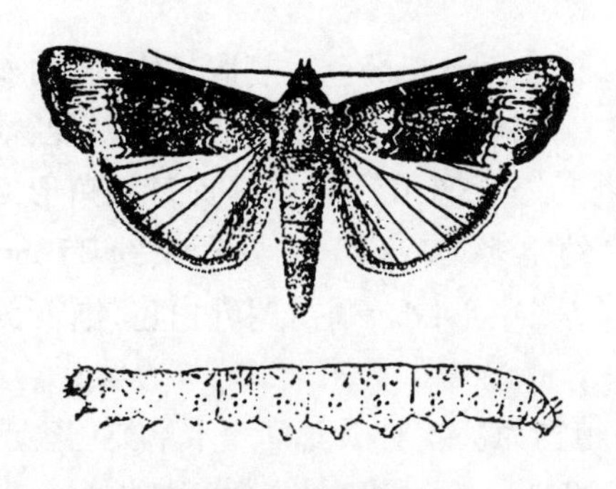

图5.38 小地老虎

①分布。全国各地均有分布。在世界上分布广,分布于北纬62°和南纬52°之间,亚洲、欧洲、北美洲、非洲等地区。

②危害对象。危害多种草坪草,以翦股颖草为主,对草地早熟禾危害不重,还危害牧草、主要农作物、林木幼苗和果苗。

③形态特征。成虫,暗灰色或暗褐色。体长 16 ~23 mm,翅展 35 ~45 mm。触角雄成虫双栉齿状,栉齿朝先端渐短至丝状,雌成虫丝状。前翅中部具楔形黑斑。后翅灰白色。卵直径约 0.5 mm,扁圆形。初为乳白色,后色转深。幼虫多 6 龄。老熟幼虫体长 37 ~50 mm,头宽3 ~3.5 mm。体色黄褐色至暗褐色,背面具暗褐色纵带。蛹长 18 ~24 mm,红褐色或暗褐色,尾端黑色。具 1 对尾刺。

④危害。小地老虎的危害与其他食叶害虫相似,取食地上部分叶片。幼虫在枯草层或土壤中筑一蛀道或占据打孔机留下的孔及其他土壤间隙。幼虫夜间取食叶片,大龄幼虫可在蛀道周围小范围内将所有草的茎、叶吃光,露出枯草层,形成褐色秃圆死斑。小地老虎的存在会引鸟来攫食,个别鸟攫食小地老虎在草坪上留下啄、抓痕,使草坪的平整度降低从而造成草坪次生危害,特别是对高质量草坪来说危害显得尤为严重。多数鸟大量攫食幼虫会降低小地老虎而草坪的种群数量,多数时间并不形成危害。

⑤防治。防治之前应进行小地老虎的种群数量调查。调查方法为:用 30 mL(2 汤匙)柠檬味的洗碗用的洗涤剂兑入 8 L 水中,然后喷洒到 1 m^2 面积的草坪上,待洗涤剂溶液渗过枯草层进入土壤后的 2 ~8 min,迫使幼虫爬出地表。多数高尔夫球场的防治指标为 5 头/m^2。在修剪留茬高、低维护草坪上通常不需防治。高质量草坪则在鸟扑食小地老虎而在草坪上留下啄抓痕时开始防治。可以采取黑光灯或糖醋液诱杀成虫,糖醋液的配方为红糖∶醋∶水∶可溶性敌百虫 =1∶3∶10∶0.3,拌匀即成,置于盘内,无风晴天傍晚放置,次日晨收回。每4 000 m^2 左右草坪放 1 盘。药剂防治:50% 辛硫磷、2.5% 溴氰菊酯 1 000 倍液,90% 晶体敌百虫 800 ~1 000 倍液,50% 杀螟硫磷 1 000 ~2 000 倍液喷雾。氯吡磷对小地老虎非常有效,具体施药方法参见药剂标签或说明。用新鲜泡桐叶诱虫集中杀灭。天敌有鸟、步行虫、寄生蝇、寄生蜂等。苏云金杆菌可用来防治 1,2 龄幼虫。修剪后对带卵的碎草应适当处理,避免露天堆放。及时堆肥处理、埋掉或装入容器,避免卵孵化后继续危害。

(6)粘虫　粘虫[*Mythimna separata*(Walker)],如图 5.39 所示,是鳞翅目夜蛾科的害虫。又名剃头枝虫、粟夜盗、粟粘虫、行军虫等,俗名有夜盗虫、天马、五彩虫、花条虫、绵虫、麦蟥等。

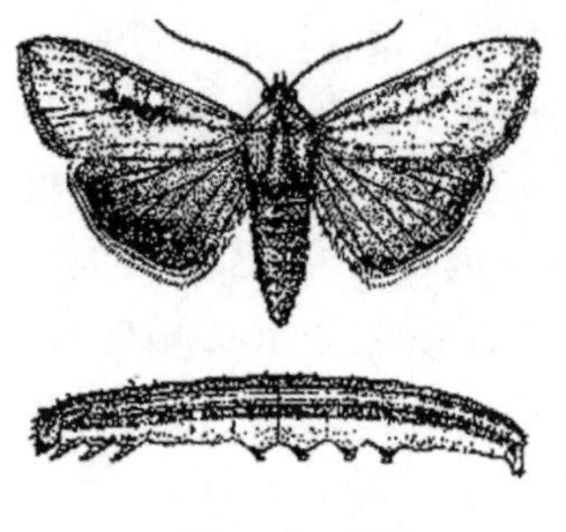
图5.39　粘虫

①分布。分布极广,国内除西藏、新疆和甘肃陇西(兰州以西)未发现外,其他各处均有发现。

②危害对象。粘虫系杂食性、食叶性害虫,幼虫除了取食多年生黑麦草、各种禾本科混生草坪草和三叶草,也取食马唐、狗尾草、白茅、稗草、蟋蟀草、芦苇及灰菜。

③形态特征。成虫,翅展 36 ~45 mm,体长约 20 mm,淡黄色或灰褐色。复眼较大,触角丝状,口器虹吸式,前翅前缘和外缘色较深。中室下角常具 1 小白点。亚端线从翅尖向内斜伸,褐色,在翅尖后和外缘区域形成灰褐色暗影。后翅暗褐色。卵,馒头形,0.5 mm,表面具六角形网状纹。初期乳白色,渐变为黄色或褐色,孵化前为黑色。幼虫多为 6 龄。老熟幼虫约 25 mm 长,黑绿、褐绿或黄绿色;头部黄褐色或淡红褐色,形状如“八”字形纹。蛹初期乳白色,渐变为黄褐至红褐色。

④危害。粘虫是一种暴食性害虫,以幼虫危害禾本科植物为甚。对黑麦草等禾草类危害严重。近几年成为严重危害草坪的害虫。虫口数量可高达700 头/m^2。粘虫暴发时草坪被全部食光,仅留茎秆。此虫为迁徙性害虫,可大批迁移或远距离迁飞。5 ~6 龄幼虫危害最重。老龄幼

虫的取食造成草坪参差不齐，甚至将草皮吃秃，留下一片枯黄。

⑤防治。加强植物检疫，加强测报，及时防治。栽培防治要通过改善草坪栽培措施，培育健康草坪从而提高草坪对虫害的抵抗力。5月末—6月初，雌蛾产卵前用黑光灯诱杀成虫。化学防治可用毒死蜱、辛硫磷、敌百虫、西维因、菊酯类杀虫剂，都有很好的杀虫效果。还可以进行生物防治，捕食性天敌主要有鸟、蜘蛛、青蛙、金星步行虫等，卵寄生天敌有黑卵蜂，蛹寄生天敌为姬蜂和幼虫寄生性天敌主要有螟蛉绒茧蜂。

(7)蝗虫　蝗虫(Grasshoppers，locusts)，如图5.40所示，属直翅目蝗科。我国有600种以上，其中几个种可危害草坪，如中华蚱蜢、短额负蝗、笨蝗、黄胫小车蝗、长翅稻蝗、疣蝗、东亚飞蝗等。通常不是草坪的主要害虫，但条件合适时可造成相当严重的危害。

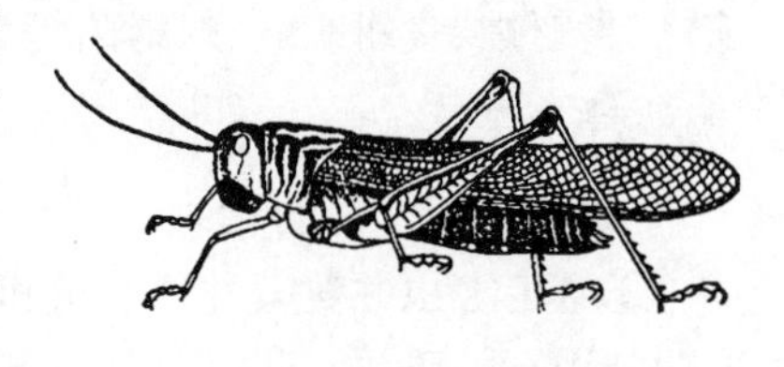

图5.40　蝗虫

①分布。广布世界各地。

②危害对象。危害对象繁杂，会对许多禾本科作物包括草坪草造成危害。

③形态特征。成虫，体绿色，黄褐色或暗褐色。体形匀称，多较大。头多卵圆形或三角形。颜面向后倾斜或垂直。前翅较狭长、坚硬。后翅膜质透明略呈三角形，不飞时呈纸折扇样折藏前翅下。少数种无翅。前、中足不发达，后足发达，善跳。卵，多长椭圆形，微弯曲。若虫形似成虫，但体形小，无翅。

④危害。取食叶片。取食量大时，会将成片草坪草或作物的叶片吃光仅留中脉。在新建住宅小区或近郊区的草坪可见大量蝗虫成虫迁入，其对草坪会造成严重的危害。

⑤防治。可喷施50%杀螟硫磷乳油1 000倍液、80%敌敌畏乳油1 000倍液、90%敌百虫原药800倍液。施药应在露水干后进行。

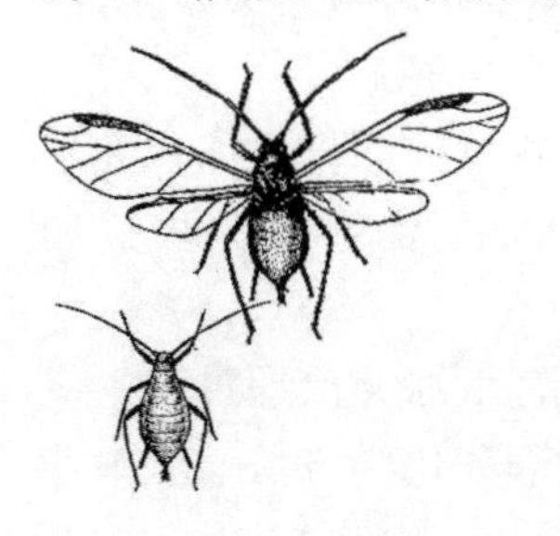

图5.41　蚜虫

(8)蚜虫　蚜虫(Aphids)，如图5.41所示，属于同翅目，蚜虫科，亦被称为“植物的虱子”，是最常见的植物害虫之一。蚜虫种类很多，如麦蚜，包括麦长管蚜、禾谷缢管蚜、麦二叉蚜等，危害草坪的蚜虫主要是麦蚜。

①分布。全国分布广泛。

②危害对象。麦长管蚜危害早熟禾、看麦娘、李氏禾、马唐、双穗雀稗、狗牙根等禾本科草坪草，麦二叉蚜的危害对象有赖草、如草、雀麦、马唐、草地早熟禾等草坪草。禾谷缢管蚜亦称粟缢管蚜，它的寄主主要有雀麦、马唐、画眉草、看麦娘、早熟禾等草坪草。

③形态特征。成虫，无翅成蚜体长1.5~2.5 mm，腹部黄绿色或浅绿色。背面具绿色纵带，腹管短圆筒形，淡绿色，端部暗黑。触角和足端部黑色。尾片具5~6根毛。有翅型中脉分支一次，触角第三结具4~10个感觉圈。卵，椭圆形，约0.8 mm长。新产卵浅黄，几小时后转为绿色，几天后转为亮黑色。若虫4龄。形态和体色同无翅成蚜相似，但体型小。

④危害。其危害主要因其刺吸式口器在草坪草叶片上插入韧皮部取食造成。取食本身只使寄主衰弱，但麦二叉蚜分泌的唾液含有毒物质，破坏叶绿素，在叶片上造成中心坏死的黄斑，随后取食伤口周围的寄主，组织死亡转为焦黄色。有毒唾液在寄主内迁移，利用酶破坏寄主细胞，会进一步使包括根系在内的整个寄主植株衰弱。大量蚜虫集中在褐斑块外缘的一窄圈活草

上危害。从远处看被危害的草坪草呈焦黄色。随着取食危害的发展,枯死斑逐渐外延,危害可从春夏开始持续至秋。危害严重时单叶片上可见10~50头蚜虫排成线在叶上表面中脉取食。

⑤防治。此虫可用触杀剂或内吸剂防治。有机磷杀虫剂一般有效。恶虫威对此虫非常有效。由于此虫易产生抗药性,选用农药时应考虑避免抗药性的产生。如此虫对农药已产生抗性,可用菊酯类杀虫剂防治。草坪有局部发生时,点喷即可,不必全面喷洒。带有内寄生菌的草坪草品种对此虫有抵抗力。对连续发生的草坪,应考虑更换具有内生菌的品种。瓢虫、草蛉、芽茧蜂、食蚜蝇、食蚜蜘蛛、蚜霉菌等为其主要天敌,应加以保护。

3)草坪虫害防治

(1)草坪害虫综合治理的环节

①鉴定害虫并对其种群数量和危害进行预测预报。草坪害虫测报对草坪害虫综合治理的成功与否至关重要。测报为草坪害虫防治提供时机和经济有效的方法,可防治害虫于早期和大发生危害之前。测报应有系统性,应对草坪害虫生物学特性、发生物候特点、种群数量动态、危害特点,草坪生长管理(包括草坪品种、建植、修剪、浇水、施肥、枯草层管理、有害生物治理等)和气象环境进行定期定点观测。同时还应对草坪害虫进行田间踏查。一定要定期对土壤和草坪管理用水进行化验,了解土壤酸碱度、结构和水质的变化。测报的准确程度同测报模型(特别是害虫种群数量动态模型)的可靠性有极大相关性。测报人员的安排要定员,要有稳定性,并进行培训,避免测报误差。对测报数据和有关材料应建立系统档案。

②确定防治害虫的防治指标。建立合理和适用的草坪害虫防治指标对草坪害虫综合治理极为重要。草坪害虫的种群数量超过其防治指标与否,决定了是否应对该害虫采取防治措施。如因种群数量超过其防治指标值需进行防治,可根据种群数量高出防治指标的程度决定应采取何种措施为佳。刚超出防治指标的情况下,采取适当栽培或物理措施便可解决问题。如超出很多则应考虑化学防治和其他措施结合的方法,适时压低害虫种群数量,避免草坪危害大发生,然后尽快稳定虫口数量在防治指标之下。对暴食性害虫如粘虫和蝗虫要严加监测。

同种害虫的防治指标因草坪品种、生长期、功能和草坪所处地理位置不同而异。如在高尔夫球场的小地老虎的经济阈值为5头/m^2,但在修剪留茬高、低维护草坪的防治指标就很高,如护坡草坪上通常不需防治。

③确定所有可以利用的防治策略和方法并选定所需的防治方法。害虫综合治理过程中应充分考虑所有可利用的防治策略和方法,包括自然、生物、物理、栽培管理和化学方法。从中选用最合理、经济有效,同时又对社会、环境和人类健康影响最小的防治方法。

④采取措施防治害虫。在确定了防治策略和防治方法之后,严格按照确定的防治计划组织人力及所需要的材料、设备进行具体实施,建立系统的防治方案。

⑤评估害虫综合治理效果。应对害虫综合治理的效果进行评估,以便及时改善或纠正害虫综合治理中存在的不足和问题,从而达到害虫综合治理的预期目的。害虫综合治理效果不佳时,应认真查找原因,采取措施,并对害虫综合治理计划安排进行调整,不断完善害虫综合治理项目。

(2)草坪害虫防治的主要办法

①栽培管理防治:

a.严格检疫。草坪检疫始终是防止外来草坪有害生物(包括害虫)入侵和扩散的有效措施。国内草坪建植使用的冷季型草坪草种子几乎全靠从国外进口。引进或购进草坪草种子和草皮时进行检疫可防止害虫(幼虫和虫卵)传入。

b. 适地适草。选用适于当地气候和立地条件的草坪草品种是培育健康草坪的重要措施。选用不当品种,草坪草生长不良,抗逆性差,容易被害虫危害。应结合本地特点选用适合本地生长和抗逆性强的品种。我国的水力资源极为有限,北方多数地区缺水,故应兼顾草坪品种的抗旱性,且抗旱品种的抗虫性也高。一般的观赏和运动草坪建植应避免选用需要大水大肥的品种。

c. 选用抗虫品种。选用抗虫品种从长远观点看,还是经济有效的。其优点是使害虫危害的风险大大降低,减少杀虫剂的使用。

d. 选用带有内寄生菌的品种。在草坪虫害发生严重的地区可考虑采用带内寄生菌的草坪品种。因为这些内寄生菌产生的生物碱对植食性昆虫有毒性。内寄生菌产生的生物碱主要分布在茎、叶和种子里,所以带内寄生菌的草坪草对食叶害虫有抗性,但对地下害虫效果低。

带内寄生菌的草坪草种子应在干冷(5 ℃)的条件下储藏。室温下储藏 11 个月,内寄生菌 100% 的丧失活力。因内寄生菌产生的生物碱对家畜也有毒,在畜牧业区建草坪选用带内寄生菌的草坪草种时应考虑其内寄生菌会否散播到牧草上而对家畜造成危害。

e. 灌溉浇水。合理适时灌溉,促进草坪健康生长。避免草坪过干或过湿,提高草坪的抗虫能力。在缺水地区应考虑采用抗旱品种。在部分地区(水质硬的地区)水质会随季节降雨情况而变化,应对灌溉水的水质进行定期化验,避免因水质变化恶化草坪生长环境,如使土壤酸碱度偏离最适范围。

f. 合理施肥。选用化肥时应了解化肥的成分和化学特点。根据草坪生长情况进行季节施肥,施肥时应氮、磷、钾平衡。草坪在不同生长期和不同季节对肥料的需求不同。根据草坪草和土壤特点选用化肥,既要促进草坪健康生长又要防止草坪徒长,同时还应防止因施用化肥不当引起土壤酸碱度的大幅度变化。合理施肥改善草坪的健康情况可提高草坪的抗虫能力。

g. 适时适度修剪。及时适度修剪会促进草坪健康生长。对在叶部产卵的害虫,修剪还可割掉虫卵,协助降低虫口密度。根据草坪功能确定合理修剪高度。

h. 枯草层管理。厚枯草层会影响草坪生长,降低抗虫能力,同时还会影响杀虫剂在土壤中的渗透和移动而降低对地下害虫的效果。枯草层过厚时应进行纵向表施、修剪或打孔,促进枯草层的分解和降低其积累。

②物理防治。黑光灯或高压汞灯灯光诱虫。幼虫灯下应结合施用杀虫剂,避免使幼虫灯区附近的虫害反而加重。可用草把或其他植物材料诱虫。人工捕捉和人工摘除卵块可用来降低虫口数量。

③生物防治:

a. 天敌。害虫寄生性和捕食性天敌(如小长腹寄生土蜂)、病原微生物(如白僵菌、绿僵菌、芽孢杆菌、苏云金杆菌)、昆虫病毒(如斜纹夜蛾核多角体病毒)可用于防治部分草坪害虫。绿僵菌防治蛴螬的效果可达 90%。

b. 抗虫转基因草种。国外已有个别转基因产品,但因对生态环境的影响尚无定论,故还未大面积使用。

c. 性外激素诱杀。如利用性外激素诱杀斜纹夜蛾雄成虫。

④化学防治。同一杀虫剂的效果因虫而异。其原因同杀虫剂的作用方式和害虫的口器特点以及取食方式有关。杀虫剂的作用方式分为触杀、胃毒和熏蒸。部分有机合成杀虫剂具内吸

作用。选用杀虫剂时应了解杀虫剂的作用方式,这对科学施药,提高防治效果和经济效益,减少环境污染有着显著意义。化学防治的关键是选择合适的杀虫剂和适时施药。应掌握灭虫最佳时期,即对杀虫剂最敏感的虫期。防治地上害虫时,应在未来 24 h 无雨的情况下施药,同时施药后不能立即灌溉。用颗粒剂或粉剂防治地下害虫时施药后应马上浇 10 ~ 20 mm 的水,以便杀虫剂穿过枯草层,保证杀虫剂的杀虫效果。因部分杀虫剂同枯草层有很强的亲和力,如不浇水杀虫剂同枯草层结合使杀虫效果不佳。

(3)常用草坪害虫杀虫剂

①乙酰甲胺磷。内吸剂,低毒,中残留。具有内吸、触杀、胃毒和一定的杀卵及熏蒸作用。防治麦二叉蚜的效果非常明显。剂型为乳油和可湿性粉剂,用来喷雾。

②恶虫威。中等毒性,中残留。用来防治蛴螬和部分鳞翅目食叶害虫。

③甲萘威。广谱性氨基甲酸酯类杀虫剂,低毒,中残留。具胃毒和触杀作用,无内吸作用。在草坪上主要防治蜂类,如黄蜂和部分鳞翅目食叶害虫,如斜纹夜蛾。对介壳虫和螨类效果欠佳。为可湿性粉剂。

④氯吡磷。广谱有机磷杀虫剂,非内吸剂。中等毒性,在土壤和叶中为中残留。防治部分地下害虫有效。对蛴螬有效,对小地老虎非常有效。

⑤二嗪磷。广谱有机磷杀虫剂,非内吸剂。中等毒性,在土壤和叶中为中残留。具胃毒、触杀和熏蒸作用。对多种害虫有效。颗粒剂和喷雾施用。

⑥异丙三唑硫磷。有机磷杀虫剂,中等毒性,中残留。对地下和茎叶害虫均有效。喷雾施用。

⑦异丙胺磷。有机磷杀虫剂,中等毒性,中残留。对草坪地下害虫如蛴螬有效,对长蝽亦有效。颗粒剂和喷雾施用。

⑧马拉硫磷。广谱性有机磷杀虫剂。残留期很短,高效、低毒。具胃毒、触杀和一定熏蒸作用。在草坪上多用来防治公害昆虫。低温时施用效果会有所下降。

⑨敌百虫。广谱性磷酸酯类杀虫剂。低残留,低毒。具胃毒和触杀作用。用来防治蛴螬和食叶鳞翅目害虫。对蚜虫和螨类效果差。

(4)使用杀虫剂要注意的事项　所有使用的杀虫剂都是有毒的,必须正确使用杀虫剂,在施药的过程中必须注意人和动物的安全,并尽量做到减少对周围环境的污染,因此必须做到以下几点。

①应尽量不用或少用化学药剂,只有在害虫对草坪危害严重时才进行化学药物防治。

②在使用化学药剂时,要严格按照标签上标明的使用方法和施用剂量进行操作。

③使用的药剂要做到妥善保管,存放在远离食物、动物饲料以及小孩和动物容易接触到的地方。

④施用杀虫剂时,要注意防护,不要将药剂喷到人的皮肤或五官等处,要身穿干燥的工作服,戴上口罩、防护眼镜、胶皮手套或防毒面具。

⑤在喷洒药剂前后几日内,应禁止人和动物进入喷药区,待药剂被水冲掉,草坪干燥后,再允许进入草坪,避免中毒。

⑥草坪管理人员在施用杀虫剂后,要将身体的裸露部分以及工作服等物品冲洗干净后再进行正常活动,如饮水进食等。

⑦用剩的化学药剂废液和容器等物要妥善处理,不要随便倒在周围环境中,要远离水源和

居民居住区深埋为好,以减少对环境的污染。

⑧在施用药剂时,如果不慎将药剂喷到了人体或动物体上,应立即用水和肥皂冲洗干净。如果发现药物中毒,应立即根据所用药剂的性质,口服一些解毒药剂,如有机磷杀虫剂的解毒药剂苏打水、硫酸阿托品、解磷定等;当呼吸困难时,可输入氧气,并送往医院治疗。

5.2　基本技能训练(Basic Skills)

实训1　草坪常见病害症状观察(Identification of Turfgrass Disease Variety)

1. 实训目的(Training Objectives)

(1)掌握草坪病害类别识别特征,为草坪病害防治提供依据。

(2)了解草坪病害对草坪的危害。

2. 材料器材(Materials and Instruments)

(1)示范标本,图片或相关资料。

(2)手持放大镜。

3. 实训内容(Training Contents)

(1)学习不同类别的草坪病害特征。

(2)学习草坪病害诊断的初步知识。

4. 实训步骤(Training Steps)

(1)课前准备　阅读教材及相关资料,找图片,找发病草坪。

(2)现场教学　课堂上通过图片或标本进行诊断,或在发病草坪现场诊断。

(3)课后作业　完成实训报告。

5. 实训要求(Training Requirements)

认真听老师讲解,细心观察,认真记录。

6. 实训作业(Homework)

完成实训报告。

7. 教学组织(Teaching Organizing)

(1)指导老师2名,其中主导老师1人,辅导老师1人

(2)主导老师要求

①全面组织现场教学及考评;

②讲解各类草坪病害主要特征;

③现场随时回答学生的各种问题。

(3)辅导老师要求

①协助主导老师进行教学及管理;

②现场随时回答学生的各种问题。

(4)学生分组

4人1组,以组为单位进行各项活动,每人独立完成实训报告。

(5)实训过程

师生实训前各项准备工作→教师现场讲解答疑、学生现场观察记录提问→独立完成实训报告。

实训2 草坪常见害虫识别(Identification of Turfgrass Insect)

1.实训目的(Training Objectives)

(1)掌握草坪害虫识别特征,为草坪虫害防治提供依据。

(2)了解草坪虫害对草坪的危害。

2.材料器材(Materials and Instruments)

(1)示范标本,图片或相关资料。

(2)手持放大镜。

3.实训内容(Training Contents)

(1)学习不同类别的草坪害虫特征。

(2)学习草坪虫害的生活习性。

4.实训步骤(Training Steps)

(1)课前准备 阅读教材及相关资料,找图片,找草坪害虫。

(2)现场教学 课堂上通过图片或标本进行诊断,或在有虫的草坪上进行现场诊断。

(3)课后作业 完成实训报告。

5.实训要求(Training Requirements)

认真听老师讲解,细心观察,认真记录。

6.实训作业(Homework)

完成实训报告。

7.教学组织(Teaching Organizing)

(1)指导老师2名,其中主导老师1人,辅导老师1人。

(2)主导老师要求

①全面组织现场教学及考评;

②讲解各类草坪害虫主要特征及习性;

③现场随时回答学生的各种问题。

(3)辅导老师要求

①协助主导老师进行教学及管理;

②现场随时回答学生的各种问题。

(4)学生分组

4人1组,以组为单位进行各项活动,每人独立完成实训报告。

(5)实训过程

师生实训前各项准备工作→教师现场讲解答疑、学生现场观察记录提问→独立完成实训报告

实训3 草坪常用农药施用技术(How to Use Pesticide?)

1. 实训目的(Training Objectives)

(1)掌握常用草坪农药施用方法及技术。

(2)掌握农药安全存放的基本知识。

2. 材料器材(Materials and Instruments)

(1)杀菌剂、杀虫剂、除草剂。

(2)喷雾器、量筒、水桶等。

3. 实训内容(Training Contents)

(1)学习农药安全存放的基本知识。

(2)学习农药的稀释和施用基本方法。

4. 实训步骤(Training Steps)

1)课前准备

阅读教材及相关资料,准备农药和相关工具。

2)现场教学

(1)农药配兑　根据浓度要求用量筒量取农药并倒入桶里兑水稀释搅匀后待用。

(2)农药施用

①泼灌。将兑好的农药按每平方米用量用勺直接泼洒在草坪上。

②喷施。将兑好的农药装入喷雾器中进行叶面喷施。

(3)农药存放　将未用完的农药按要求放入药品柜。

3)课后作业

完成实训报告。

5. 实训要求(Training Requirements)

认真听老师讲解,细心操作,注意安全。

6. 实训作业(Homework)

完成实训报告。

7. 教学组织(Teaching Organizing)

(1)指导老师2名,其中主导老师1人,辅导老师1人。

(2)主导老师要求

①全面组织现场教学及考评;

②讲解农药稀释方法和施用方法;

③现场随时回答学生的各种问题。

(3)辅导老师要求

①课前准备好药品和用具;

②协助主导老师进行教学及管理;

③现场随时回答学生的各种问题。

(4)学生分组

4 人 1 组,以组为单位进行各项活动,每人独立完成实训报告。

(5)实训过程

师生实训前各项准备工作→教师现场讲解示范答疑、学生现场操作提问→独立完成实训报告

复习与思考(Review)

1. 谈谈如何加强草坪自身对病虫草害的抵抗能力? 有哪些途径?

2. 说说草坪病害有哪些大类? 如何判断?

3. 请你归纳总结一下草坪病害防治的主要方法。

4. 你了解草坪常见害虫吗? 谈谈它们的生活习性和你的防治对策。

5. 我国目前草坪杂草主要以人工拔除为主,你是如何看待这种现象的?

6. 在你的草坪建植与养护管理过程中,有没有感受到杂草入侵的可怕? 谈谈你的感受、经验或教训,在建坪和养护过程中如何防止杂草严重入侵?

单元测验(Test)

1. 名词解释(6 分,每题 2 分)

(1)草坪杂草

(2)草坪病害

(3)病原

2. 填空题(10 分,每空 1 分)

(1)杂草防除必须坚持“______、______”的基本原则,对草坪杂草进行全面综合治理。

(2)草坪杂草的防治措施通常有______、______、化学防治等。

(3)化学除草剂的使用方法有两种:______和______。

(4)草坪病害症状由______和______两部分组成。

(5)依据草坪病害的引发原因可以把草坪病害分为______和______两大类。

3. 单项选择题(13 分,每题 1 分)

(1)一年生杂草包括______等。

A. 马唐　　B. 车前　　C. 狗牙根　　D. 蒲公英

(2)______又名牛筋草。

A. 马唐　　B. 雀麦　　C. 狗尾草　　D. 蟋蟀草

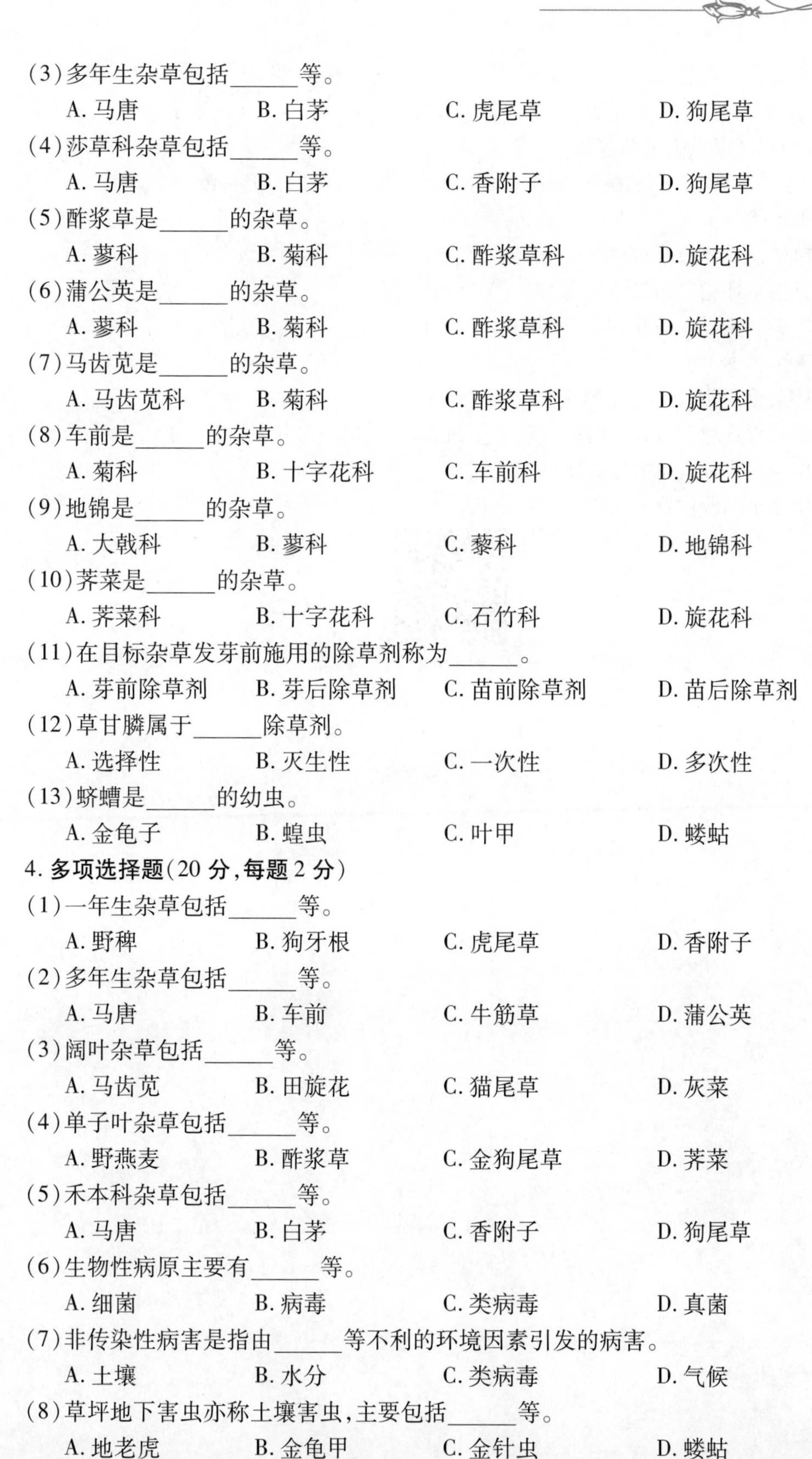

(3)多年生杂草包括______等。

A. 马唐　B. 白茅　C. 虎尾草　D. 狗尾草

(4)莎草科杂草包括______等。

A. 马唐　B. 白茅　C. 香附子　D. 狗尾草

(5)酢浆草是______的杂草。

A. 蓼科　B. 菊科　C. 酢浆草科　D. 旋花科

(6)蒲公英是______的杂草。

A. 蓼科　B. 菊科　C. 酢浆草科　D. 旋花科

(7)马齿苋是______的杂草。

A. 马齿苋科　B. 菊科　C. 酢浆草科　D. 旋花科

(8)车前是______的杂草。

A. 菊科　B. 十字花科　C. 车前科　D. 旋花科

(9)地锦是______的杂草。

A. 大戟科　B. 蓼科　C. 藜科　D. 地锦科

(10)荠菜是______的杂草。

A. 荠菜科　B. 十字花科　C. 石竹科　D. 旋花科

(11)在目标杂草发芽前施用的除草剂称为______。

A. 芽前除草剂　B. 芽后除草剂　C. 苗前除草剂　D. 苗后除草剂

(12)草甘膦属于______除草剂。

A. 选择性　B. 灭生性　C. 一次性　D. 多次性

(13)蛴螬是______的幼虫。

A. 金龟子　B. 蝗虫　C. 叶甲　D. 蝼蛄

4. 多项选择题(20 分,每题 2 分)

(1)一年生杂草包括______等。

A. 野稗　B. 狗牙根　C. 虎尾草　D. 香附子

(2)多年生杂草包括______等。

A. 马唐　B. 车前　C. 牛筋草　D. 蒲公英

(3)阔叶杂草包括______等。

A. 马齿苋　B. 田旋花　C. 猫尾草　D. 灰菜

(4)单子叶杂草包括______等。

A. 野燕麦　B. 酢浆草　C. 金狗尾草　D. 荠菜

(5)禾本科杂草包括______等。

A. 马唐　B. 白茅　C. 香附子　D. 狗尾草

(6)生物性病原主要有______等。

A. 细菌　B. 病毒　C. 类病毒　D. 真菌

(7)非传染性病害是指由______等不利的环境因素引发的病害。

A. 土壤　B. 水分　C. 类病毒　D. 气候

(8)草坪地下害虫亦称土壤害虫,主要包括______等。

A. 地老虎　B. 金龟甲　C. 金针虫　D. 蝼蛄

(9)草坪地上害虫是指以茎叶为食的害虫,主要包括______等。

A. 蚜虫　　B. 盲蝽　　C. 叶蝉　　D. 蓟马

(10)常用草坪害虫杀虫剂包括______等。

A. 敌百虫　　B. 乙酰甲胺磷　　C. 草甘膦　　D. 威百亩

5. 简答题(15 分)

(1)简单说说草坪杂草对草坪的危害。(5 分)

(2)常见的草坪病害病状包括哪些?(5 分)

(3)草坪病害主要的病症类型有哪些?(5 分)

6. 问答题(36 分)

(1)草坪杂草预防的措施有哪些?(8 分)

(2)列举一种草坪病害,说明其症状、发生规律,以及防治办法。(10 分)

(3)举例说明草坪害虫的生物防治方法。(8 分)

(4)使用杀虫剂要注意的事项。(10 分)

参考答案

附录(Appendix)

附录1 草坪术语中英文对照表(Turf Terms)

中　文	英　文	中　文	英　文
白粉病	Powdery Mildew	泵	Pump
标准喷头	Standard Nozzle	表施土壤	Top Dressing
表土层	Topsoil	病征	Sign
播种	Sowing, Seeding	播种量	Seeding Rate
不定根	Adventitious Root	草茎	Sprig
草块	Plug	草皮	Sod, Sward, Turf
草坪	Turf, Lawn	草坪病害	Turfgrass Disease
草坪草	Lawn Grass, Turfgrass	草坪管理	Turf Management
草坪害虫	Lawn Pest	草坪建植	Turf Establishment
草坪外观质量评价	Turf Visual Estimate	草坪修补	Turf Repairing
草坪修剪	Mowing	草坪养护	Turf Maintenance
草坪杂草	Turf Weed	草坪蒸散	ET, Evapotraspiration
草坪质量	Turf Quality	草坪质量评估	Turf Quality Evaluation
草屑	Clipping	草种选择	Turfgrass Variety Selection
长柄剪刀	Long-handled Lawn Shear	长柄修边剪刀	Long-handled Edging Shear
场地调查	Site Survey	场地清理	Site Clearing
场地准备	Site Preparing	程序	Program
初生根	Primary Root	除草剂	Weedkiller, Herbicide
除芯土,芯土耕作	Coring	触杀型除草剂	Contact Herbicide
穿刺	Pricking	传导型除草剂	Systemic Herbicide

续表

中　文	英　文	中　文	英　文
传染性病害	Infection Disease	垂直修边	Vertical Trimming
垂直修剪	Vertical Mowing	垂直刈割机	Vertical Mower
次生根	Secondary Root	打孔	Aerating
打孔机	Aerator	弹性	Elasticity
氮肥	Nitrogen Fertilizer	地表蒸发	Evaporation
电动剪草机	Electric-driven Mower	动力打孔机	Mechanical Aerator
短齿铁耙	Rake	堆肥	Compost
阀门	Valve	非传染性病害	No-infection Disease
分蘖	Tillering	分枝	Branching
复合肥料	Compound Fertilizer	覆盖	Mulching
刚性	Rigidity	钢丝耙	Spring-tine Rake
割灌剪草机	Brush Cutter	根	Root
根颈	Crown	根状茎	Rhizome
固定喷头	Static Sprinkler	观赏草坪	Ornamental Turf
灌溉	Irrigation	灌溉方案	Irrigation Program
灌溉系统	Irrigation System	滚刀式剪草机	Cylinder Mower
滚压	Rolling	滚压机	Roller
果领	Green	褐斑病	Brown Patch
花茎	Flowering Culm	划条	Scarifying, Slicing
蝗虫	Locust	回弹力	Resiliency
集草袋	Grass Box	钾肥	Potash Fertilizer
剪草车	Tractor Mower	剪草机	Mower
浇水	Watering	节根	Nodal Root
节约用水	Save Water	金针虫	Wire Worm
茎	Stem	厩肥	Barnyard Manure
均一性	Uniformity	空气滤清器	Air Filter
空心的尖齿	Hollow-tine	控制器	Controller
枯草层	Thatch	冷季型草坪草	Cold-season Turfgrass
镰刀	Scythe	磷肥	Phosphates Fertilizer
蝼蛄	Mole Criket	蚂蚁	Ant
脉冲式喷头	Pulse-jet Sprinkler	美国国家草坪评比项目	NTEP (The National Turfgrass Evaluation Program)

续表

中 文	英 文	中 文	英 文
密度	Density	灭生性除草剂	Non-selective Herbicide
木槌	Wooden Tamper	木桩	Wooden Peg
泥炭	Peat	暖季型草坪草	Warm-season Turfgrass
排水	Drainage	喷播法	Hydro-seeding
喷头	Sprinkler	平整场地	Grade
铺植	Sodding	匍匐茎	Creeping Stem
匍匐枝	Stolon	蛴螬	Grub
气垫式剪草机	Hover Mower	汽油剪草机	Petrol-driven Mower
扦插	Sprigging	钱斑病	Dollar Spot
鞘内分枝	Intravaginal Branching	鞘外分枝	Extravaginal Branching
切边	Edging	切边机	Edger
蚯蚓	Earthworm	壤土	Loam
洒水壶	Watering Can	塞植法	Plugging
沙	Sand	筛	Sieve
深度打孔	Spiking	施肥	Feeding
施肥机	Fertilizer Spreader	石灰	Lime
实心的锥体	Solid-tine	手动打孔机	Hand-driven Aerator
手推式剪草机	Hand-driven Mower	梳草	Combing
梳草机	Comber	水管	Hose
水平修剪	Horizontal Trimming	水源	Water Sources
速效氮肥	Fast Release N Fertilizer	炭疽病	Anthracnose
土壤板结	Compaction	土壤翻耕	Dig
土壤改良	Soil Modification	外国草种	Exotic Grass
微肥	Micro Fertilizer	仙人环病	Fairy Ring
乡土草种	Native Grass	行走式剪草机	Walk-behind Mower
修边	Trimming	修边剪	Trimmer
修剪高度	Height of Cutting	修剪频率	Frequency of Cutting
修剪周期	Period of Cutting	锈病	Rust
蓄电池剪草机	Battery-driven Mower	旋刀式剪草机	Rotary Mower
旋转式喷头	Rotary Sprinkler	选择性除草剂	Selective Herbicide
熏蒸法	Fumigation	芽后除草剂	Emergence Herbicide

续表

中　文	英　文	中　文	英　文
芽前除草剂	Pre-emergence Herbicide	蚜虫	Aphid
颜色	Color	鼹鼠	Mole
摇摆式喷头	Oscillating Sprinkler	叶	Leaf
叶耳	Auricle	叶环	Collar
叶片	Leaf Blade	叶鞘	Leaf Sheath
叶舌	Ligule	移动式喷头	Travelling Sprinkler
幼苗	Seedling	园艺叉	Garden Fork
园艺小铲	Handfork	圆头铲	Half-moon Edging Iron
运动草坪	Sports Turf	再生力	Recuperative Capacity
张力计	Tensiometer	症状	Symptom
质地	Texture	种子	Seed
种子纯净度	Mechanical Purity	种子根	Seminal Root
种子活力	Viability	种子质量	Seed Quality

附录2　常见草坪植物名称(Main Species of Turf)

植物学名	常用中文名	英 文 名
Agropyron cristantum (L.)Gaertn.	扁穗冰草	Fairway Wheatgrass
Agrostis alda L.	小糠草	Redtop
Agrostis canina L.	绒毛剪股颖	Velvet Bentgrss
Agrostis stolonifera L.	匍匐剪股颖	Creeping Bentgrass
Agrostis tenuis Sibth.	细弱剪股颖	Colonial Bentgrss
Arachis duranensis	蔓花生	Wild Peanut
Axonopus compressus (Swartz)Beauv.	地毯草	Carpetgrass
Bromus inermis Leyss	无芒雀麦	Smooth Bromegrass
Buchloe dactyloides (Nutt.)Engelm.	野牛草	Buffalograss
Carex heterostachya Bunge	异穗苔草	Heterostachys Sedge
Carex rigescens (Franch.) Krecz.	白颖苔草	Rigescent Sedge
Ccrex duriuscula C. A. Mey	卵穗苔草	Eggspike Sedge
Cynodon dactylon (L.) Pers.	狗牙根	Bermudagrass
Cynodon dactylon XC. Transvadlensis	天堂草	Tifgreen
Dichondra repens Forst.	马蹄金	Creeping Dichondra

续表

植物学名	常用中文名	英 文 名
Erenochloa ophiuroides (Munro) Hack.	假俭草	Centipedegrass
Festuca arundinacea Schreb.	高羊茅	Tall Fescue
Festuca elatior L.	草地羊茅	Meadow Fescue
Festuca ovina L.	羊茅	Sheep Fescue
Festuca ovina var. durivscula L.	硬羊茅	Hard Fescue
Festuca rubra L.	匍匐紫羊茅	Creeping Red Fescue
Festuca rubra L.	紫羊茅	Red Fescue
Japonicus Ophiopogon (L. f.) ker-Gawl.	麦冬	Dwarf Lilyturf
Lolium multiflorum Lam.	一年生黑麦草	Annual Ryegrass
Lolium perenne L.	多年生黑麦草	Perennial Ryegrass
Mentha pulegium	唇萼薄荷	Pennyroyal Mint
Oxalis rubra St. Hill	红花酢浆草	Corymb Wood Sorrel
Paspalum conjugatum Berg.	两耳草	Sour Paspalum
Paspalum metation	巴蛤雀稗	Bahigrass
Paspalum vaginatum Swartz.	海滨雀稗	Seashore Paspalum
Phleum pratense L.	猫尾草	Timothy
Poa annua L.	一年生早熟禾	Annual Bluegrass
Poa compressa L.	加拿大早熟禾	Canada Bluegrass
Poa nemoralis L.	林地早熟禾	Wood Bluegrass
Poa pratensis L.	草地早熟禾	Kentucky Bluegrass
Poa trivialis L.	粗茎早熟禾	Roughstalk Bluegrass
Stenotaphrum helferi Munro ex Hook. f.	钝叶草	Helfer Stenotaphrum
Thymus spp.	铺地百里香	Thyme
Trifolium repens L.	白三叶	White Clover
Wedelia trilobata (L.) Hitchc.	蟛蜞菊	Chinese Wedelia
Zoysia japonica Steud	日本结缕草	Japanese Lawngrass
Zoysia matrella (L.) Merr.	沟叶结缕草	Manilagrass
Zoysia sinica Hance.	中华结缕草	Chinese Lawngrass
Zoysia tenuifolia Willd. ex Trin.	细叶结缕草	Mascarenegrass

附录3 草坪养护月历(Turf Maintenance Calendar)

以深圳为例:

月份	主要工作内容
1	天气非常干燥,灌溉是必要的养护工作。一级草坪需每天灌溉。 有些枯黄的草坪中,杂草变得醒目,可人工拔除。 许多公园、住宅区草坪开始为春节做准备。比如通过铺沙作业,减轻游人对草坪的伤害
2	春节期间的草坪主要是浇水,避免施肥。 春节过后,许多草坪进入恢复养护期,游人禁止入内。养护措施包括打孔、表施土壤,加强灌溉,受损草坪半个月以后可以慢慢开始恢复绿色。 一些损坏严重的草坪需要修补,修补的方法包括重新铺草皮(如马尼拉草)、扦插(如大叶油草)、撒茎(如假俭草)等
3	一年之计在于春,3月份是草坪养护比较繁忙的一个月。大部分草坪开始返青,可结合梳草等作业进行草坪施肥,一般施用有机肥。 春节后未来得及进行表施土壤作业的,3月份可结合梳草作业进行。 践踏严重的草坪可进行打孔作业。 春季来临,万物复苏。杂草开始生长,安排好人手,做好杂草防除工作。可以使用除草剂进行杂草防除。 天气开始变得湿热,要严密注视早期病虫害的发生,做好预防工作。尤其注意金龟子的幼虫。 雨季开始来临,灌溉视天气、土壤而定。 草坪需要修剪,修剪频率视情况而定
4	草坪草开始进入生长旺季,生长速度明显加快。草坪修剪逐渐成为主要养护作业。视情况,1~2周修剪1次。 杂草清除仍是主要作业,必须高度重视。可施用除草剂。 可以视草坪生长情况,追施一定氮肥,促进营养生长。 雨季的灌溉视天气、土壤而定
5	四五月份是病虫害防治的关键时期,适当地施用石灰可以有效地预防病害的发生。 草坪生长非常迅速,每周都需修剪1次草坪。注意严格按照1/3原则进行草坪修剪作业。 天气炎热,注意补水
6	草坪生长旺季,每周修剪1次草坪。 杂草防除仍是艰巨的任务。 天气越来越炎热,注意补水。 台风开始频繁,台风过后要及时排水,清走树枝垃圾等杂物
7	和6月份一样,每周修剪1次草坪。 台风、暴雨之后注意及时排水,清除垃圾杂物。 杂草生长很旺盛,杂草清除工作很艰巨。 可视草坪生长情况适当地给予追肥。 天气相当炎热,水分及时补充很重要

续表

月 份	主要工作内容
8	同7月份
9	草坪生长仍然旺盛,每周修剪1次草坪。 气温仍然很高,及时灌溉
10	草坪生长速度开始减慢,可以2周修剪1次草坪。 天气开始变得干旱少雨,灌溉越来越频繁。几乎每天都要浇水。 杂草清除仍需进行
11	普通草坪的修剪视情况而定,精细养护的草坪仍需定期修剪。 月初,许多草坪通过打孔、表施土壤结合施基肥,能促进草坪草生长发育,延长草坪绿期。 秋冬季节,天气非常干旱,灌溉成为“保绿”的重要措施。进入休眠期的普通草坪,适当浇水即可
12	一级草坪仍需修剪,休眠草坪可以不修剪。 干旱季节,所有草坪仍需加强灌溉。 草坪中的枯枝落叶需要及时清除

以北京为例:

月 份	主要工作内容
1	1月份草坪养护的工作非常少,一般就是清除草坪内的枯枝落叶。 可以通过滚压平整因结冰而凸起的草坪。 可以检查、保养草坪机械,为春季的使用作准备
2	同1月份
3	3月初浇第一次水,以后每周1次。返青水一定要浇透。 可通过梳草作业,清除过厚的枯草层,促进草坪草早日返青。 施返青肥,有机肥为主,如油饼、草木灰等。 严密注视早期病虫害的发生,做好预防工作。 枯枝落叶及时清除
4	3月初第一次修剪,清除枯草和落叶,加速草坪返青。以后每周1次。 为了保证草坪草生长良好,每周需浇水2~3次。 若需施肥,可以在中旬以后施用速效肥以促进草坪草新芽生长。 加强草坪病害防治工作,严防春季病害爆发。 做好杂草防除工作,越年生杂草尽早拔除。 坪床如有不平整,可以修剪后,施细土(表施土壤)改善。 草坪如有斑秃,可以进行补植
5	一般,每周需2~3次浇水,以保证草坪草旺盛生长。 草坪草生长非常快,每周都需修剪1次草坪,甚至更多次。 由于修剪频繁,通常需要追肥,促使草坪草健壮生长。 杂草要趁小及早清除。 注意病害防治问题

续表

月 份	主要工作内容
6	天气开始变得炎热，草坪草生长势减弱。可以适当控水，防止病害发生。浇水视情况而定，每周2～3次水。 草坪仍需每周修剪1次。 杂草防治不能放松
7	高温多雨季节，冷季型草坪处于半休眠状态，需水量减少。浇水视情况而定。可通过灌溉降温。 草坪草生长明显减缓，修剪次数大大减少。可以2周修剪1次草坪。 不要施肥！ 病虫害防治仍然马虎不得
8	同7月份
9	气温变凉，秋高气爽，草坪草重新恢复旺盛生长。每周至少浇水1次。 修剪频率增高，每周修剪草坪1次。 视情况追肥
10	可进行打孔、表施土壤、施用有机肥等作业，延长草坪绿期，有利于草坪越冬。 每周浇水1次，保证草坪草旺盛生长。 因气温下降，修剪次数进一步减少。2周1次。 可在暖季型草坪上进行交播
11	天气很冷，草坪草逐渐进入休眠，修剪停止。 中下旬浇1次冻水，以后不用浇水。冻水要浇透。 清理保养所有的草坪机械，妥善存放，以便过冬
12	休眠草坪注意防治雪腐病。 清理枯枝落叶

课后阅读

1. 北京市城市园林绿化养护管理标准（引自北京市园林管理局网站）

北京市城市园林绿化
养护管理标准

2. 深圳市园林绿化管养规范（引自深圳市城市管理和综合执法局网站）

深圳市园林绿化
管养规范

参考文献（References）

[1] 边秀举,张训忠. 草坪学基础[M]. 北京:中国建材工业出版社,2005.

[2] 孙吉雄,韩烈保. 草坪学[M]. 4 版. 北京:中国农业出版社,2015.

[3] 孙吉雄. 草坪工程学[M]. 2 版. 北京:中国农业出版社,2020.

[4] 袁军辉,裴宝红,徐文. 草坪建植与管理技术[M]. 兰州:兰州大学出版社,2004.

[5] 龙瑞军,姚拓. 草坪科学实习试验指导[M]. 北京:中国农业出版社,2004.

[6] 张志国,李德伟. 现代草坪管理学[M]. 北京:中国林业出版社,2010.

[7] 曾斌,琚浩然. 草坪地被的园林应用[M]. 沈阳:白云出版社,2003.

[8] 孙晓刚. 草坪建植与养护[M]. 北京:中国农业出版社,2002.

[9] 陈志明. 草坪建植与养护[M]. 北京:中国林业出版社,2003.

[10] 徐明慧. 园林植物病虫害防治[M]. 北京:中国林业出版社,2002.

[11] 胡林,边秀举,阳新玲. 草坪科学与管理[M]. 北京:中国农业大学出版社,2020.

[12] 陈志明. 草坪建植技术[M]. 2 版. 北京:中国农业出版社,2010.

[13] 苏振葆. 草坪养护技术[M]. 北京:中国农业出版社,2001.

[14] 龚束芳. 草坪建植与养护技术[M]. 北京:中国农业科学技术出版社,2010.

[15] 史向民,祝长龙,等. 草坪新品种选用及建植技术[M]. 哈尔滨:东北林业大学出版社,2001.

[16] 陆庆轩,纪凯. 草坪建植与养护管理[M]. 沈阳:辽宁科学技术出版社,2000.

[17] 张祖新,郑巧兰,王文丽,等. 草坪病虫草害的发生与防治[M]. 北京:中国农业科技出版社,1999.

[18] 黄复瑞,刘祖祺. 现代草坪建植与管理技术[M]. 北京:中国农业出版社,1999.

[19] Dr. D. G. *Hessayon. The Lawn Expert*[M]. London:Expert Books,1996.